華章圖書

一本打开的书，一扇开启的门，
通向科学殿堂的阶梯，托起一流人才的基石。

3D 少儿游戏编程

[美] 克里斯·斯特罗姆（Chris Strom）著　周翀　张薇　译

（原书第2版）

3D GAME PROGRAMMING
FOR KIDS
SECOND EDITION

机械工业出版社
China Machine Press

图书在版编目（CIP）数据

3D少儿游戏编程（原书第2版）/（美）克里斯·斯特罗姆（Chris Strom）著；周翀，张薇译.—北京：机械工业出版社，2019.11

书名原文：3D Game Programming for Kids

ISBN 978-7-111-63769-1

I. 3… II. ①克… ②周… ③张… III. 程序设计-少儿读物 IV. TP311.1-49

中国版本图书馆CIP数据核字（2019）第219212号

本书版权登记号：图字 01-2018-8787

Chris Strom. 3D Game Programming for Kids (ISBN 978-1-68050-270-1).

Copyright © 2018 The Pragmatic Programmers, LLC.

Simplified Chinese translation copyright © 2020 by China Machine Press.

No part of this book may be reproduced or transmitted in any form or by any means, electronic or mechanical, including photocopying, recording or any information storage and retrieval system, without permission, in writing, from the publisher.

All rights reserved.

本书中文简体字版由The Pragmatic Programmers, LLC授权机械工业出版社在全球独家出版发行。未经出版者书面许可，不得以任何方式抄袭、复制或节录本书中的任何部分。

3D少儿游戏编程（原书第2版）

出版发行：机械工业出版社（北京市西城区百万庄大街22号 邮政编码：100037）	
责任编辑：李忠明	责任校对：殷 虹
印　　刷：三河市宏图印务有限公司	版　　次：2020年1月第1版第1次印刷
开　　本：170mm×230mm 1/16	印　　张：24
书　　号：ISBN 978-7-111-63769-1	定　　价：79.00元

客服电话：（010）88361066　88379833　68326294　　投稿热线：（010）88379604

华章网站：www.hzbook.com　　读者信箱：hzit@hzbook.com

版权所有·侵权必究
封底无防伪标均为盗版
本书法律顾问：北京大成律师事务所　韩光/邹晓东

Praise 赞誉

这本书向我展示了 3D 游戏的基本概念，扩展了我的编程知识。它的内容引人入胜。

——Keeley L.，13 岁

打开这本书时，我的记忆闪回到了在 Commodore 64 计算机上编写实验游戏程序的年轻时代（不朽的 Zuider Zee！）。想到即将要和我的孩子分享这种经历，我感到非常兴奋。这本书可以使你和孩子沉浸在 JavaScript 编程之中，并且立刻就可以向孩子展示一些奇妙的东西。说实话，找到一本适合自学的书并不难，难的是找到一本适合跟孩子一起学习的书。

——Ron Donoghue，Evil Hat Productions 游戏软件公司联合创始人

我 11 岁，到目前为止一直在"家庭学校"自学。我推荐"家庭学校"将这本书作为儿童编程课程的教科书使用。这本书对于有经验的程序员，以及希望马上开始学习 3D 编程的新手程序员都有帮助。

——Bryson S.，11 岁

这是一本很棒的实践指导书。它不但适合儿童学习，甚至对于一些有编程经验并且有兴趣制作小游戏的程序研发人员也有帮助。这本书将指导你从何处着手，并快速创造一个像样的游戏。

——Nick McGinness，Direct Supply 公司软件工程师

这本书适合儿童学习 3D 对象编程。我从中学习了一些新鲜的数学知识和编程知识。

—— Owen，10 岁

Chris Strom 在这本书中通过简单明了的讲解和示例来教孩子编写 3D 游戏程序。甚至像我这样的成年人也可以从书中学到知识。

—— Ron Hale-Evans，《Mind Performance Hacks》和
《Mindhacker》的作者

这本书将使读者获得一次明快而活泼的基础 3D 游戏编程体验。它提供了很多实用且操作性强的编程技巧。我相信我的孩子一定会从中学到很多知识。

—— Paul Callaghan，前教育工作者，
现任网站开发人员，三个男孩的父亲

阅读这本书令我感到非常愉快。作者总是会预先提示下一个项目中将要接触的内容，使我在阅读过程中充满期待。同时，作者也很善于讲易于儿童理解的笑话，这令我感觉像是在和作者面对面交谈，这种氛围使得书里的项目变得更加易于理解。我愿意向所有希望通过简单愉快的途径学习编程的人推荐这本书。

—— Cedric H.，13 岁

The Translator's Words 译者序

近年来，少儿编程领域逐渐引起了人们的重视。国内外有很多教育机构正在逐步开设少儿编程课程，很多高校相关专业也在研究和开发适合少儿学习编程的应用软件。除了兴趣班和软件之外，一本适合孩子目前所处阶段的图书也是成功学习编程的关键因素之一。

编程学习按照年龄可以划分为三个阶段。低龄阶段的主要受众为上小学的孩子，该阶段以启蒙教育为主，要寓教于乐，学习内容需要有趣易懂，有很强的吸引力。第二阶段主要面向初中学生，这个阶段可以开始接触真正的编程语言，编写简单的程序代码，并且尝试分析和修改程序错误。第三个阶段包括高中和大学阶段，此时的主要学习内容一般面向国内和国际上的编程竞赛、工作等，是系统全面学习编程的黄金时期。

本书主要面向处于上述第一、第二阶段的学生。本书以互联网应用开发中的主力编程语言 JavaScript 为编程基础，基于流行的网页 3D 图形库组合（Three.js、Physijs 和 Tween.js）来开发 3D 图形、动画和简单游戏。同时本书作者自创的程序编辑器能够帮助初次接触编程的读者隐藏编程中许多枯燥的繁文缛节，使读者可以快速进入状态，轻松入门 3D 游戏编程。

本书所需的基础技能包括：基本的四则运算、简单的三角函数、空间想象能力以及英语。书中的示例程序代码中以及程序编辑器中包含不少英文，因此建议读者在阅读和实践本书内容时，准备两样工具：首先是一盒橡皮泥（中小学生还没有学习立体几何，因此空间想象能力可能有限。当难以理解书中所描述的 3D 场景时，可以用橡皮泥搭建模拟场景来辅助理解）；其次是一本英汉词典（对于程序代码中和编辑器中出现的任何不认识的英文单词，最好查出其中文意思，以便理解程序的意图）。

最后，希望本书能够帮助对计算机技术和 3D 图形有兴趣的孩子们打开一扇通往编程世界的大门。即便不能使读者在短期内成为编程高手，相信也会提升他们的计算思维、逻辑思维、空间想象、创新等能力。无论孩子们将来是否从事编程行业，都期待本书能带给他们一段关于计算机的美好回忆。

Preface 前言

欢迎来到计算机编程的王国!

我不骗你,编写计算机程序有时候确实令人沮丧。几乎每个礼拜我都要被各种难题逼得哭一次鼻子。但是最终你会发现,这些痛苦都是值得的!因为你可以在这个王国中做任何你想做的事情、可以在别人面前展示你惊人的成果,并且也确实可以通过编程去改变世界。

现在,捧在你手里的这本书就是一条通向计算机编程王国的绝佳之路。为什么呢?因为我相信学习编程的最佳途径就是一个字:玩!哦当然了,书中也会有一些讲述基础知识的章节。但我向你保证:本书一定先让你玩得开心,然后再去看两眼基础知识。所以我们还等什么?赶紧去看看第 1 章吧。里面有一些很酷的 3D 动画哦!

真的很酷哦!

我是如何学习编程的(为何它对你也很重要)

我小的时候经常从计算机游戏编程的书籍中抄写程序,这是很多年以前的事了。我买过一些除了程序代码之外几乎什么都没有的书,并把里面的程序抄到我的计算机中。这往往要花费很多时间,更糟的是,最开始我甚至不知道自己在抄些什么。

不过最终我开始理解了一些东西,我开始在抄写的程序里改来改去。先是改一些小地方，看看会带来什么不同，然后渐渐地越改越多。最后精通了计算机程序，并开始写一些自己的程序。

我真心希望这本书可以带给你类似的感受。不过有一点不同：我会向你解释清楚所做的每件事将会带来什么结果，你不必像我小时候一样瞎猜。

你该如何学习编程

每个人都不一样，所以每个人的学习方法也不必相同。

我可以列举至少三种适合跟随本书学习的途径：

1）从书里找出好玩的东西来玩，偶尔看两眼基础知识。

2）先学基础知识，然后根据自己的理解自创好玩的东西。

3）只照抄书中的代码（就像我小时候那样）。

你可以选择其中任何一种最适合你的方式。

如果你愿意以玩为主（第一种途径），那么就从第 1 章开始按顺序阅读。所有标题中有"项目"两个字的章节都是我在带着你"玩"。在这里你的主要任务是跟我一起编写游戏程序，或者模拟程序。基础知识章节穿插于"项目"章节之间。如果你不确定哪一种途径最适合自己，那就别犹豫了：以玩为主一定最适合你。我多希望自己当年就是这样学过来的啊！

如果你认为自己是那种喜欢先打基础，然后再一口气搞个大工程的人（第二种途径），那么可以先把所有标题中不含"项目"两个字的基础知识章节挑出来看完再说。基础知识章节里也有很多程序可以编写，并且有些也包含了很酷的 3D 图形编程。与其他编程语言相比，JavaScript 很简单，看完本书的基础知识章节你就可以学会八九成。不过搞懂一种编程语言，与能够用它来做事情之间还有一道鸿沟。如何才能跨过这条沟呢？"项目"章节就是用来帮你解决这个问题的：从搞懂到会用，需要动手去实践。

最后，如果你只想在计算机上写代码（第三种途径），那就直接翻到书后附录 A。本书中所有游戏的代码都在那里。当你偶然被问题卡住时,翻到代码对应的"项目"章节去看一眼更深入的解释就可以得到帮助。不用担心,既然我小时候可以这样学过来,你也没问题!

无论你选择哪种方式来学习编程,有一点必须牢记在心:要动手敲键盘,一行一行输入代码。虽然这样做往往速度很慢,并且在敲代码的过程中,你很可能会犯各种错误,但是学习本来就是一个缓慢且不断犯错和改正的过程。

动手敲代码会驱使你思考正在输入的东西有什么含义。可能你觉得先读懂书中原理,然后再把代码复制粘贴到电脑中试一试也同样能学会编程。但请你相信我,这样做百分之百会失败。那些已经在工作中编写了 50 年程序的人,也不会通过复制粘贴代码来学习新知识。在敲代码的过程中花时间去思考,远比早早把事情做完更重要。

而且,你知道吗?不断犯错、不断改正出错的代码本就是编程的一部分。所以大胆犯错吧!尽管有时你会因此而苦恼、不开心,但是一切都是值得的。

你看下面这是什么?我们找到了这本书中的第一个"重要提示"!在这本书里,特别重要的内容都会以这种形式出现。建议你不要忽略它们,因为在探索本书的过程中,这些重要提示可以帮你渡过难关。

坚持动手敲代码

那些编程很棒的人永远自己敲代码,他们从不复制粘贴。

最重要的不是编得快,而是编得好。一边敲代码一边思考,理解你正在做什么最重要。所以动手敲代码吧!

还有一件事,当你卡在了什么地方时,别担心,你总能获得帮助!

获得帮助

每一名程序员都需要帮助。如果你刚开始编程序,那你一定需要帮助。但即便你已经编了50年程序,你仍然会需要帮助。寻求帮助的两个基本原则是:

1)先开动脑筋自己想,尽量自己找到问题的答案;

2)实在需要别人帮忙时,勇敢地说出自己的疑问。

对于程序员来说,精通一种编程语言并不是最重要的技能,解决问题的能力才是。因为即便你知道一种编程语言里的每一个细节,也不能保证编写出来的程序百分之百没问题。你总会遇到问题,遇到很多很多的问题,所以尽量试着先依靠自己来解决。即便最终没能自己将问题搞定,但你解决问题的能力一定会有所提高。

说到解决问题,我将在第2章专门教你一些技巧,帮助你更好地解决问题。这里包括人们通常都容易犯的一些错误,以及如何借助代码编辑器和浏览器来排查错误。我甚至会告诉你,当一切都乱套时,如何将程序恢复到出错之前的样子。

千万别跳过第2章!

解决问题的能力是如此重要,所以一定不要跳过第2章。不管你打算采用哪一种顺序来学习编程,都要尽早掌握第2章的内容。如果你跳过第2章,可能在刚开始时一切都还好。但是这就像滑雪不踩滑板,开车不系安全带一样,当问题来临时你才会发现它们的重要性。

如果你没能自己解决问题,完全没有关系,我很乐意帮忙。本书有自己的网站以及自己的论坛。你可以在网站上找到书中的全部代码,也可以在论坛

⊖ https://talk.code3Dgames.com/。

里提出你的问题，我将在 24 小时之内回答问题。提问时，一定告诉我你已经尝试了用哪些方法来解决问题，不然这将是我第一个要问你的事情。

总之，我希望你一切顺利。遇到任何问题时，到我们的论坛上去提问就好。

阅读本书时，你需要些什么

只需要一台不太旧的电脑，以及谷歌 Chrome 浏览器。

我并不能保证所有浏览器都能显示本书中那些炫酷的 3D 物体，但至少能保证谷歌 Chrome 浏览器可以。此外，书中的个别练习程序会依赖谷歌 Chrome 浏览器的一些功能。所以请在你的电脑上安装谷歌 Chrome 浏览器[一]。

至于电脑，只要是最近 5 年内购买的就可以胜任书中的所有程序。万一还不放心，可以访问 Get WebGL 网站[二]。如果网站说你的计算机不行，那你就只好再去找一台更新一点的了。

JavaScript 是什么

世界上有数不清的编程语言，很多人总爱为了哪一种才是最好的而争吵不休。但事实上，每种语言都有自己的必杀技，谁也不能完全战胜谁。

本书中将使用 JavaScript 编程语言，主要因为可以方便地在浏览器中直接运行它的程序。JavaScript 是唯一一种所有浏览器都支持的编程语言，这意味着你不仅可以用它来编写在本书中学到的游戏程序，而且还能编写出你平时看到的那些网站。

[一] https://www.google.com/chrome/。

[二] http://get.webgl.org/。

第 2 版中的新东西

其实上一版已经很棒了，但是有人说那本书的内容安排有些不均衡。说实话，我并没感觉到，我觉得第 1 版已经接近完美了。

好吧，得了吧 Chris，若真那么完美，你为何还要写第 2 版？

嗯，这么说吧，首先自从本书上一版出版之后，很多技术都发生了变化。编程的世界从未停止过前进的步伐。虽然大多数新东西对你学习编程并没有帮助，但是在众多新技术当中，总有一些东西确实无法忽视。在本书上一版出版的三年之后，我发现已经有足够的技术革新能够让第 2 版书变得更好。

除了新技术之外，促使我编写第 2 版的另一个原因是我自身的巨大改变。编程人员永远不能停止学习。虽然我已经编了 15 年程序，但仍然在尽自己所能学习各种新知识。我不停地努力学习，是为了让自己成为更好的编程人员、更好的老师以及更好的图书作者。

本书这一版与第 1 版有很大不同。删除了一些章节，补充了一些全新的内容。所有保留的章节和代码基本上都重新编写了。新添加的内容还带来了不少很炫酷的新特性。例如第 5 章中的飞行控制器，以及火焰特效等。不过，追加新特性并不是重写上一版书的主要目的。

主要目的还是使读者感到更有趣、更容易，最终帮助读者成为真正的编程人员。

所以到底有些什么新东西呢？可以这么说，除了极个别已经接近完美的内容之外，第 2 版几乎处处都是新的。

有什么是这本书做不到的

你以为我会说：只有想不到，没有做不到？不对，让我来澄清一下：

我们并不打算通过这本书成为 JavaScript 专家。

此外，我们也不打算通过这本书成为 3D 游戏编程专家。

这本书将教给你很多新知识，但距离编写新一代脸书（Facebook）还有一段距离。当然，也不足以编写一个新的马里奥赛车游戏。因为像这样的大型作品需要几百名编程人员花费几百小时通力合作才能完成，并且还需要用到很多本书无法涉及的高级秘技。

不过通过这本书，你还是可以学到 JavaScript 最核心的一部分知识，以及许多 3D 图形知识。利用它们，我们已经可以做很多很酷的事情。更重要的是，我们会为将来参与编写更大型更炫酷的项目做好准备。

让我们开始吧

介绍就到这里，让我们赶紧开始编程吧！

致谢 Acknowledgements

如果没有我妻子罗宾全方位的协助，我注定一事无成。她是这本书早期版本的核心编辑人员。尽管她平日里有一大堆自己的事情要做，但她仍然抽出时间仔细阅读了本书的每一个章节，并向我提供了宝贵的批注和修改建议。为了更好地编纂本书，她还帮忙举办了一次小读者编程竞赛（好吧我承认，她不只是帮忙，其实她就是竞赛的主管）。哦不过当然了，她首先是一位无可挑剔的妻子和母亲。

同时，我也要感谢我的孩子们，他们是本书的第一批"小白鼠"。其他读者应该感谢这些孩子们强迫我删掉了很多枯燥的内容，并增加了不少有趣的东西。孩子们，谢谢你们。

此外，致谢时当然也不能忘记我的技术审校团队。要知道，站在孩子的角度审校一本技术书籍可不是一件轻松的事情，好在这些审校员们各个都很胜任这份工作。这个团队包括（排名不分先后）：Ana B.、Doug C.、Bryson S.、Cedric H.、Keeley L.、Paul Callaghan、Rob Donoghue、Kevin Gisi、Ron Hale-Evans、Brian Hochgurtel、Brian Hogan、Chaim Krause、Nick McGinness、James Sterrett 和 Jeremy Sydik。

除了上述和我一起工作的人之外，还有两位高人绝对不能忽略。第一位是 Ricardo Cabello Miguel，业界人称 Doob 先生。他是著名的 JavaScript 3D 图形库 Three.js 的主要程序员。而且除了 Three.js 之外，本书所使用的 3DE 代码编辑器最初也出自 Ricardo 之手。毫不夸张地说，没有 Ricardo

优秀的工作成果，这本书根本就不会存在。另一个在本书中被深度使用的程序库是 Physijs 物理效果引擎，其作者是 Chandler Prall。在此我要对他们表示由衷的感谢。

最后，我也要感谢这本书的出版公司 Pragmatic Programmers 的全体员工，是他们的辛勤工作最终使这本书顺利出版。其中，特别要感谢 Adaobi 女士，她是这本书的责任编辑。编写本书第 2 版的工作非常不易，她负责将我蹩脚的语言文字变得通顺易懂，从而使我能够将全部精力集中在技术内容方面。

目录 Acknowledgements

赞誉
译者序
前言
致谢

第1章 项目：创建简单形体 / 1

1.1 使用 3DE 代码编辑器来编程 / 2
1.2 在 JavaScript 中创建形体 / 5
1.3 创建 Sphere / 5
    1.3.1 大小：SphereGeometry(100) / 6
    1.3.2 光滑度：SphereGeometry(100，20，15) / 6
1.4 用 Cube 形体来创建立体方块 / 8
1.5 使用 Cylinder 创建多种形体 / 11
    1.5.1 大小：CylinderGeometry(20, 20, 100) / 11
    1.5.2 金字塔：CylinderGeometry（1, 100, 100, 4） / 13
1.6 用 Plane 创建平面 / 14
1.7 用 Torus 创建甜甜圈 / 15
    1.7.1 大小：TorusGeometry(100, 25) / 16
    1.7.2 光滑度：TorusGeometry(100, 25, 8, 25) / 16
    1.7.3 吃掉甜甜圈：TorusGeometry（100, 25, 8, 25, 3.14） / 17
1.8 让形体们动起来 / 17
1.9 完整代码 / 18
1.10 下一步我们做什么 / 19

调试：出错时如何修复代码　　/ 20

2.1　让我们开始吧　/ 21
2.2　利用 3DE 来调试：红色的叉　/ 22
2.3　被 3DE 怀疑的代码：黄色的三角　/ 23
2.4　打开和关闭 JavaScript 控制台　/ 24
2.5　利用 JavaScript 控制台来调试　/ 24
2.6　3D 程序中的常见错误　/ 27
　　2.6.1　可能会遇到的错误 1：Not a Constructor　/ 28
　　2.6.2　可能会遇到的错误 2：Three Is Not Defined　/ 28
　　2.6.3　可能会遇到的错误 3：Not a Function　/ 29
2.7　当 3DE 代码编辑器卡住时该如何恢复　/ 30
2.8　下一步我们做什么　/ 31

项目：创建游戏角色　　/ 32

3.1　让我们开始吧　/ 33
3.2　形体的光滑度　/ 33
3.3　把零件拼成整体　/ 35
3.4　把整体拆成零件　/ 36
3.5　添加能走路的脚　/ 38
3.6　挑战一下：设计自己的游戏角色　/ 40
3.7　让角色翻跟头　/ 40
3.8　完整代码　/ 43
3.9　下一步我们做什么　/ 43

4.1　让我们开始吧　/ 45
4.2　利用键盘事件创建交互系统　/ 46

4.3 根据键盘事件控制游戏角色移动 / 48
4.4 挑战一下：开始和停止动画 / 49
4.5 添加树木的函数 / 51
4.6 让摄像机跟随游戏角色 / 53
4.7 完整代码 / 57
4.8 下一步我们做什么 / 57

函数：一遍又一遍地执行 / 58

5.1 让我们开始吧 / 59
5.2 基本函数 / 60
5.3 返回数值的函数 / 62
5.4 使用函数 / 65
5.5 搞坏函数 / 67
5.6 进阶代码 1：随机颜色 / 69
5.7 进阶代码 2：飞行控制 / 71
5.8 完整代码 / 73
5.9 下一步我们做什么 / 73

项目：摆臂和迈步 / 74

6.1 让我们开始吧 / 75
6.2 移动手臂 / 75
6.3 让双手和双脚一起摆动 / 79
6.4 边走边动作 / 80
6.5 完整代码 / 84
6.6 下一步我们做什么 / 84

深入理解 JavaScript 基础知识 / 85

- 7.1 让我们开始吧 / 86
- 7.2 在 JavaScript 中描述事物 / 87
  - 7.2.1 var 关键字 / 88
  - 7.2.2 JavaScript 变量的值 / 89
  - 7.2.3 代码和注释 / 89
- 7.3 JavaScript 中的数字、文字以及其他东西 / 90
  - 7.3.1 数字 / 90
  - 7.3.2 几何 / 93
  - 7.3.3 字符串 / 94
  - 7.3.4 布尔值 / 96
  - 7.3.5 无 / 98
  - 7.3.6 数据列表 / 98
  - 7.3.7 映射表 / 100
- 7.4 控制结构 / 101
  - 7.4.1 当某件事为真时才执行的代码 / 101
  - 7.4.2 循环 / 103
- 7.5 下一步我们做什么 / 105

项目：让游戏角色转身 / 106

- 8.1 让我们开始吧 / 107
- 8.2 面向特定的方向 / 107
- 8.3 拆开看看 / 109
  - 8.3.1 为什么是 rotation.y / 109
  - 8.3.2 别忘记 avatar.rotation / 110
  - 8.3.3 停止走动时该面对哪个方向 / 110
- 8.4 用动画来转身 / 111
- 8.5 完整代码 / 112
- 8.6 下一步我们做什么 / 113

那些自动生成的代码 / 114

9.1 让我们开始吧 / 115
9.2 初识 HTML / 115
9.3 设置 3D 场景 / 117
9.4 使用摄像机拍摄场景 / 118
9.5 使用渲染器绘制场景 / 119
9.6 探索不同类型的摄像机 / 120
9.7 下一步我们做什么 / 122

项目：碰撞 / 123

10.1 让我们开始吧 / 124
10.2 射线和交点 / 125
10.3 完整代码 / 129
10.4 下一步我们做什么 / 129

水果狩猎 / 130

11.1 让我们开始吧 / 131
11.2 记分牌 / 132
11.3 让树有点摆动 / 133
11.4 跳跃得分 / 135
11.5 让我们的游戏更好 / 138
　　11.5.1 添加动画和声音 / 138
　　11.5.2 我们还可以添加什么 / 140
11.6 完整代码 / 141
11.7 下一步我们做什么 / 141

第12章 使用灯光和材质 / 142

- 12.1 让我们开始吧 / 143
- 12.2 发光 / 145
- 12.3 环境光 / 146
- 12.4 点光源 / 146
- 12.5 阴影 / 148
- 12.6 聚光灯和阳光 / 150
- 12.7 纹理 / 152
- 12.8 进一步探索 / 153
    - 12.8.1 获得更好的视野 / 153
    - 12.8.2 最后的调整 / 154
- 12.9 完整代码 / 155
- 12.10 下一步我们做什么 / 155

第13章 项目:月相 / 156

- 13.1 让我们开始吧 / 157
- 13.2 太阳在中心 / 158
- 13.3 游戏与模拟逻辑 / 159
- 13.4 本地坐标 / 162
- 13.5 多摄像机动作 / 165
- 13.6 进阶代码1:星星 / 167
- 13.7 进阶代码2:飞行控制 / 168
- 13.8 了解月相 / 169
- 13.9 不完美但伟大的模拟 / 172
- 13.10 完整代码 / 173
- 13.11 下一步我们做什么 / 173

第14章 项目：紫色水果怪物游戏 / 174

14.1 让我们开始吧 / 175
    14.1.1 准备物理程序库 / 175
    14.1.2 准备2D场景 / 177

14.2 构思游戏 / 177

14.3 添加游戏场地 / 179

14.4 添加简单角色 / 180
    14.4.1 重置位置 / 181
    14.4.2 主动物理模拟 / 183
    14.4.3 运动控制 / 183

14.5 添加评分 / 184

14.6 游戏玩法 / 185
    14.6.1 发射水果 / 185
    14.6.2 吃水果和显示分数 / 187
    14.6.3 游戏结束 / 188

14.7 改进 / 191

14.8 完整代码 / 191

14.9 下一步我们做什么 / 191

第15章 倾斜板子游戏 / 192

15.1 让我们开始吧 / 193
    15.1.1 重力和其他设置 / 193
    15.1.2 灯光、相机、阴影 / 194

15.2 构思游戏 / 195
    15.2.1 添加灯光 / 195
    15.2.2 添加游戏球 / 196
    15.2.3 添加游戏板 / 197
    15.2.4 重置游戏 / 198
    15.2.5 添加游戏控制 / 200
    15.2.6 添加游戏目标 / 201

15.2.7 就这样了 / 204
15.3 进阶代码 1：添加背景 / 205
15.4 进阶代码 2：制造火 / 205
15.5 挑战 / 208
15.6 完整代码 / 208
15.7 下一步我们做什么 / 208

了解 JavaScript 对象 / 209

16.1 让我们开始吧 / 210
16.2 简单的对象 / 211
16.3 属性和方法 / 214
16.4 复制对象 / 214
16.5 构建新对象 / 216
16.6 JavaScript 中最糟糕的事情：失去了这个 / 218
16.7 挑战 / 220
16.8 完整代码 / 220
16.9 下一步我们做什么 / 220

项目：预备，稳定，发射 / 221

17.1 让我们开始吧 / 223
17.2 发射器 / 223
17.3 记分牌 / 228
17.4 篮子和目标 / 228
17.5 风 / 232
17.6 完整代码 / 235
17.7 下一步我们做什么 / 235

第18章 项目：双人游戏 / 236

- 18.1 让我们开始吧 / 237
- 18.2 两个发射器 / 238
- 18.3 两个记分牌 / 243
- 18.4 让篮子更新正确的记分牌 / 246
- 18.5 共享键盘 / 247
- 18.6 游戏重新开始 / 249
- 18.7 完整代码 / 251
- 18.8 下一步我们做什么 / 251

第19章 项目：河道漂流 / 252

- 19.1 让我们开始吧 / 253
- 19.2 推拉形状 / 255
- 19.3 崎岖的地形 / 259
- 19.4 挖一条河 / 261
- 19.5 记分牌 / 266
- 19.6 建造木筏 / 266
- 19.7 重置游戏 / 268
- 19.8 键盘控制 / 269
- 19.9 终点线 / 270
- 19.10 进阶代码：保持分数 / 272
  - 19.10.1 基于时间的评分 / 273
  - 19.10.2 蓄能点数 / 274
- 19.11 完整代码 / 278
- 19.12 下一步我们做什么 / 278

第20章 将代码放到网上 / 280

20.1 无所不能的浏览器 / 281
20.2 免费网站 / 284
20.3 将代码放在另一个站点上 / 285
20.4 完整代码 / 289
20.5 下一步我们做什么 / 289

附录A 项目代码 / 290

附录B JavaScript 程序库 / 350

参考文献 / 356

第 1 章

项目

创建简单形体

学完本章，你将做到：
- 编写程序代码。
- 知道如何制作 3D 形体。
- 入门 JavaScript 编程。
- 制作第一个动画。

本章直接开始编写程序代码。后面的章节会讲解 JavaScript 编程语言以及编程语言到底是什么，现在暂时不去关心那些枯燥的理论，先写出第一个程序再说。

此刻最重要的是熟悉敲代码的感觉，体会一下"编程序"到底是怎么一回事。良好的开始是成功的一半，即便只迈出这一小步，你也能学到很多关于编程的知识。接下来我们一起开始建造一个 3D 世界，你也将开始制作你的第一个计算机动画。

再次提醒你，接下来最重要的事，就是玩。世界上最棒的程序员，都会玩他们的代码。他们会做很多小实验，改改这儿动动那儿，看看会发生什么变化。毫无疑问，他们最爱做的事情就是把东西拆开，看看里面有什么。最终，依靠点滴积累，他们一步步提高自己的编程技术。

下面正式进入编程的世界。

1.1 使用 3DE 代码编辑器来编程

本书中使用 3DE 代码编辑器编程，以后简称为 3DE。3DE 有以下特点：
- 它可以在浏览器里直接使用。
- 它可以让你一边输入代码，一边立刻看到结果。
- 它可以自动保存你输入的代码，你也可以从菜单中保存。
- 它可以帮你从别的网站直接下载程序代码（第 20 章会介绍）。
- 它可以将你输入的程序打包下载到你的计算机里，也可以在别的计算机里重新打开。
- 它可以不依赖因特网工作。只要第一次联网使用 3DE，它就会自动安装到你的浏览器中。下次即便在没有网络的地方也能够使用。

别忘了安装谷歌 Chrome 浏览器！虽然书中大部分练习也可以在其他浏览器中做，但是坚持使用一种浏览器可以避免遇到一些奇怪的问题。尤其当你需要在本书的论坛（https://talk.code3Dgames.com/）里提问题时，最好还是使用谷歌 Chrome 浏览器。

现在让我们开始吧！在 Chrome 浏览器中访问网址：http://code3Dgames.com/3de，这样就可以打开 3DE 代码编辑器了。如图 1.1 所示：

你会在画面中看到一个不停旋转的东西。像是个球，但又不很圆，有很多棱角。那是我们在后面将要玩到的 3D 形体。不过首先我们得先创建一个新项目，并取名叫"Shapes"。

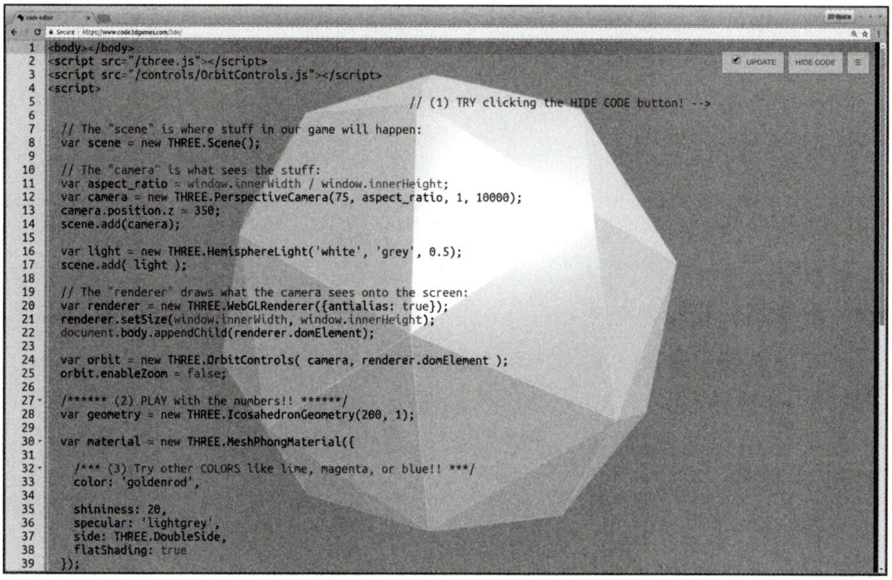

图 1.1

创建你的第一个编程项目

要创建新项目,先要在浏览器右上方找到菜单按钮,就是那个画着三条短横线的按钮。单击该按钮,会出现一个菜单,然后在菜单上单击"NEW"命令,如图 1.2 所示。

单击"NEW"命令后,会出现一个如图 1.3 所示的小窗口。现在,在"NAME"右侧的白色输入框中,输入项目的名字"Shape"。然后继续向右边看,你可以看到一个"SAVE"按钮。单击这个"SAVE"按钮,新项目就创建好了。

图 1.2

创建新项目后,你可以看到已经自动帮你写好了一些代码。暂时把这些自动写好的代码称作"自动生成的代码"吧,现在不用管它们到底是做什么的。到第 9 章再研究这些"自动生成的代码"。

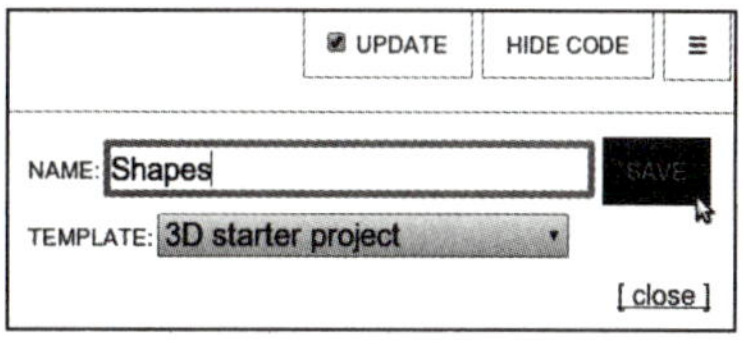

图 1.3

在浏览器的最左边有一串编号。每一行程序代码都有一个编号，从1开始计数，称为"行号"。现在就让我们从第22行开始伟大的编程探险。找到第22行了吗？它就在 START CODING ON THE NEXT LINE 那一行的下面。如图1.4所示。

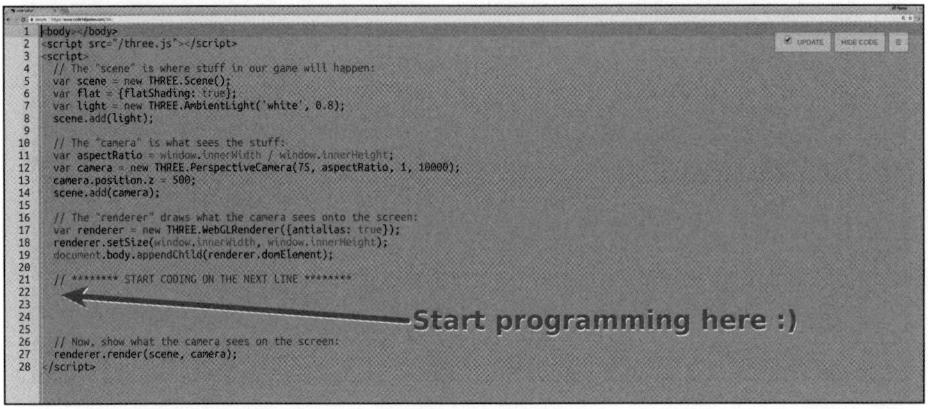

图 1.4

你一定已经找到第22行了。下面就要看你的了！将下面4行代码抄写上去。

```
var shape = new THREE.SphereGeometry(100);
var cover = new THREE.MeshNormalMaterial(flat);
var ball = new THREE.Mesh(shape, cover);
scene.add(ball);
```

当你抄写完这4行代码的时候，书中的第一个奇迹就要发生了。你看到如图1.5所示的东西了吗？

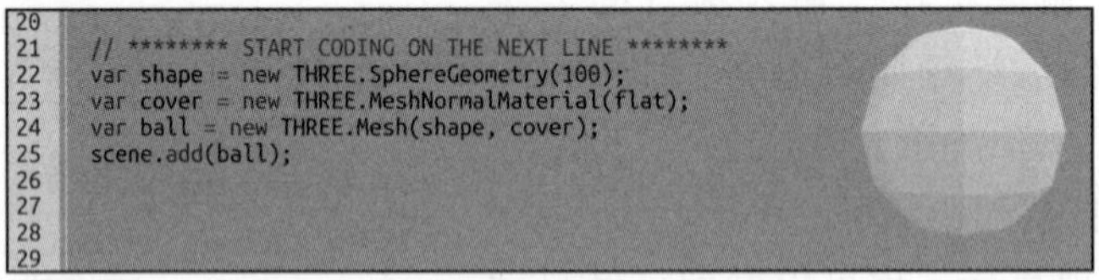

图 1.5

你刚刚编程创建的这个球体，出现在了3DE的窗口中。祝贺！你刚刚成功编写了你的第一个JavaScript程序！

不过如果你什么也没看到，也不要着急。对照前面书中的那四行代码，仔细检查浏览器中你刚刚输入的代码。每一个字母都必须和书中完全一致，尤其要仔细检查字母的大小写，因为把大小写搞错，是很多人容易犯的错误之一。如果还是什么都没有，可以直接翻到第 2 章，去学习一下当程序出错时该如何找到出错的地方。最后实在不行，也可以去本书的论坛提问。

现在一起来浏览一下刚刚输入的 3D 程序。在 3D 程序中，一个物体由两部分组成：形体和包裹在形体外面的皮肤。形体和皮肤组合在一起就形成了能在屏幕上看见的物体。这种组合在 3D 程序中称作"网格体"⊖。

在 3D 程序中，网格体（mesh）是一个奇特的术语。一个网格体需要有一个形体（或者称为"几何体"）作为内部的骨架支撑，以及一个罩在骨架外面的皮肤（或者称为"材质"）。本章接下来我们暂时只讨论形体，关于皮肤的事情以后再说。

有了一个 3D 物体（也就是网格体）之后，需要将它添加到"场景"当中。在 3D 程序中，场景就像一个舞台，而你则是坐在浏览器前面的观众。3D 物体必须摆放到舞台上，才能够被你看到。在你刚刚输入的那四行程序中，3D 物体就是你看到的那个不太圆的球，只不过目前舞台上只有它一个人孤零零地摆放在那里。所以接下来我们再添加一个东西，与那个球做个伴。

1.2 在 JavaScript 中创建形体

到目前为止，我们已经见过了一种 3D 形体：球体。实际上编写 3D 程序时，你有很多形体可以使用，例如：方块、金字塔、圆锥、球等，这都是一些简单形体。此外，也可以在程序中使用相当复杂的形体，例如人脸、汽车等。虽然本书只会使用简单形体进行讲解，但我们仍然可以利用球体和圆柱体等简单的形体来组合出树这样的形体。

你知道上面提到的那些形体都是什么样吗？接下来让我们一起看一看。

1.3 创建 Sphere

Sphere 是球体的意思。你一定在生活中玩过球。不论是足球、篮球，还是玻璃珠子，在 3D 程序中都是球体。在 JavaScript 中可以用两种方式来改变一个球体的模样。

⊖ 网格体这个词好像并不是所有人都知道，但假如你说"mesh"，则所有编写 3D 程序的人一定都知道，所以建议你同时记住 3D 物体的这两个名字。——译者注

1.3.1 大小：SphereGeometry(100)

第一种方式是改变这个球体的大小。当我们写：new THREE.SphereGeometry(100) 的时候，程序就会创建一个半径为 100 的球体。如果将 100 改成 250 将会发生什么？像下面代码所写的那样，在你刚才输入的 4 行程序中，将 100 改为 250。

```
var shape = new THREE.SphereGeometry(250);
var cover = new THREE.MeshNormalMaterial(flat);
var ball = new THREE.Mesh(shape, cover);
scene.add(ball);
```

你看那个球体是不是像图 1.6 中的那样，变大了许多？

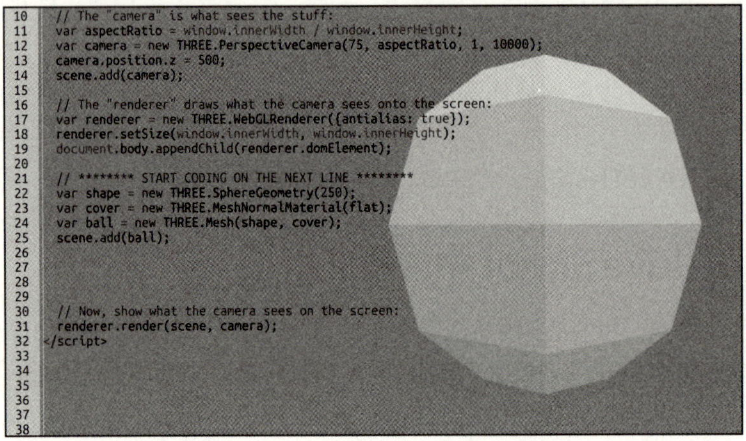

图 1.6

如果将 250 改为 10 又会怎样？相信你猜得到，球一定会变得很小。所以这就是改变球体模样的一种方式。那么，另一种方式又是什么呢？

1.3.2 光滑度：SphereGeometry(100，20，15)

还记得在浏览器右上方那个画着三条短横线菜单按钮吗？在那个按钮左侧，可以找到一个"HIDE CODE"按钮。单击这个按钮，可以看到程序代码暂时消失了，如图 1.7 所示。

这样可以仔细观察这个球体。你应该早就注意到了，这个球体并不太圆。它看起来一块一块的。估计扔到地上也不会滚很远的，对吧？

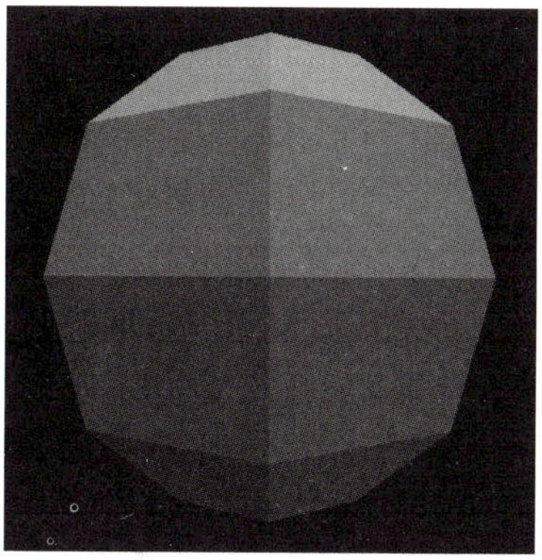

图 1.7

代码可以随时隐藏和显示

单击右上方的"HIDE CODE"按钮可以将代码暂时隐藏,此时只显示游戏场景和场景里面的物体。在后续章节中,每当我们要玩游戏时,你都需要点这个按钮将代码隐藏。如果想让代码回来,再单击"SHOW CODE"按钮就可以了。

计算机无法创建一个真的球体,它只能通过把一大堆方片或者三角形组合起来,让它们看起来像一个球体。之所以刚刚的球体看起来一块一块的,是因为我们使用了较大的方片和三角形来组合。一般来说,可以要求计算机使用大量的小型的方片或者三角形去组合球体,这样球体会更光滑。

所以如果你想要更圆、更光滑的球体,就可以像下面的程序中那样,向 SphereGeometry() 里面再添加两个数。

```
var shape = new THREE.SphereGeometry(100, 20, 15);
var cover = new THREE.MeshNormalMaterial(flat);
var ball = new THREE.Mesh(shape, cover);
scene.add(ball);
```

回忆一下前面写过的程序,当时 SphereGeometry() 里面只有一个 100,对吧?我们已经知道这个 100 是用来控制球体大小的。如果将 100 作为第一个数字,现在要在它后面新添两个数字。其中,第二个数字用来控制横向围绕球体一圈的方片数量,第三个数字用来控制纵向围绕球体一圈的方片数量。

添加了这两个数字之后,球体更加光滑,如图 1.8 所示。

这两个数字越大，用来拼接球体的方片就越多，每一个方片看起来就越小，而整个球体就越光滑。刚才添加了 20 和 15 两个数，不过球体看上去似乎还不够好。是不是应该把这两个数加大一点更好呢？

不一定！数越大，组成球体的小方片就越多，计算机画这个球体时的计算量也就越大，这可能使得最终的效果未必很理想。所以先别着急修改这两个数。对于计算机来说，要想让物体更加光滑，换一种皮肤通常是更好的方法。但关于皮肤的事情以后再讲。

图 1.8

本节提到了 3 个数字：100、20 和 15。它们分别控制着球的大小以及光滑程度。我建议你自己改一改这些数字，看看会有什么影响。你现在已经认真学习了很多新知识了，改这些数字并观察结果也是一种学习！

不过我得提醒一下，别把数字改得太大。大于 1000 的数字有可能会让你的浏览器卡住！万一它真的卡住了也别担心，2.8 节会告诉你当 3DE 出问题时如何恢复。

玩够了上面这些数字之后，我们要暂时将球体移出屏幕。这可以通过添加下面的代码给球体设置位置来实现。

```
var shape = new THREE.SphereGeometry(100);
var cover = new THREE.MeshNormalMaterial(flat);
var ball = new THREE.Mesh(shape, cover);
scene.add(ball);
▶ ball.position.set(-250,250,-250);
```

上面新代码中的 3 个数字将球体分别向左、向上、向后移动了一段距离，这样就在屏幕里腾出地方来摆放新东西了！

1.4 用 Cube 形体来创建立体方块

Cube 是立方体的意思。接下来创建一个立方体，也就是我们平时说的方块。在 3D 程序中，方块的各个面的大小可以不同，我们可以控制它的长宽高。

大小:CubeGeometry(300,100,20)

为了创建一个立体方块,将下面 4 行代码添加到前面用于创建球体的那 4 行代码下面(你可以多添一个空行将这两段代码分开)。

```
var shape = new THREE.CubeGeometry(100, 100, 100);
var cover = new THREE.MeshNormalMaterial(flat);
var box = new THREE.Mesh(shape, cover);
scene.add(box);
```

上面新添代码中的 box 就是立体方块的意思。

如果输入的代码完全正确,你将会看到……一个扁平的方片?你在自己的计算机上看到如图 1.9 所示的东西了吗?

好吧,你一定会问。为什么不是立体方块,而是一个扁平的方片呢?原因很简单。因为我们的摄像机,或者说我们的视角是正对着立体方块的一个侧面的。如果想看到立体方块,只需要移动一下摄像机,或者转动一下方块就可以了。下面通过编程来转动一下方块。

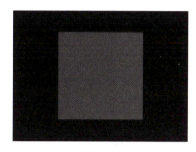

图 1.9

```
var shape = new THREE.CubeGeometry(100, 100, 100);
var cover = new THREE.MeshNormalMaterial(flat);
var box = new THREE.Mesh(shape, cover);
scene.add(box);
▶ box.rotation.set(0.5, 0.5, 0);
```

上面新代码中的三个数字分别控制立体方块上下转、左右转以及逆时针转。具体来说,我们将立体方块向下转了 0.5 个单位,同时向右转了 0.5 个单位。如果感觉不太明白,参考图 1.10。

图 1.10

上面的代码将立体方块的旋转(rotation)设置为 (0.5, 0.5, 0) 之后,立体方块就被旋转了一定的角度，这样看起来就像一个真的立体方块了。如图 1.11 所示，是不是看起来更有立体感了！

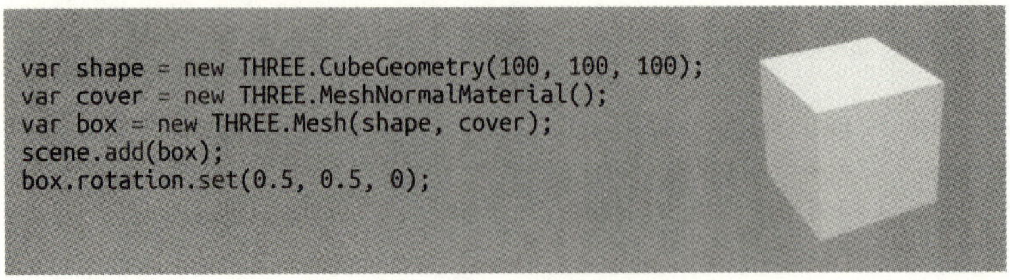

```
var shape = new THREE.CubeGeometry(100, 100, 100);
var cover = new THREE.MeshNormalMaterial();
var box = new THREE.Mesh(shape, cover);
scene.add(box);
box.rotation.set(0.5, 0.5, 0);
```

图 1.11

目前这个立体方块的尺寸是宽 100、高 100、深 100。把它改成宽 300、高 100、深 20 试试看。

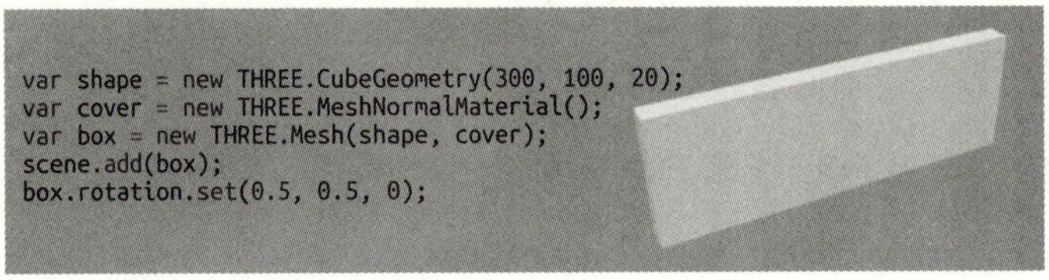

➤ ```
var shape = new THREE.CubeGeometry(300, 100, 20);
var cover = new THREE.MeshNormalMaterial(flat);
var box = new THREE.Mesh(shape, cover);
scene.add(box);
box.rotation.set(0.5, 0.5, 0);
```

现在你应该能够看到如图 1.12 所示的画面。

```
var shape = new THREE.CubeGeometry(300, 100, 20);
var cover = new THREE.MeshNormalMaterial();
var box = new THREE.Mesh(shape, cover);
scene.add(box);
box.rotation.set(0.5, 0.5, 0);
```

图 1.12

在上面新添的代码中，CubeGeometry(...) 和 rotation.set(...) 里面有 6 个数字。现在你能马上说出它们分别都控制什么吗？

如果你说不出来，就说明是时候停下来玩一会儿了！我建议你试着改一改这 6 个数字，就像创建球体时所做的那样。可以一次改一个数字，也可以一次多改几个数字，看看它们会带来什么变化。再次提醒一下：数字的值最好不要一次改太大。

你相信吗？你现在已经学了相当多关于 JavaScript 和编写 3D 程序的知识。虽
```

然后面还有很多需要学习，但你现在已经学会在场景里创建球体和立体方块，甚至可以移动和旋转它们。接下来再写大约 10 行代码就可以让这一切变得完美了。

首先将下面代码中新的一行代码添加到你的程序里，将立体方块也移出场景，以便腾出地方玩其他形体。

```
var shape = new THREE.CubeGeometry(300, 100, 20);
var cover = new THREE.MeshNormalMaterial(flat);
var box = new THREE.Mesh(shape, cover);
scene.add(box);
box.rotation.set(0.5, 0.5, 0);
➤ box.position.set(250, 250, -250);
```

1.5 使用 Cylinder 创建多种形体

Cylinder 是圆柱体的意思。在生活中有时也称它为柱子、棍子或者管子等。在 3D 程序中圆柱体非常有用。想想看，可以用圆柱体来制作树干、易拉罐、车轮……它无处不在。圆柱体还可以通过变形，变成圆锥、圣诞树甚至金字塔。现在一起来看一看该怎么做。

1.5.1 大小：CylinderGeometry(20, 20, 100)

在前面添加的立体方块代码后面，输入下面 4 行代码来创建圆柱体。（别忘了在新旧代码之间多加一个空行，这样你就能够知道立体方块的代码在哪里结束，而新的圆柱体代码又在哪里开始。）

```
var shape = new THREE.CylinderGeometry(20, 20, 100);
var cover = new THREE.MeshNormalMaterial(flat);
var tube = new THREE.Mesh(shape, cover);
scene.add(tube);
```

上面代码中的 tube 就是管子的意思。

如果再将圆柱体稍微旋转一下，便可以看到如图 1.13 所示的画面。（还记得如何旋转立体方块的吗？你可以用同样的方法来旋转圆柱体。）

你旋转圆柱体了吗？是不是想不出来该如何做？没关系！在你的程序中找到 "scene.

图 1.13

add(tube);"这一行,然后将下面的代码添加到程序中⊖。

```
tube.rotation.set(0.5, 0, 0);
```

现在回到创建圆柱体的第一行程序代码,也就是有"CylinderGeometry(20, 20, 100)"的这一行。括号里的三个数字中,前两个分别控制圆柱体顶部和底部的大小,而第三个数字控制圆柱体的高度。所以目前我们的圆柱体顶部和底部的大小都是20,而高是100。

现在试着自己改一改这三个数字,看看有什么效果。

比如,如果将前两个20改成100,而将最后的100改为20会怎么样?

或者将顶部大小改为1,底部大小改为100,并保持高度100不变又会怎样?

你试过了吗?第一个改动是不是将圆柱体变成了一个碟子?就像如图 1.14 所示的那样。

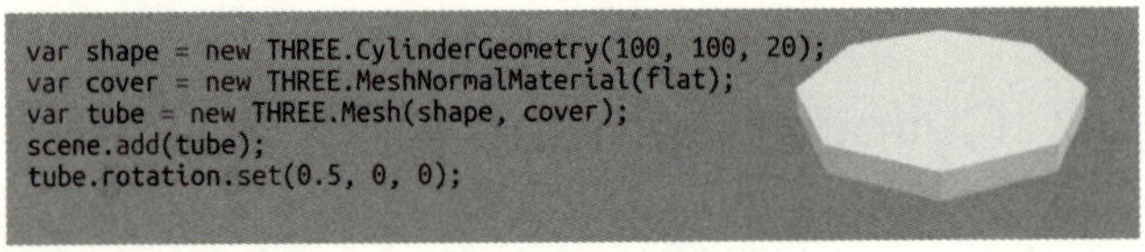

图 1.14

而将圆柱体顶部改为1之后,圆柱体是不是变成了一个小土堆?就像如图 1.15 所示的那样。

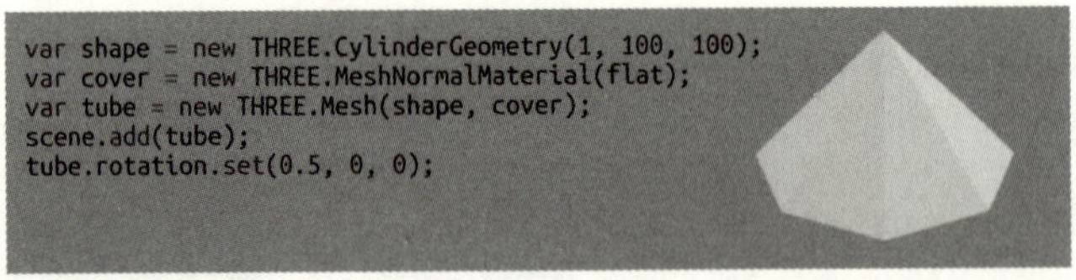

图 1.15

⊖ 你发现规律了吗?每次要旋转一个物体的时候,你需要先写出想要旋转谁?比如 ball、box 或者 tube 等,然后写 ".rotate.set()";最后在括号中写三个数字并用逗号隔开。这三个数字分别控制三种旋转方式。至于这三种旋转方式分别是什么?你自己改一改,试一试就能记住了!

怎么样？看起来圆柱体确实有千变万化的本领。不过先别着急，圆柱体还有一个绝招我们没有看到呢。

1.5.2 金字塔：CylinderGeometry（1, 100, 100, 4）

你是否注意到圆柱体也不是很平滑？它看起来也是一块一块的，类似的情况我们在玩球体的时候已经见过了。所以你一定已经想到：能不能控制圆柱体的光滑度呢？

当然可以！暂时回到前面那个把圆柱体变成碟子的例子。如果像下面代码那样，在"CylinderGeometry(100, 100, 20)"那一句里再添加一个20。

➤
```
var shape = new THREE.CylinderGeometry(100, 100, 20, 20);
var cover = new THREE.MeshNormalMaterial(flat);
var tube = new THREE.Mesh(shape, cover);
scene.add(tube);
tube.rotation.set(0.5, 0, 0);
```

你将看到如图1.16所示的变化。

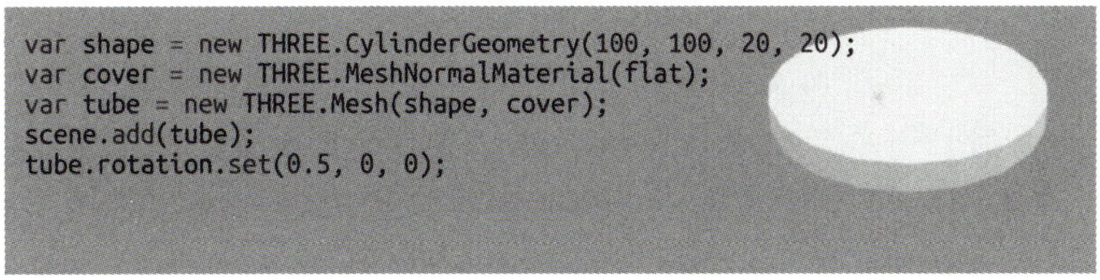

图 1.16

看到了吗？现在碟子的边缘变得光滑一些了，这与在球体上看到的现象类似。同样的，除非特别必要，也不要将这个值改得太大，否则浏览器有可能卡住。

那么现在你发挥想象力，根据上面看到的这些修改和变化规律，猜一猜怎样才能创建出一个金字塔？

我建议你先别着急往后看，先猜一猜怎么改才能把它变成金字塔？自己动手试一试！

搞定了吗？如果没有也不要紧，反正我们所使用的方法多少有一些投机取巧。方法是这样的：首先将圆柱体的顶部大小改为 1，底部大小改为 100，高度保持 100 不变；然后将新添加的第 4 个数，也就是光滑度改为 4。这样就可以看到如图 1.17 所示的金字塔了。

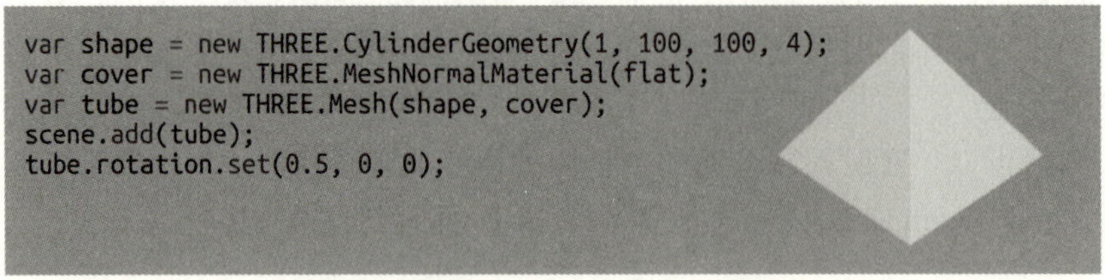

```
var shape = new THREE.CylinderGeometry(1, 100, 100, 4);
var cover = new THREE.MeshNormalMaterial(flat);
var tube = new THREE.Mesh(shape, cover);
scene.add(tube);
tube.rotation.set(0.5, 0, 0);
```

图　1.17

你看到了，这个金字塔并不是真的金字塔，而是通过让圆柱体的顶部非常小，并且让它的侧面非常不光滑，从而使它变得像是一个金字塔。看起来这种方法像是在作弊，但这里引出来一个编程序的重要窍门。

欺骗有时候是必要的

在现实生活中，我们绝对不可以说谎！但是在编程序时——尤其是编写 3D 程序时，投机取巧的方法往往是能够解决问题的巧妙方法，它要么更简单，要么更高效。在确保结果正确的前提下，即便你知道理论上更加正确的方法，也应该尽量寻找并使用这种巧妙方法来解决问题。

好了，到目前为止你做得都很棒！现在暂时把圆柱体也移出场景，就像前面把球体和方块移出场景时所做的那样。

```
tube.position.set(250, -250, -250);
```

接下来看看本章的最后两个 3D 形体。

1.6　用 Plane 创建平面

Plane 是平面的意思。在游戏编程中，Plane 是制作地面所需的重要形体。

此外，也可以很方便地用它制作门或者游戏中的边界。

大小：PlaneGeometry（100, 100）

因为平面只是一个平的方形，所以它比前面的所有形体都要简单。在创建的圆柱体程序代码下面输入下面的代码（别忘了插入一个空行）。

```
var shape = new THREE.PlaneGeometry(100, 100);
var cover = new THREE.MeshNormalMaterial(flat);
var ground = new THREE.Mesh(shape, cover);
scene.add(ground);
ground.rotation.set(0.5, 0, 0);
```

在输入上面的代码时，不要忘记最后一行旋转（rotation）代码。平面非常薄，所以如果从侧面观察它，有可能根本看不到。

创建平面形体的代码中有两个数字，分别控制平面的长和宽。上面的代码创建的平面长为 300，宽为 100，如图 1.18 所示

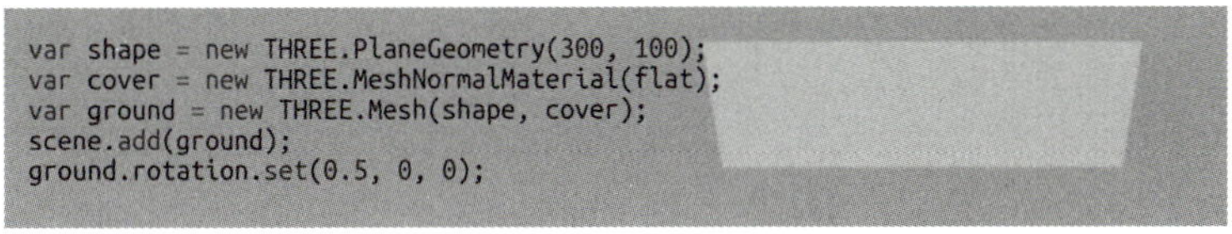

```
var shape = new THREE.PlaneGeometry(300, 100);
var cover = new THREE.MeshNormalMaterial(flat);
var ground = new THREE.Mesh(shape, cover);
scene.add(ground);
ground.rotation.set(0.5, 0, 0);
```

图　1.18

好了，关于平面的介绍到此为止。添加下面的代码将平面移出屏幕。

```
var shape = new THREE.PlaneGeometry(300, 100);
var cover = new THREE.MeshNormalMaterial(flat);
var ground = new THREE.Mesh(shape, cover);
scene.add(ground);
ground.position.set(-250, -250, -250);
```

接下来我们将学习世界上最伟大的形体。

1.7　用 Torus 创建甜甜圈

生活中可以找到很多环形的物品，大到呼啦圈，小到甜甜圈等，它们的形状都是环形。不过接下来我们还是形象地称这种形状为甜甜圈吧。

Torus 是环的意思。在 3D 程序中创建甜甜圈至少需要指定两个数值：一个

是从环形正中心到它的最外边缘的距离，它决定了甜甜圈的整体大小；另一个则是环形"管道"本身的粗细。

1.7.1 大小：TorusGeometry(100, 25)

将下面的程序代码输入到创建平面的代码后面。

```
var shape = new THREE.TorusGeometry(100, 25);
var cover = new THREE.MeshNormalMaterial(flat);
var donut = new THREE.Mesh(shape, cover);
scene.add(donut);
```

你将会看到一个如图 1.19 所示的很不圆的甜甜圈。

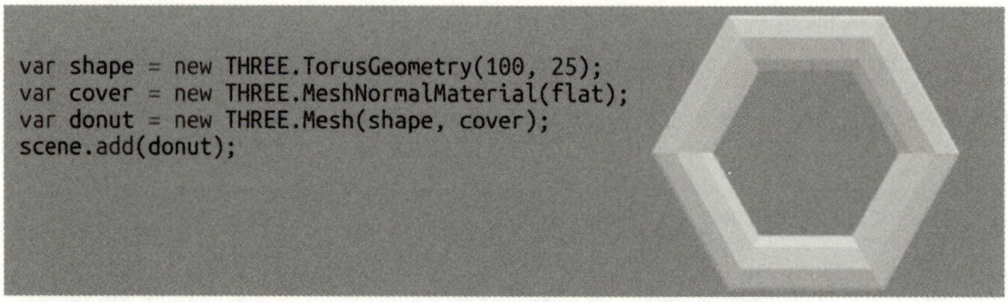

图 1.19

现在你很可能已经知道该如何让甜甜圈变得更加光滑了。

1.7.2 光滑度：TorusGeometry(100, 25, 8, 25)

跟球体类似，甜甜圈的形体也是由一大堆方片或者三角形拼起来的。可以指定这些方片的大小，从而调节形体的光滑度。为创建甜甜圈的代码添加第三个数，便可以控制环形"管道"壁本身的光滑度。如果再添加第四个参数，便可以控制圆圈的光滑度。这样说并不能帮助你理解添加第三和第四个数到底能起什么作用，所以仔细观察下面的代码，然后在你刚输入的代码中添加第三和第四个数，看看会有什么变化。最好自己修改这两个数试验一下[⊖]。

⊖ 在实验修改新添加的两个数时，一次只修改一个数，而保持另一个数不变，这样才能分辨出哪一个数会带来什么变化。——译者注

```
var shape = new THREE.TorusGeometry(100, 25, 8, 25);
var cover = new THREE.MeshNormalMaterial(flat);
var donut = new THREE.Mesh(shape, cover);
scene.add(donut);
```

现在甜甜圈看起来好多了，如图 1.20 所示。

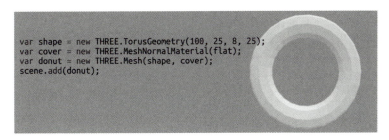

图　1.20

1.7.3　吃掉甜甜圈: TorusGeometry (100, 25, 8, 25, 3.14)

最后，还可以在创建甜甜圈时，再添加第五个数：3.14。模仿下面的代码，在你的程序里为甜甜圈添加第五个数。

```
var shape = new THREE.TorusGeometry(100, 25, 8, 25, 3.14);
var cover = new THREE.MeshNormalMaterial(flat);
var donut = new THREE.Mesh(shape, cover);
scene.add(donut);
```

如果一切顺利，你将看到一个被吃掉一半的甜甜圈。3.14 这样的数是不是看起来怪怪的？是有点怪，这要取决于你学校里的数学课已经讲到哪里了。我们先把这个奇怪的数暂且放下不说，等到第 7 章学习 JavaScript 更多基础知识时，再回来说一下这个数。

现在有了 5 个影响甜甜圈形状的数，前两个控制大小，后两个控制光滑度，还有最后一个奇怪的数控制有多大一部分甜甜圈被吃掉。

1.8　让形体们动起来

我们的第一个编程之旅就要完成了。在结束之前，还有一件更酷的事要做。我们想让前面创建过的所有形体都动起来。让它们在屏幕上疯狂的旋转，你觉得这个主意怎么样？

来吧，在前面你输入过的所有创建形体的代码后面，添加下面的新代码。

```
var clock = new THREE.Clock();
function animate() {
  requestAnimationFrame(animate);
  var t = clock.getElapsedTime();
  ball.rotation.set(t, 2*t, 0);
  box.rotation.set(t, 2*t, 0);
  tube.rotation.set(t, 2*t, 0);
  ground.rotation.set(t, 2*t, 0);
  donut.rotation.set(t, 2*t, 0);
  renderer.render(scene, camera);
}
animate();
```

看不懂这段程序也没关系，以后还会详细去学习它们。现在你只要大概知道，这段代码做了两件事：首先它每隔一段时间就去修改一次所有形体的旋转数值；然后，每当它修改完旋转数值后，便会通知渲染器（计算机里负责在浏览器上绘画的程序）重新显示一下场景。这样一来，场景中所有形体的位置就会在每隔一段时间发生一次改变。只要间隔时间很短，则看上去场景中的物体就动起来了。

3DE 编辑器卡住了

当为动画编程或者编写其他复杂程序时，3DE 编辑器有可能会完全卡住。别担心，这种事时常发生，没什么值得大惊小怪的。当你的 3DE 编辑器卡住时，只要撤销最近一次对程序的修改就行了。具体方法参见 2.7 节。

1.9　完整代码

为了让事情变得简单明了一些，在书后附录 A 的"代码：创建简单形体"一节中有本章的完整程序代码。你可以用来对自己输入的程序进行完整检查。我再唠叨一次：一定要动手输入程序，而不要复制粘贴，否则你什么也学不到，什么也理解不了。

1.10 下一步我们做什么

哇！真了不起。我们已经一口气学习了数不清的新知识，然而一切才刚刚开始而已！

现在，我们已经学会如何在 3DE 编辑器里输入程序代码，知道如何在场景中创建许多不同的形体，甚至还知道如何通过 JavaScript 让物体动起来。最棒的是，实现所有这些东西，只需要添加 15 行程序代码而已。

本章我们真正感受了如何编写 3D 程序。在下一章中，我们将学习更多在浏览器中编程的知识。

第 2 章

调试

出错时如何修复代码

👁 学完本章，你将做到：
- 在代码编辑器中辨认程序错误。
- 在浏览器的 JavaScript 控制台中查找程序错误。
- 当程序卡住时修复项目。

⊖ "调试（Debug）"——这是每一个学习编程的人都必须记住的术语！当程序出现错误时，我们要想办法找到错误并修复它，这个过程就叫"调试"。程序员几乎每天都要做这件事。再多看几眼这个词，因为后面会经常提起它。——译者注

能编写程序已经很棒了，而能够从一个出现问题的程序中找到错误并进行修复，则说明你的编程能力更进一步了。

程序出错是一件再正常不过的事。因此，在编写程序的过程中，到底是谁犯的错误不重要——重要的是你能否找到错误并且进行修复。我相信通过学习这一章的内容，你一定有本事搞定它们！

本章将学习哪些有用的方法能够帮助我们修复出错的代码。一般情况下，代码编辑器可能直接从你输入的代码中发现错误，或者浏览器的 JavaScript 控制台会显示有错误发生。但也有极特殊的情况，即无论是代码编辑器还是 JavaScript 控制台都帮不上忙，那是因为程序中的错误使整个浏览器卡住了。不过即便是这种时刻也无须太过担心，我们仍然有办法渡过难关。

编写程序可能会令人抓狂

有时候，编程这件事着实令人抓狂，你可能会想把电脑砸到墙上。千万别这么做，编程时你一定要记住两个事实：

- 你不可能知道所有事情，这没什么大不了。
- 你的程序不可能永远不出错，这更加没什么大不了。

当你为出错的程序而苦恼时，要知道这个世界上有很多很多程序员也和你一样，正为此而伤透脑筋。记住，找到正确的方法，一切都会好起来的。

2.1 让我们开始吧

代码编辑器

我们将继续使用第 1 章的代码编辑器 3DE。如果你还没有熟悉它，翻回去再多学习一下。

新建一个项目

3DE 编辑器会自动保存程序代码，所以新建一个项目后，前一章创建的那些有趣的 3D 形体并不会丢失。现在用鼠标在浏览器右上方单击菜单按钮（就是那个画着三条短横线的按钮），然后在菜单上单击"NEW"命令。

现在该输入新项目的名字了。这次就叫它"Breaking Things"吧。输入这个项目名称后单击"SAVE"按钮开始编程。对上面这些操作步骤还有什么不清楚的吗？如果有，看一看如图 2.1 所示的画面，对比一下你的计算机屏幕。

图 2.1

确保"TEMPLATE"选单中"3D starter project"选项被选中。

就像在第 1 章中曾看到过的一样：新项目创建完后，编辑器自动生成了一些代码。接下来我们就可以输入自己想要的代码了。在此之前，先来捣捣乱，故意输入一些错误的代码，看看编辑器能否发现它们。

2.2 利用 3DE 来调试：红色的叉

当 3DE 在代码中看到一些明显的错误时，会在错误代码的旁边画一个红色的叉。输入一些错误代码来试一试。首先找到"START CODING ON THE NEXT LINE"这一行，然后在该行后面输入以下代码

```
bad()javascript
```

这是一行错误的 JavaScript 代码。为什么？因为在 JavaScript 里，永远不能有单词直接出现在括号的右边。所以如果你这么写，3DE 会在出错的这行代码旁边画一个红色的叉，表示这一行需要修改。将光标移动到红叉上面，就可以显示详细错误提示，如图 2.2 中所示。

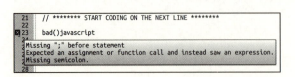

图 2.2

看起来编辑器认为上面的语句错误很严重！我知道你现在很难理解这些错

误提示到底是什么意思,不过不用担心,我们将分别在第 5 章和第 7 章再详细讨论这些。现在你只需要记住当直接在括号右边写了语句时,编辑器会提示这样的错误就行了。

简单总结一下,如果在编写代码时遇到红色叉,你应该检查下面这些可能出错的地方:

- ❑ 在红色叉附近检查一下,你是不是忘记写分号(";")了,或者是不是忘记写圆括号、方括号或者引号等其他 JavaScript 标点符号了?。
- ❑ 如果在被打红叉的那一行代码中确实没有看到错误,那就在它的上一行代码中看一看。如果上一行代码仍然没错,则再到下一行中检查一下。有时候 3DE 并不能很准确地找到错误开始的地方,红色叉的上下一到两行之间都有可能存在错误。

2.3 被 3DE 怀疑的代码:黄色的三角

有时候 3DE 会在代码旁边显示一个黄色的三角,而不是红色的叉。这是因为 3DE 怀疑这行代码可能不太正确。这种代码一般不会让程序完全不能运行,但有可能会使它无法获得正确的结果。所以当黄色的三角出现时,最好尽力将它改正。

我们写一些不太正确,但也不完全错误的代码体验一下这种情况。首先,将前面输入的 bad()javascript 删除,然后添加下面的代码。

```
favoriteFood;
eat(favoriteFood);
```

这次 3DE 不会显示红色叉,而是像如图 2.3 所示的那样,用黄色三角告诉我们 faveriteFood(faveriteFood 是"好吃的"的意思)那一行为可疑的代码,因为它什么也做不了。

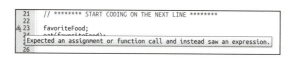

图 2.3

为了修复这个问题,我们可以将它改为一个赋值语句,如以下代码所示:它将 faveriteFood 当作一个"名字",并指出这个名字在接下来的代码中代表"Cookie"(Cookie 是"饼干"的意思)这个词。

➤ ```
var favoriteFood = 'Cookie';
eat(favoriteFood);
```

现在 3DE 终于找不到错误了，因此也不再会显示任何错误提示。但是这不一定说明上面的代码中一点错误也没有。它还是有一些 3DE 无法发现的错误。这时候，就要请网页编程人员最好的朋友 JavaScript 控制台来帮忙了。

## 2.4　打开和关闭 JavaScript 控制台

当程序运行的结果与你所想的不一样时，首先应该查看一下 JavaScript 控制台。用 JavaScript 编程的人都知道一个秘密，要想快速打开或关闭控制台，可以在计算机的键盘上按 Ctrl + Shift+J 三个键。你需要用左手先按下 Ctrl 键和 Shift 键不松手，与此同时右手按一下 J 键。这种按键的方式通常叫作"组合键"。

如果你使用的是苹果计算机，则需要按 ⌘+Option+J 键。

第一次打开控制台，你可能会看到无数的警告和错误信息。不要担心，因为浏览器中的其他网页以及你正在使用的 3DE 编辑器都会向这个 JavaScript 控制台输出它们自己的运行信息记录，所以那些信息并不一定都是你写的程序的错误。

如果觉得此刻 JavaScript 控制台里面的信息太多，妨碍你辨认哪些是属于自己程序的信息，可以用鼠标单击 JavaScript 控制台左上方的"⊘"按钮清空当前信息，然后在该按钮左侧不远处找到"UPDATE"按钮并单击。这样就只有自己的程序所输出的信息显示在 JavaScript 控制台上面了。

在继续阅读本章时，保持 JavaScript 控制台一直开着。同样的按键组合可用来关闭 JavaScript 控制台。

## 2.5　利用 JavaScript 控制台来调试

打开 JavaScript 控制台后，会在上面看到程序错误信息："eat is not defined"（eat 是"吃"的意思，eat is not defined 就是 eat 函数没有被定义的意思）。对照图 2.4 在控制台上仔细找。

```
⊘ ▶Uncaught ReferenceError: eat is not defined          code.html:24
    at code.html:24
```

图　2.4

无论错误是何种格式，浏览器都会发现错误，并将错误在 JavaScript 控制台
```

上报告。在代码的第 24 行，我们要求浏览器运行一个叫作 eat() 的"函数"，但是 eat() 函数目前并不存在，因此浏览器说它"没有被定义"。

错误信息的格式可能会变化

当同样的错误出现在程序的不同位置时，在 JavaScript 控制台所显示的错误信息可能略有不同。不必感到意外。有时错误信息中会多带一个数字，例如"24"变成了"24:3"：

```
⊗ Uncaught ReferenceError: eat is not defined          code.html:24
    at code.html:24:3
```

有时候会多出一行额外的文字：

```
⊗ ▶Uncaught ReferenceError: eat is not defined          code.html:24
    at code.html:24
    at __.html:10
```

有时候会出现"VM"加一个奇怪的数字：

```
⊗ ▶Uncaught ReferenceError: eat is not defined          code.html:24
    at VM141 code.html:24
    at VM139 __.html:10
```

这些错误信息总是会有一些莫名其妙的细微差别，不足为奇。我们应该将注意力集中在错误信息的主要内容，以及后面跟着的第一个错误位置信息上。在前面的例子中，错误信息的主要内容是："Uncaught ReferenceError: eat is not defined"（即：未被处理的引用错误：eat 没有被定义），以及错误位置信息"code.html:24"（即：代码文件 code.html 的第 24 行⊖）。

我们将在第 5 章学习什么是函数，现在你只需要知道函数就是一小段可以反复执行的程序代码即可。

为了解决"eat 没有被定义"的问题，将下面 3 行新代码添加到你的程序中。添加完后，单击"⊘"按钮以及"UPDATE"按钮，以便清理 JavaScript 控制台信息。

⊖ 提醒一下，第 1 章提到过代码编辑窗口左侧有一串数字，即行号。如果错误位置信息指出错误出在第 24 行，那么你在窗口左侧那一串数字中找到"24"那一行，直接去复查那一行是否有错误就可以了。——译者注

```
    var favoriteFood = 'Cookie';
    eat(favoriteFood);
▶   function eat(food) {
▶     console.log(food);
▶   }
```

在上面的代码中，我们添加了一个 eat() 函数，解决了函数没有定义的问题。现在 JavaScript 控制台中应该已经看不到错误信息，并且在 3DE 编辑器中也不再有红色叉或黄色三角。

eat() 函数里有一行奇特的代码，它能主动向 JavaScript 控制台写文字。现在，在 JavaScript 控制台上，你不但已经看不到错误信息，而且还能看到被 eat() 函数写上去的"Cookie"文字。虽然我们很想再让 eat() 函数在场景中创建一个大怪物来吃掉我们送给它的东西，但是目前暂时做不到。现在只能将"食物"送给 console.log() 函数。你可能已经猜到了，在 eat() 函数里，是 console.log() 函数将文字写到 JavaScript 控制台上的。

> **console.log() 函数在调试方面超级有用**
>
> 总有一天你会发现，浏览器自带一些特别聪明的调试工具，它们特别有用，值得仔细学习。通常情况下，最有用的工具之一就是 console.log() 函数。当你的程序代码越来越复杂，程序运行起来的时候，你有时可能会不太确定一些数据到底有什么样的数值。在这种情况下，用 console.log() 函数将这些数据写到 JavaScript 控制台上，就可以很方便地观察它们的数值了。

console.log() 函数可以一次性向 JavaScript 控制台上写多条信息，只要用逗号将它们分隔开即可，就像下面的代码所做的那样。

```
    function eat(food) {
▶     console.log(food, '!!! Nom. Nom. Nom');
    }
```

如果将前面输入的 eat() 函数按照上面的代码修改，则在 JavaScript 控制台上就能够看到"Cookie!!! Nom. Nom. Nom"文字。

为什么有些错误只发生在程序运行的时候

在程序运行之前,计算机会将你输入的代码转换成一种只有它自己才明白的内部结构。这个转换过程称为"编译"。当你在代码编辑器中输入一些代码后,编辑器会偷偷让计算机试着去编译一下刚刚输入的东西,这样就能马上知道代码能不能运行了。如果编译失败,编辑器便会在无法编译的代码行上画上叉或者三角。通过这个技巧,编辑器就能抓住代码中的一些无法成功编译的错误。我们通常称这类错误为"编译时错误"。

但是有些时候,程序代码中丢失了一些东西(比如前面的 eat() 函数),而没有丢失的部分仍然是正确且可以编译的。直到程序运行的时候,那些丢失的东西才会被计算机发现。相应地,我们称这类错误为"运行时错误"。JavaScript 控制台便是帮助我们检查运行时错误的工具之一。

在本章结束之前,我们最后再来看一下与 3D 程序有关的常见错误。

2.6　3D 程序中的常见错误

继续保持 JavaScript 控制台打开,然后将下面程序中的新代码输入到 eat() 函数的"}"后面。

```
function eat(food) {
  console.log(food, '!!! Nom. Nom. Nom');
}
▶ var shape = new THREE.SpherGeometry(100);
▶ var cover = new Three.MeshNormalMaterial();
▶ var ball = new THREE.Mesh(shape, cover);
▶ scene.ad(ball);
```

这次你会看到代码编辑器仍然没有显示任何错误。当它在背后通知浏览器去编译你新输入的代码时,浏览器说:"很好,新输入的代码看起来一切正常。我现在就可以运行它了!"但是当编译好的程序真正运行起来时错误才发生,然后你就会在 JavaScript 控制台看到错误信息。

2.6.1 可能会遇到的错误 1：Not a Constructor

仔细查看 JavaScript 控制台上显示的错误信息。你应该看到了如图 2.5 所示的错误。

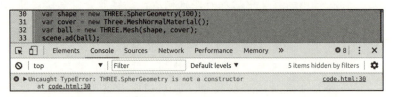

图 2.5

这个错误信息试图告诉我们，在第 31 行中的 SpherGeometry 拼写不正确。仔细检查第 31 行代码，并回忆一下在前一章中创建球体时输入的代码，会发现原来这里丢失了一个"e"，本来应该是 SphereGeometry，却写成了 SpherGeometry。至于错误信息中提到的 constructor（构造函数），我们目前还没有学到，后面再介绍。

> **JavaScript 控制台错误信息中的行号不一定准确**
>
> 3DE 会尽量让显示在 JavaScript 控制台中的行号准确。有时候它确实能做到——就像这次这个拼写错误的情况一样。但也有时候它显示的行号会与真正出错的那行代码偏离几行。当检查 JavaScript 控制台显示的错误时，应该先从错误提示的那行代码开始查看。如果它看起来没有错，则再逐渐向该行的上面和下面几行中查看。

以后当你再遇到这个错误时，在错误提示的行号或它的附近复查"THREE."后面的形状名称，比如"THREE.SphereGeometry""THREE.CubeGeometry"等。不但拼写要正确，字母的大小写也必须与书中一致。

2.6.2 可能会遇到的错误 2：Three Is Not Defined

修复好上面的 SphereGeometry 拼写错误后，程序背后的画面中仍然没有出现任何东西。所以程序中一定还有错误。再次观察 JavaScript 控制台，会看到如图 2.6 所示的错误。

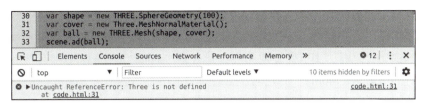

图 2.6

Three is not defined 就是 Three 没有被定义的意思。这一句错误信息与前面看到过的 eat is not defined 非常类似。

这一次 JavaScript 控制台其实是在告诉我们 Three 一词的拼写不正确。一定要记住，在这本书的所有程序中，当写"THREE.……"的时候，"."前面的"THREE"一词必须全部用大写字母。这是因为这本书使用了一个名为"Three.js"的著名 JavaScript 程序包，而这个程序包的作者似乎非常喜欢大写字母，所以在代码中提到他的程序包时（也就是写"THREE.……"的时候），一定要写"THREE. ……"，而不是"Three. ……"。

当编写 JavaScript 程序代码时，不小心将代码中的命令或者名称拼错，或者将字母的大小写弄错是一个很常见的错误。所以下次当你看到"not defined"（没有被定义）错误时，应首先在错误信息所提到的行号附近，检查是否有拼写或者大小写错误。

对于这个例子中 Three 一词的拼写错误，将它改为 THREE 就可以了。

2.6.3　可能会遇到的错误 3：Not a Function

修复了上面的"SphereGeometry"和"THREE"两处错误后，编辑器中的场景仍然是空的。还有什么错误呢？

你应该已经在 JavaScript 控制台找到了类似如图 2.7 所示的错误信息。"scene.ad is not a function"就是说 scene.ad 不是一个函数。该怎么理解这句错误信息呢？

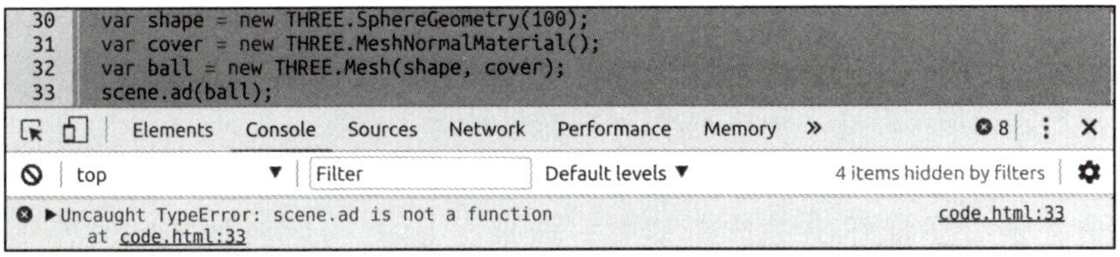

图 2.7

在前面出错的程序中，我们在最后一行写了"scene.ad(ball);"这句代码。浏览器编译该行代码时，会认为你想要运行一段名为"ad()"的代码。而当程序运行到这句代码时，浏览器发现无法找到名为"ad()"的代码。这是因为我们本想运行的是名为"add()"的代码，然后却"不小心"丢了一个字母"d"，所以当然找不到了，于是就得到了这个错误信息。

你可能会想到，为什么前面几次看到的错误信息都是"没有被定义"，而这次却是"不是一个函数"呢？其实答案很简单：这次我们写的是"scene.ad(ball);"，虽然浏览器找不到"ad"，但是从"ad"左右两边的代码来推测，这里的"ad"只能是一个函数，而不可能是别的东西。为了使错误信息尽量更加具体一些，以便帮助我们更准确地找到错误，因此浏览器不再说没有被定义，而是直接指出这里有一个函数无法被找到。

改正上面的所有程序错误之后，你应该终于可以在代码编辑器中看到3D球体了。如图2.8所示。

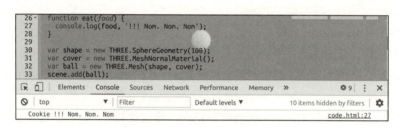

图　2.8

2.7　当3DE代码编辑器卡住时该如何恢复

弄坏一个浏览器比想象中要简单。这种事经常发生，以至于人们发明了不少词语来形容这种情况，例如：我的浏览器卡住了、锁死了、不动弹了或者干脆就说浏览器坏了。如果你在程序中创建一个由一百万个小块组成的球体，那么当程序运行时，浏览器一定会立刻卡住。或者如果你写了一段永远不会停止的循环代码，浏览器也会锁死，从而没法再输入代码，也不能上下滚动。什么也做不了。

如果浏览器卡住了，3DE代码编辑器也坏掉了吗？

呃……确实是这样。但是这里有一个非常简单的方法可以在一定程度上避免这个情况。打开3DE编辑器时，如果在URL的后面加一个"?e"或者"?edit-only"，也就是通过下面这个URL打开3DE编辑器：http://code3Dgames.

com/3de/?e。那么你会进入到 3DE 编辑器的纯编辑模式。在这种模式下，你只能输入和修改程序代码，但浏览器不会自动运行代码。这样，你就有机会去修改最后一次编写的代码，将可能导致浏览器卡住的代码改正或者删除。

修改完有问题的代码后，重新在浏览器使用没有纯编辑模式标志的 URL 打开 3DE 编辑：http://code3Dgames.com/3de/。这样你就可以看到程序正常运行了。

在个别计算机上，若想切换不同 URL 打开 3DE 编辑器，可能需要先关闭浏览器，再重新打开它并输入不同的 URL。尤其当你使用的是 Google Chromebook 电脑时，一定需要重新打开浏览器才行。

2.8 下一步我们做什么

在这一章中你已经学到了很多解决程序问题的方法。最棒的程序员都是最厉害的解决问题能手，他们最擅长解决的问题之一，就是修复出了错的程序代码。所以我建议你时常回到这一章重新看一看这些方法，一定要牢记并熟练地使用它们。

现在你已经知道，当 3DE 编辑器发现程序代码有错误或者有疑问时，会通过红色的叉或者黄色的三角来提示。同时，你也学会了如何使用 JavaScript 控制台来找到 3DE 编辑器无法发现的错误，了解了超级有用的 console.log() 函数。你还熟悉了编写 3D 程序时很多人容易犯的一些错误。最后，当程序错误严重而导致浏览器卡住时，你还尝试使用 3DE 的纯编辑模式来修改最后一次编写的程序。

到此为止，你已经尝试了在场景中创建 3D 形体，学习了当程序出现问题时如何找到并修复错误。接下来就开始制作你的第一个游戏吧，我们一起来做一个游戏角色！

第 3 章

项目
创建游戏角色

学完本章,你将做到:
- 给简单形体编组。
- 为游戏创建 3D 角色。
- 为游戏角色添加简单动画。

开发一个游戏等于开发许多游戏的组成部分：游戏场景、场景中的游戏角色、角色身旁堆放的物体等。本章将创建一个游戏角色：一个 3D 小人。在本章结束时，我们创建出来的游戏角色应该如图 3.1 所示。

在游戏中，角色通常用来代表游戏玩家，显示玩家在场景中的位置，正在做什么。由于这个 3D 形象实际上是你我在游戏世界里的替身，所以用简单的立体方块显然不够酷，我们需要制作一个稍微复杂些的东西。

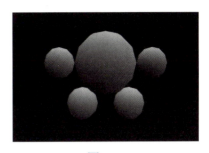

图　3.1

玩家和角色的区别

在本书中，"游戏玩家"一词代表玩游戏的人，比如你；"游戏角色"则是指在游戏场景中代表游戏玩家的那个替身。

3.1　让我们开始吧

首先打开 3DE 编辑器，并且创建一个新项目，起名为"My Avatar"。如图 3.2 所示。

当你在自己的计算机中看到了上图中的画面时，确保"TEMPLATE"那一行右面的选项为"3D starter project"，因为只有这样，在创建的新项目中你才能在第 21 行找到"START CODING ON THE NEXT LINE"这句话。这句话告诉我们从它的下面一行开始，你可以编写自己的程序代码了。

图　3.2

3.2　形体的光滑度

首先让我们为游戏角色创建一个大球体当作身体。下面的代码与第 1 章创建球体的代码完全相同。

```
var body = new THREE.SphereGeometry(100);
var cover = new THREE.MeshNormalMaterial(flat);
var avatar = new THREE.Mesh(body, cover);
scene.add(avatar);
```

显而易见，输入上面的代码将创建一个如图3.3所示的球体。

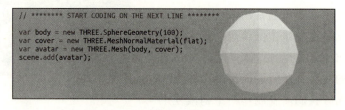

图 3.3

但是，等一下，你要不要将第二行代码中的"flat"去掉试一试？

```
  var body = new THREE.SphereGeometry(100);
▶ var cover = new THREE.MeshNormalMaterial();
  var avatar = new THREE.Mesh(body, cover);
  scene.add(avatar);
```

你一定已经看到：球体变得非常光滑。这是为什么呢？因为第二行代码其实是在为球体的骨架创建皮肤。当括号中有"flat"标志时，其实是在告诉计算机，在球体的皮肤上保持平面小块的外观，并且不要去管它。而当去掉"flat"时，计算机会自动将平面小块平滑掉。平滑的效果如图3.4所示。

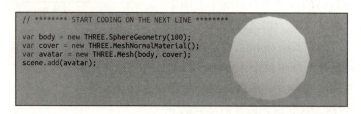

图 3.4

观察平滑之后的球体，你会发现它的表皮已经非常光滑了，但是它的轮廓仍然不是很圆。如果希望进一步修正这个问题，也可以在去掉"flat"的前提下，再调整第一行代码中的数字。就像在第1章中所做的那样，将数字改为SphereGeometry(100, 20, 15)。

在书中接下来的例子里，我们将继续使用平滑效果。但在你自己的程序代码中，你可以自行决定。如果想要复古的感觉，加上"flat"标志就可以了。在后面的编程中，如果你改变了主意，也可以随时回来修改。

3.3 把零件拼成整体

前面我们给游戏角色创建了身体，现在试着给这个身体添加一个手。在前面已经输入的代码后面，继续添加下面的代码。

```
var hand = new THREE.SphereGeometry(50);
var rightHand = new THREE.Mesh(hand, cover);
rightHand.position.set(-150, 0, 0);
scene.add(rightHand);
```

你是否注意到，在上面的代码中，我们没有为手创建新的皮肤（就是那个"cover"），而是使用了与身体相同的皮肤。因为我们打算让手和身体的光滑度及颜色等外观相同，因此在这里直接使用身体的皮肤可以节省一行代码。

节省一行代码看起来像是偷懒，但实际上是一件好事。你要记住，编程人员打心眼里都想做"懒汉"。他们能节省一行代码就节省一行代码。这让我想起了一条编程的哲学：

> **优秀的编程人员都是"懒汉"**
>
> 我说编程人员都是"懒汉"，并不是说他们因为讨厌做自己的工作而总是故意偷懒，而是指编程人员要尽量让计算机来做那些本来就应该由计算机来做的重复性工作。因为程序员的工作非常辛苦，以至于编起程序来经常熬眼，这恰恰证明了每个程序员都非常热爱自己的工作。
>
> 那什么是本可以交给计算机来做的工作呢？比如在创建角色的手时，如果决定让手的外观看起来与身体一样，那么就不用再去创建手的皮肤，而是直接使用身体的皮肤（cover），然后让计算机自己去复制好了！更进一步说，如果要在身体两侧创建两只看起来一样的手，那么不但应该重复使用身体的皮肤，就连手的几何体骨架（hand）也应该只创建一个，让两只手共用。

编程人员"懒惰"有两个重要好处：

- 节省代码不但意味着第一次敲代码的时候省事,而且将来需要回过头来重看自己写的代码时,也可以少看几行代码。节省一次代码相当于节省了双份时间。
- 当游戏角色有两只手时,如果想改变手的形状,则只需要改变一处创建几何体骨架的代码,就可以让两只手同时发生改变。

因此,让我们用更少的代码给游戏角色添加另一只手吧!继续将下面的代码添加到程序中。

```
var leftHand = new THREE.Mesh(hand, cover);
leftHand.position.set(150, 0, 0);
scene.add(leftHand);
```

看到了吧?正像我们在前面说过的,这次既没有创建皮肤,也没有创建几何体,而是直接为另一只手创建了一个网格体(mesh)就完事了!够懒的吧?添加好上面的代码后,你应当看到如图 3.5 所示的画面。

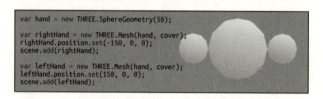

图 3.5

好吧,我知道这看起来不太像有两只手的游戏角色。不过耐心一点,它早晚会像的,只要你跟我一起继续玩下去。

3.4 把整体拆成零件

在创建角色的双手时,使用了几个神秘的数字,你想不想知道它们到底是做什么的?

以后再回来读这一节也可以!

如果暂时对这些数字不感兴趣,可以直接跳到 3.5 节,去继续创建游戏角色。有时候没有耐心不是错误,继续编程也可以学到很多东西。只不过,我希望有一天你能回到这一节看一看,这样你就会知道那些神秘数字的含义。

将任何物体添加到场景中时，它们最开始的位置都是在场景的正中心。所以当向场景中为游戏角色添加一个身体和一只手时，它们最初如图 3.6 所示。

在 3D 编程和数学中，左右方向称为 X 方向，上下方向称为 Y 方向，前后方向称为 Z 方向。所以，如果想让游戏角色的左手从画面的正中心向右移动一段距离，可以编程实现，代码如下所示。

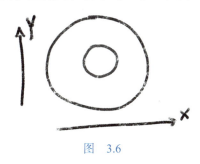

图 3.6

```
var leftHand = new THREE.Mesh(hand, cover);
leftHand.position.set(150, 0, 0);
scene.add(leftHand);
```

在 leftHand.position.set() 的括号里可以写入三个数字，分别代表左手在画面中 X、Y 和 Z 方向上的位置。将第一个数字，也就是 X 方向的位置写为 150，同时让 Y 和 Z 方向的位置为 0，这样左手就会只向右移动了。另外，如果只在 X 方向上移动，程序也可以写作：leftHand.position.x = 150。不过通常情况下用一行代码输入三个数字会更方便一些。

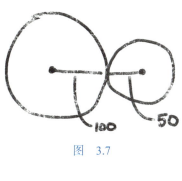

图 3.7

但是为什么是 150 呢？因为游戏角色的身体是个球体，它的半径是 100，而它的左手也是个球体，半径为 50，所以如果想把左手摆在身体的一侧，则需要将左手的位置在 X 方向上设置为 100+50，也就是 150。如果想不出来，可以参考图 3.7。

如果只将左手在 X 方向上移动 100，那么将看到左手一半在身体里面，一半在外面。如图 3.8 所示。

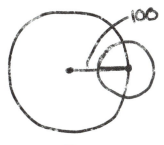

图 3.8

站在岸上永远学不会游泳，只要亲手试一试就明白了。改变上面代码 leftHand.position.set(150, 0, 0) 中的 150，比如将它改为 140、130、120、110……一边改一边观察画面中的变化。也可以在控制右手的代码 rightHand.position.set(-150, 0, 0) 中试一试（注意不要把数字前面的"-"去掉），比如将它改为 -160、-170、-180……会看到游戏角色的右手逐渐向左移动，直到最终消失。

3.5 添加能走路的脚

我们打算再次使用尺寸为 50 的球体来制作游戏角色的双脚。但是这次我把这个难题留给你：应该添加几行什么样的代码才能为游戏角色加上双脚呢？

给你几个提示：

- 添加双手时，我们将它们向左右分别移动了一段距离。添加双脚时也一样，只是不需要像双手那样移动得那么远。另外，脚应该在游戏角色身体的下方。
- 不仅要左右移动，还需要将双脚向下移动。要想让物体在画面中上下移动，需要将它们沿 Y 方向移动，而不是 X 方向。为左手写的代码为 leftHand.position.set(150, 0, 0)，实际上是将它在 X 方向的位置设定为 150。要想同时设定 X 和 Y 方向的位置，除了第一个数字之外，还需要修改第二个数字。要想将物体向下移动，需要使用负数，比如 -25。
- 前面添加身体和双手的代码都写在了绘画场景的代码前面，即 renderer.render(scene, camera); 这行代码的前面。添加双脚的代码也同样需要写在这行代码的前面。

下面这 4 行代码是为了添加右手而写的，多看几遍，或许你可以从中得到添加双脚的灵感。

```
var hand = new THREE.SphereGeometry(50);
var rightHand = new THREE.Mesh(hand, cover);
rightHand.position.set(-150, 0, 0);
scene.add(rightHand);
```

试着自己将双脚添加到场景中，并放置在正确的位置上。如果要左右移动物体，则应该修改 rightFoot.position.set(0, 0, 0); 里面的第一个数；如果想上下移动，应该修改第二个数（第

> 三个数为前后移动）。
> 　　上面的工作可能需要花不少时间，但这非常值得，这是一个很好的实践。自己先动手试一试，然后再接着往下看。

搞定了吗？

你的程序画出来的游戏角色是不是和图 3.9 一样？

图　3.9

如果不太一样也别担心，说不定你的比我的更好些呢！

如果遇到了困难，参考下面的代码吧。

```
var body = new THREE.SphereGeometry(100);
var cover = new THREE.MeshNormalMaterial();
var avatar = new THREE.Mesh(body, cover);
scene.add(avatar);

var hand = new THREE.SphereGeometry(50);

var rightHand = new THREE.Mesh(hand, cover);
rightHand.position.set(-150, 0, 0);
scene.add(rightHand);

var leftHand = new THREE.Mesh(hand, cover);
leftHand.position.set(150, 0, 0);
scene.add(leftHand);

var foot = new THREE.SphereGeometry(50);

var rightFoot = new THREE.Mesh(foot, cover);
rightFoot.position.set(-75, -125, 0);
scene.add(rightFoot);

var leftFoot = new THREE.Mesh(foot, cover);
leftFoot.position.set(75, -125, 0);
scene.add(leftFoot);
```

上面就是在"START CODING ON THE NEXT LINE"那一行下面需要输入的全部代码。

3.6 挑战一下：设计自己的游戏角色

如果想挑战一下自己，可以试着把游戏角色改成如图 3.10 所示的那样。

要想做出图中的效果，需要将角色的身体替换成在第 1 章中创建过的一种 3D 形体，然后还要再添加一个球体作为角色的头。先不用管如何将手脚和身体连接起来，后面的章节中再去解决那个难题。

游戏角色可以设计成任何样子，但要确保有双手和双脚，因为后面的章节中将会使用到它们。

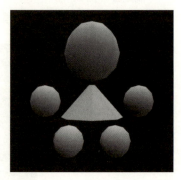

图 3.10

3.7 让角色翻跟头

以后我们将给游戏角色加上各种各样的动作控制，不过那是后面要做的事。现在先让游戏角色翻几个跟头看看。

就像在第 1 章结束之前做的那样，首先修改程序的最后一行代码（也就是 </script> 标签上面的一行）。那一行代码原本是要告诉浏览器，将前面创建的场景在屏幕上画一遍。现在将它改为下面的 7 行代码，这会要求浏览器不停地画场景，从而产生动画效果。

```
// Now, animate what the camera sees on the screen:
function animate() {
  requestAnimationFrame(animate);
  avatar.rotation.z = avatar.rotation.z + 0.05;
  renderer.render(scene, camera);
}
animate();
```

如果正确地输入了上面的所有代码，会看到奇怪的现象，即只有角色的身体在转，而它的双手和双脚一直不动。如图 3.11 所示。

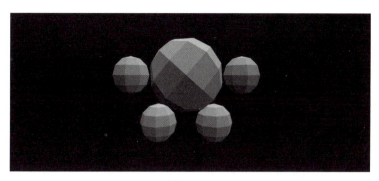

图 3.11

这种效果挺有趣，但却不是我们所期待的。要想让游戏角色整体翻跟头该怎么做呢？

如果你猜到应该将 rotation.z 这一句同样添加到手和脚上，那么你猜得已经很接近了。只是如果真这样做，角色的手和脚与它的身体一样，还是只在原地转动。

要解决这个问题，需要用到一个非常高级的 3D 编程技术。我们需要将游戏角色的身体和手脚等各个部分编成一个组，然后去转动这个组。这个方法听起来并不高深，但是将来你会发现它的用途非常广泛。

为了编组，要将游戏角色的双手和双脚添加到它的身体上，而不是都添加到场景中。

回顾前面输入的代码，会注意到当添加手和脚的时候，总是会使用 scene.add(...) 这行代码。它的作用就是将刚创建好的物体添加到场景中。因此要想编组，就要修改这行代码。

下面是当初用于添加右手的代码：

```
var rightHand = new THREE.Mesh(hand, cover);
rightHand.position.set(-150, 0, 0);
➤ scene.add(rightHand);
```

将最后一行 scene.add 代码改为如下所示的代码：

```
var rightHand = new THREE.Mesh(hand, cover);
rightHand.position.set(-150, 0, 0);
➤ avatar.add(rightHand);
```

add 是添加的意思，scene 是场景的意思，而 avatar 代表角色的身体，所以 scene.add 就是向场景中添加物体。如果改为 avatar.add 就是向角色的身体上添加物体。将角色的右手添加到身体上之后,它就可以跟随身体一起转动了。

接着对角色的 leftHand(左手)、rightFoot(右脚)、leftFoot(左脚)都做同样的修改,然后角色就可以整体翻跟头了。如图 3.12 所示。

图 3.12

怎么样,你的游戏角色开始翻跟头了吗?我猜你一定成功了。不过先别急,这里还有最后一件事:给角色加一个控制,以便来决定它什么时候开始翻跟头、什么时候停止。

按照下面的代码修改程序。

```
❶ var isCartwheeling = false;
function animate() {
  requestAnimationFrame(animate);
❷ if (isCartwheeling) {
    avatar.rotation.z = avatar.rotation.z + 0.05;
  }
  renderer.render(scene, camera);
}
animate();
```

❶ 在这里控制角色是否翻跟头。如果在"="右面写"true"(true 是"真"的意思),则角色开始动作;如果写"false"(false 是"假"的意思),则角色停止动作(代码中的 isCartwheeling 是"是否翻跟头"的意思)。

❷ 将那些负责角色旋转的"avatar.rotation……"代码包含在"if(if 是"如果"的意思)"控制语句里,此时旋转就会受到控制。写"if"控制语句时,千万别忘记在"if"这一行结尾写"{",并且在所有受控制的代码后面写"}"。即,用"{"和"}"将希望受控制的代码包围起来。

如果按照上面的代码正确修改了程序,那么现在你的游戏角色应该不动了。

因为我们在 ❶ 里面将 isCartwheeling 设定成了"false"。现在将它改为"true"，看看游戏角色是不是又开始动了？

你能不能仿照前面负责翻跟头的代码，让游戏角色能够转身，并且让转身也能受控制？提示你一下，首先应该仿照 isCartwheeling 那一行，再写一行 isFlipping（isFlipping 是"是否转身"的意思）。同时，在" if(isCartwheeling) {……}"控制块后面，再仿写一个" if(isFlipping) {……}"控制块。最后先将旧控制块里面的代码抄写到新控制块里，然后将所有 avatar.rotation.z 改为 avatar.rotation.x 或者 avatar.rotation.y。

搞定了吗？如果没有也没关系，毕竟目前还没有学习足够的知识。后面尤其是第 8 章中，会再多讲一些与物体旋转有关的知识。

3.8 完整代码

到目前为止，我们已经一起零零散散地写了不少代码，这可能会令人感到有些混乱。完整代码可在书后附录 A 中的"代码：创建游戏角色"一节里查看。

如果你写的代码与"参考答案"略有不同也没关系！说不定你的更好呢。在编程序的时候要记住一点：只要程序运行起来，且达到了所想的结果，那么程序就是对的。程序没有"标准答案"。

3.9 下一步我们做什么

现在有了一个看起来很酷的游戏角色，如果能给它加上一张脸或者衣服就更棒了。不过与添加脸和衣服相比，还有更棒的事情可以做，那就是用键盘去控制游戏角色移动。下一章就来实现这个功能。

在进入下一章之前，你还可以再花一点时间在程序里改一改各个物体的尺寸、位置以及让它们旋转等。总之，先玩一会儿再说。

第 4 章 CHAPTER 04

项目

移动游戏角色

学完本章，你将做到：
- 用键盘控制游戏角色。
- 让摄像机跟随游戏角色。
- 初次接触 JavaScript 事件，这个奇怪东西简直太重要了！

上一章教大家用五个球体制作了一个好玩的小人儿,它将是游戏的主角。本章将会让小人儿动起来,并且给它配上一小片树林,这样它就可以在树林里走来走去了。本章最终的成果如图 4.1 所示。

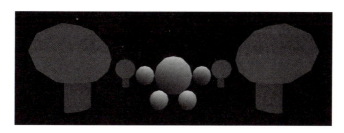

图　4.1

完成本章之后,你会感觉自己无所不能,我可是认真的!你的感觉没错,因为编程本身就是无所不能!

4.1　让我们开始吧

本章的程序会在前一章的成果之上继续添加代码,所以开始本章之前务必完成上一章的程序,即便你已经完成了前面的编程任务,我也建议你再复习一下 animate() 部分。

在开始之前还有一件事:保存目前已经获得的成果,以备将来还需要用编好的程序。所以保险起见,接下来先创建一个新项目,并把旧程序复制到新项目中。

> **备份你的成果**
>
> 　　一份能够正确运行的代码是个好东西,完成它不会太容易。我已经编了 20 年程序,但我写出来的代码,出错的远比正确的多。所以怎么办?每次只要我写出一份正确的代码,第一件事便是备份它,也就是将它复制到另一个地方存起来。尽管有时候那个能正确运行的代码只是个小小的成果,但同样值得庆贺。任何值得庆贺的成果都应该备份。

打开 3DE 编辑器,单击一下右上角的菜单按钮,并在菜单中单击"MAKE A COPY"命令(MAKE A COPY 是"备份"的意思)。这个命令会创建一个新的项目，并将编辑器中当前的所有代码复制到新项目中去。如图 4.2 所示。

图 4.2

如图 4.3 所示，可将新创建的项目的名字写为"My Avatar: Keyboard Controls"。

图 4.3

输入好项目名称后，单击"SAVE"按钮。现在已经准备好了，开始添加键盘控制代码吧。

4.2 利用键盘事件创建交互系统

JavaScript 认为，在浏览器中发生的任何事都叫"事件"。不论你按了一下键盘还是单击了一下鼠标，JavaScript 都认为发生了一个事件。如果想让代码在某一个事件发生后做点什么，那么必须为该事件编写一个"监听程序"。如果想在不同种类的事件发生后做不同的事情，则必须为每一种事件都编写一个专门的监听程序。乍一听起来，事件和监听程序让人感觉有点奇怪，但当你写过一些监听程序，并且成功的令它们为特定事件做事情时，会发现这种方式并不难理解。

现在，在上一章写好的程序代码末尾中找到 animate() 那一行。在这行代码的后面输入下面 4 行代码。

```
document.addEventListener('keydown', sendKeyDown);
function sendKeyDown(event) {
  alert(event.code);
}
```

上面的代码告诉浏览器："我要监听 keydown 事件"。因为 keydown 就是"键盘被按下"的意思，所以你一定猜到了，这段程序想要监听的就是键盘被按下这件事。有了这段程序后，每当键盘中有一个或多个键被按下，浏览器会自动运行 sendKeyDown() 函数里面的代码。这样就可以在这个函数里进一步命令游戏角色做动作了。

由于键盘中任何一个键被按下时都会执行这个函数，因此首先需要在函数里区分到底是哪个键被按下时才会执行这个函数。为此，可以在函数里添加检查事件编码 event.code 通过它的值判断。

键盘中不同的键所对应的事件编码是什么呢？为了寻找这个问题的答案，我们运行刚刚输入的程序。单击 3DE 窗口右上角的"HIDE CODE"按钮，然后按一下键盘上的 A 键。你应当看到如图 4.4 所示的提示窗口[○]。

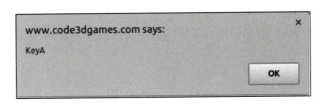

图 4.4

好极了，当按 A 键时，JavaScript 调用 KeyA（Key 是"按键"的意思）。现在分别按一下 4 个方向键，看看它们的事件编码是什么。

在浏览器中看到提示窗口和事件编码后，单击"OK"按钮关闭窗口。然后分别按键盘上的上、下、左、右方向键。每次按键时，浏览器中都会显示提示窗口，并会为这 4 个方向键分别显示"ArrowUp""ArrowDown""ArrowLeft"和"ArrowRight"4 个不同的事件编码。

接下来就可以利用事件编码来分辨哪一个键被按下，进而控制游戏角色移动了。

○ 之所以在按键时浏览器中会显示提示窗口和事件编码，是因为 sendKeyDown() 函数里那行代码"alert(event.code)"在起作用。——译者注

4.3 根据键盘事件控制游戏角色移动

单击 3DE 窗口右上角的"SHOW CODE"按钮重新显示程序代码。将 sendKeyDown() 函数中目前唯一的一行代码 alert(event.code) 删除，并将下面代码输入到该函数中。

```
document.addEventListener('keydown', sendKeyDown);
function sendKeyDown(event) {
  var code = event.code;
  if (code == 'ArrowLeft') avatar.position.x = avatar.position.x - 5;
  if (code == 'ArrowRight') avatar.position.x = avatar.position.x + 5;
  if (code == 'ArrowUp') avatar.position.z = avatar.position.z - 5;
  if (code == 'ArrowDown') avatar.position.z = avatar.position.z + 5;
}
```

上面代码中有一些东西目前还没有详细介绍，比如："if"语句、用于判断是否相等的"=="符号以及用于复制数据的"="符号。第 7 章会详细介绍这些知识。上面代码的含义其实不难猜测。例如第一行 if 语句，翻译成人类的语言就是：如果键盘事件编码等于左方向键（即如果键盘上的左方向键被按下），那么将游戏角色的 X 坐标值减 5。回忆上一章学过的知识可知，将 X 坐标值减 5 意味着将游戏角色向左移动 5。

单击右上角的"HIDE CODE"按钮将代码再次隐藏。现在你可以用上、下、左、右 4 个方向键来移动游戏角色了，赶紧试一下。这跟你一开始想象的一样吗？

提醒一下：万一程序运行的不对，记得查看一下 2.4 节中介绍过的 JavaScript 控制台！

如果一切顺利，你应该能够用方向键控制游戏角色走到远处、回到面前或者向左、向右任意移动，甚至可以将它移出屏幕消失不见。如图 4.5 所示，游戏角色走到了我们面前。

在第 3 章让小人儿翻跟头的时候已经学过如何确保游戏角色的四肢和身体一起移动。由于角色的双手和双脚被添加到它的身体上，而不是直接添加到场景中，因此只要移动身体，

图 4.5

它的四肢就会跟随身体一起移动。

现在来试一下，如果将角色的一只脚直接添加到场景中，不与身体连接会怎么样？在程序代码中找到添加 leftFoot 的那三行，然后按照下面的代码进行修改。

```
var leftFoot = new THREE.Mesh(foot, cover);
leftFoot.position.set(75, -125, 0);
▶ scene.add(leftFoot);
```

改完代码后再次隐藏代码，并用方向键控制角色移动。这时你会看到角色的一只脚丢失了，如图 4.6 所示。

别小看这一点，后面将利用这一点做些非常有趣的事情！不过现在先把 leftFoot 的代码改回来吧[⊖]。

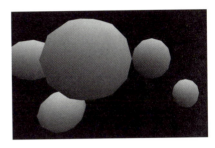

图　4.6

4.4　挑战一下：开始和停止动画

第 3 章中我们曾用 isCartwheeling 和 isFlipping 两个值来控制游戏角色动画的开始和停止。现在把这两个动画控制与键盘事件结合起来：用键盘中的 C 键来控制翻跟头动画的开始和停止，F 键来控制转身动画的开始和停止。

提示：通过第 3 章我们知道 isCartwheeling 和 isFlipping 的值要么为 true（真），要么为 false（假）。当它们为 true 时开始动画，为 false 时停止动画。现在告诉你一个秘密：在 true 或 false 值的前面加一个感叹号"!"，就可以将该值反转成为另一个值。比如，假设现在 isCartwheeling 的值为 true。如果执行代码：isCartwheeling = !isCartwheeling，那么执行之后 isCartwheeling 的值会变为 false。如果再次执行这行代码，isCartwheeling 的值就又变回 true 了。

这的确有点奇怪，不过我们仍然把这个疑惑留给第 7 章。现在你要做的是利用那个神秘的感叹号语句以及刚刚学过的键盘事件控制程序，实现用 C 键和 F 键来控制动画的开始和停止。

搞定了吗？如果没有也别担心，这次的 JavaScript 代码对于第一次接触它的人来说确实有点奇怪。让我来帮帮你吧！首先看下面的代码，这是第 3 章中完成的 animate() 函数，它用于实现翻跟头和转身的动画，并且根据

⊖ 将 scene.add(leftFoot) 改为 avatar.add(leftFoot) 就可以恢复如了。——译者注

isCartwheeling 和 isFlipping 的值来控制动画的开始和停止。

```
var isCartwheeling = false;
var isFlipping = false;
function animate() {
  requestAnimationFrame(animate);
  if (isCartwheeling) {
    avatar.rotation.z = avatar.rotation.z + 0.05;
  }
  if (isFlipping) {
    avatar.rotation.x = avatar.rotation.x + 0.05;
  }
  renderer.render(scene, camera);
}
animate();
```

如下所示，在 sendKeyDown() 函数中已经实现了用 4 个方向键控制游戏角色在场景中移动。现在只需要再添加最后两行 if 语句，便可以实现用键盘控制动画了。赶紧把最后两行 if 语句输入到你的程序中吧。

```
document.addEventListener('keydown', sendKeyDown);
function sendKeyDown(event) {
  var code = event.code;
  if (code == 'ArrowLeft') avatar.position.x = avatar.position.x - 5;
  if (code == 'ArrowRight') avatar.position.x = avatar.position.x + 5;
  if (code == 'ArrowUp') avatar.position.z = avatar.position.z - 5;
  if (code == 'ArrowDown') avatar.position.z = avatar.position.z + 5;
  if (code == 'KeyC') isCartwheeling = !isCartwheeling;
  if (code == 'KeyF') isFlipping = !isFlipping;
}
```

代码输入完成后，再次点击右上角的"HIDE CODE"按钮隐藏代码，并且试一试目前所有可用的按键，它们是：↑、↓、←、→、C 和 F。你是否看到类似如图 4.7 所示的画面了？

你可能已经发现了，有时候游戏角色会不小心溜出屏幕不见了，这确实有点疯狂。不过这不是个大问题，我们等一下再去修改。现在先为游戏角色搭建一个真正的场景吧。我们为它添加一片小树林，好让它能够在树林中穿梭。

图 4.7

4.5 添加树木的函数

一片树林需要很多树。我们可以拼命地写很多代码，将树一棵一棵添加到场景中，但我们不会真的那么做，因为有更好、更轻松的方法。首先将下面的代码输入到程序中。建议将它们写在刚刚创建完的游戏角色的身体代码的后面㊀。

如果代码输入正确，应该可以看到如图 4.8 所示的画面：游戏角色站在一片有 4 棵树的树林中间。

```
function makeTreeAt(x, z) {
  var trunk = new THREE.Mesh(
    new THREE.CylinderGeometry(50, 50, 200),
    new THREE.MeshBasicMaterial({color: 'sienna'})
  );
  var top = new THREE.Mesh(
    new THREE.SphereGeometry(150),
    new THREE.MeshBasicMaterial({color: 'forestgreen'})
  );
  top.position.y = 175;
  trunk.add(top);

  trunk.position.set(x, -75, z);
  scene.add(trunk);
}
makeTreeAt( 500,    0);
makeTreeAt(-500,    0);
makeTreeAt( 750, -1000);
makeTreeAt(-750, -1000);
```

图 4.8

怎么样，看起来挺酷的吧。但我们是怎么做到的呢？

㊀ 在程序中找到 avatar.add(leftFoot); 这一句，并在后面添加下面的代码。——译者注

实现方法

大部分工作是在 makeTreeAt() 函数里完成的。第 5 章会具体介绍什么是函数，此刻你只需要记住 JavaScript 的函数是一种编程方法，它能够让同一段代码在程序中被多次反复使用。在创建树林这个具体例子中，我们用一个函数来完成创建树干和树叶的重复性工作。虽然一个函数的名字叫什么都可以，但是我们通常根据它所完成的工作来为它起名，以便别人明白它能做什么事情。makeTreeAt() 函数的名字就是"在某处创建树"的意思，而实际上这个函数所做的工作也正是在指定的 X、Z 坐标上创建树。

如下所示，makeTreeAt() 函数内部的代码对你来说应该并不陌生。

```
      function makeTreeAt(x, z) {
❶       var trunk = new THREE.Mesh(
          new THREE.CylinderGeometry(50, 50, 200),
          new THREE.MeshBasicMaterial({color: 'sienna'})
        );
❷       var top = new THREE.Mesh(
          new THREE.SphereGeometry(150),
          new THREE.MeshBasicMaterial({color: 'forestgreen'})
        );
❸       top.position.y = 175;
❹       trunk.add(top);

❺       trunk.position.set(x, -75, z);
❻       scene.add(trunk);
      }
```

❶ 用圆柱体创建树干。

❷ 用球体创建树叶。

❸ 将树叶的球体移动到树干的顶端（还记得 Y 坐标控制物体上下移动吗？）。

❹ 将树叶添加到树干上。

❺ 将树干的 X、Z 坐标设置为指定的值，比如 makeTreeAt(500, 0) 表示指定 X 坐标为 500，Z 坐标为 0。此外这一行代码还将树干的 Y 坐标指定为 −75，因为这个位置使得圆柱体看起来更像树干。

❻ 将树干添加到场景中。由于树叶已经被添加到树干上，因此树叶便自动在场景中了。

再次强调，将树叶添加到树干上而不是场景中非常重要。如果只是把树干和树叶都添加到场景中，则当需要移动这个树时，不得不分别移动树干和树叶。

而当把树叶添加到树干上时，只需要移动树干，树叶就会跟随树干移动了。

有可能你会感觉添加树的函数在这里并不是非常必要。毕竟为了添加 4 棵树，也可以用代码创建 4 个圆柱体树干和 4 个球体树叶。但是别忘了，优秀的编程人员都是懒惰的。我们不喜欢输入太多本可以节省的代码。因此写一个添加树的函数，告诉它该如何添加一棵树，而后反复使用这个函数创建树林。想想看，如果要添加 20 棵树的话，只需要使用这个函数 20 次就可以了。如果没有它，程序将会变得很长。

在上面的代码中，有一个新东西是颜色（color）。我们从维基百科网站（https://en.wikipedia.org/wiki/Web_colors）中挑选了一些颜色用于树干和树叶。这次为树干选择了土黄色，当然你也可以从这个网站中选择自己喜欢的颜色。大部分颜色都能在程序中使用，但要注意如果颜色的名字中间有空格，则必须将它删掉。（比如"forest green"需要改成"forestgreen"。）

有了添加树的函数之后，使用起来就会很简单。比如想要在 X 坐标为 500、Z 坐标为 0 的位置添加一棵树，只需要写：makeTreeAt(500, 0)。

```
makeTreeAt( 500,    0);
makeTreeAt(-500,    0);
makeTreeAt( 750, -1000);
makeTreeAt(-750, -1000);
```

这样，树林就添加好了。接下来看一看如何避免游戏角色溜出屏幕不见。

4.6　让摄像机跟随游戏角色

防止游戏角色溜出屏幕最简单的方法便是让摄像机跟随游戏角色移动。如果摄像机永远指向游戏角色，那么它就永远不会从屏幕上消失。

如果将游戏角色的四肢添加到它的身体上，而不是直接添加到场景中，则它的双手和双脚便会跟随身体移动。想要摄像机也跟随角色的身体移动，那么显然将摄像机也添加到它的身体上就行了。

首先在程序代码中找到 scene.add(camera); 这一行，并将它去掉。然后找到 avatar.add(leftFoot); 这一行代码，在它的后面添加下面的代码。（仅添加黑色箭头所指的那一行。）

```
var leftFoot = new THREE.Mesh(foot, cover);
leftFoot.position.set(75, -125, 0);
avatar.add(leftFoot);
```
▶ `avatar.add(camera);`

再次单击右上角的"HIDE CODE"按钮隐藏代码。这次你会看到无论角色向哪里移动，摄像机永远正对着它，如图 4.9 所示。

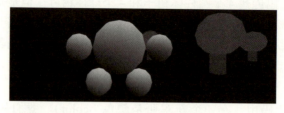

图 4.9

一开始，摄像机在游戏角色的正前方，距离它 500 个单位的地方。相应的代码在程序一开始的地方，就是 camera.position.z = 500 这一句。以前不论游戏角色移动到哪里，摄像机都会待在这个位置不动。现在将摄像机添加到了角色的身体上，当角色移动时，摄像机会与角色保持 500 个单位的距离，跟随角色移动。

你一定知道自拍杆吧，其实上面的程序就像是让游戏角色一直举着自拍杆一样。如图 4.10 所示。

当角色移动时，摄像机也随着移动，如图 4.11 所示。

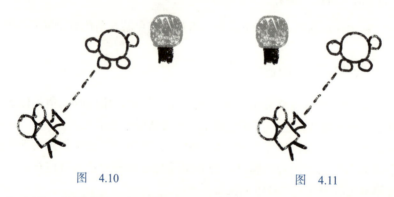

图 4.10　　　　　　　　　　图 4.11

怎么样，将摄像机添加到角色身体上这个主意不错吧！其实这里还是有一个问题，那就是当角色翻跟头的时候，会发生什么？你自己试一试就知道了。（别忘了用 C 和 F 键控制角色动画。）

哦我的天！游戏角色翻跟头时，它自己在原地不动，而场景中其他的一切东西都在疯狂旋转。如图 4.12 所示。

这是因为摄像机通过那根看不见的自拍杆固定在角色的身体上了，因此当角色翻跟头的时候，摄像机也跟着翻跟头。如图 4.13 所示。

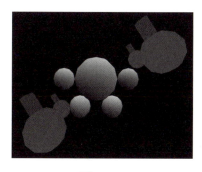 

图 4.12　　　　　　　　　　　　　图 4.13

这不太符合预期。我们希望让摄像机与游戏角色保持固定的位置关系,但并不想让它随着角色旋转。

在 3D 编程中,要想让一个物体只与目标物体保持位置关系,但不跟随目标旋转是不容易做到的。办法有,但可能稍微有点复杂,所以,在继续下面的内容时,你需要格外集中注意力。

首先为游戏角色和摄像机创建一个看不见的虚拟角色。如图 4.14 所示。

这个虚拟角色本身与会翻跟头的游戏角色相比,唯一的区别就是它看不见。我们已经知道,如果将摄像机添加到游戏角色的身体上,则摄像机会跟随角色移动。同样的道理,如果不再将摄像机与游戏角色直接相连,而是将它们都添加到虚拟角色上,然后再将虚拟角色添加到场景中,则当虚拟角色移动时,摄像机和游戏角色都会跟着移动。如图 4.15 所示。

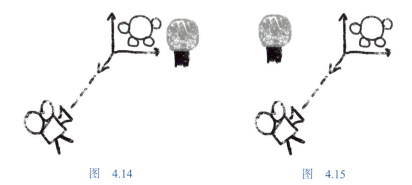

图 4.14　　　　　　　　　　　　　图 4.15

注意,因为摄像机和游戏角色被添加到了虚拟角色身上,所以只有摄像机和游戏角色跟随虚拟角色运动,而反过来,虚拟角色不会跟随游戏角色运动!这样一来,当游戏角色翻跟头时,虚拟角色不动,因此摄像机也不动。而这正是我们想要的。如图 4.16 所示。

由于虚拟角色看不见，因此它不需要网格体或者几何体，只需要为它使用 Object3D 就可以。在代码中找到你曾经输入的第一行代码，也就是 START CODING ON THE NEXT LINE 那一行的下面。然后输入下面的代码。

```
var marker = new THREE.Object3D();
scene.add(marker);
```

上面的代码创建了一个看不见的虚拟角色，并将它添加到场景中。接着找到 scene.add(avatar); 那一行，并按照下面的代码修改。

```
    var avatar = new THREE.Mesh(body, cover);
➤   marker.add(avatar);
```

图 4.16

现在游戏角色的身体被添加到虚拟角色身上了。接下来是将摄像机也添加到虚拟角色身上。找到 avatar.add(camera); 这一行，并按照下面的代码修改。

```
marker.add(camera);
```

最后一个需要修改的地方是键盘事件监听程序。原来我们在监听程序里根据按键事件的代码移动游戏角色，现在需要改为根据按键事件的代码移动虚拟角色。找到 sendKeyDown() 函数，并按照下面的代码修改。

```
    document.addEventListener('keydown', sendKeyDown);
    function sendKeyDown(event) {
      var code = event.code;
➤     if (code == 'ArrowLeft') marker.position.x = marker.position.x - 5;
➤     if (code == 'ArrowRight') marker.position.x = marker.position.x + 5;
➤     if (code == 'ArrowUp') marker.position.z = marker.position.z - 5;
➤     if (code == 'ArrowDown') marker.position.z = marker.position.z + 5;
      if (code == 'KeyC') isCartwheeling = !isCartwheeling;
      if (code == 'KeyF') isFlipping = !isFlipping;
    }
```

现在隐藏代码并试着按键。你会发现仍然可以用按键控制游戏角色移动，但是当它翻跟头的时候，摄像机不会再跟着翻跟头，树林也不会再旋转。如图 4.17 所示。

图　4.17

4.7　完整代码

完整代码可在书后附录 A 中的"代码：移动游戏角色"一节里查看。

4.8　下一步我们做什么

本章中介绍了一些重要技巧。事件，尤其是键盘事件，对于 JavaScript 程序来说极其重要。在后面的章节中还会反复遇到。而且随着游戏编程水平的提高，我们会经常需要将场景中的 3D 物体组织在一起，就像本章中所做的那样。将物体组织在一起不但可以简化移动，而且这种方法对扭曲、旋转、放大和缩小等均有效。

如果你迫不及待想继续编写程序代码，可以暂时跳过下一章，直接去看第 6 章。但在有时间的时候，记得回到第 5 章学习一下关于 javaScript 函数的知识。到目前为止，我们已经用函数创建了树林、角色动画以及监听键盘事件。但是关于函数，还有很多东西需要学习。如果这些还不能说服你下决心去学习关于 javaScript 函数的知识，那么看看这个怎么样：第 5 章中将在宇宙空间里创建 100 个星球，并且添加一个在星球之间穿行的飞行控制程序！

不骗你，第 5 章也会很有意思！

第5章 CHAPTER 05

函数

一遍又一遍地执行

 学完本章，你将做到：
- 学会一个编程必杀技：函数。
- 用函数讲故事、做算术。
- 建造100个星球并穿行于其中。

有的时候，编写计算机程序就像讲故事：

很久很久以前，人类发现了一片神秘广袤的宇宙空间，那里有100颗行星分布其中。它们的颜色和大小都各不相同。只有宇宙中最优秀的飞行员，驾驶着最高级的飞船，才能造访每一颗星球。

到目前为止，我们大概知道该如何用 JavaScript 来写这篇故事。但是该从哪里开始呢？又该如何把这么多故事元素组织在一起？为了做出这100颗星球，真的要为每一颗都编写几行程序吗？

在编写程序时，有一个很精巧的工具，叫作函数，它就是解决上面问题的钥匙。我们曾在第2章和第4章中简单地使用了一些函数。现在，是时候好好看一看这些函数是如何工作的了。

编程时使用函数会使程序变得很复杂，尤其是在 JavaScript 里，一部分原因是因为函数的功能实在非常强大。不过函数的基本用法还是很简单的。本书只介绍基本用法，并用函数做下面三类事情：

1）编写故事片段，比如创建游戏角色，监听键盘事件移动游戏角色。
2）一遍又一遍地做重复的工作，比如创建4棵树，创建100个星球。
3）为上面的两个功能以及其他功能计算数值。

本章主要用函数来做第2类和第3类事情。首先用函数来编写故事片段，然后再想办法将片段组织起来。下面开始创建100个星球。

5.1 让我们开始吧

首先在 3DE 编辑器里创建一个新项目，确保"TEMPLATE"选单中"3D starter project"选项被选中，将项目命名为"Planet Functions"。

创建100个星球的第一步是先创建1个星球。在"START CODING ON THE NEXT LINE"那一行后面输入如下代码。

```
var shape = new THREE.SphereGeometry(50);
var cover = new THREE.MeshBasicMaterial({color: 'blue'});
var planet = new THREE.Mesh(shape, cover);
planet.position.set(-300, 0, 0);
scene.add(planet);
```

根据前几章的经验，相信你还没有敲代码，就已经知道上面的代码在做什么了。它创建了一个很大的球体，将它包裹在蓝色的皮肤里，然后把它移动到屏幕的左边。

一个星球做好了。

空一行，然后继续输入如下代码。

```
var shape = new THREE.SphereGeometry(50);
var cover = new THREE.MeshBasicMaterial({color: 'yellow'});
var planet = new THREE.Mesh(shape, cover);
planet.position.set(200, 0, 250);
scene.add(planet);
```

这段代码添加了第 2 个星球。它是黄色的，靠近屏幕右边，并且离我们稍微近一点。

两个星球做好了。如图 5.1 所示。

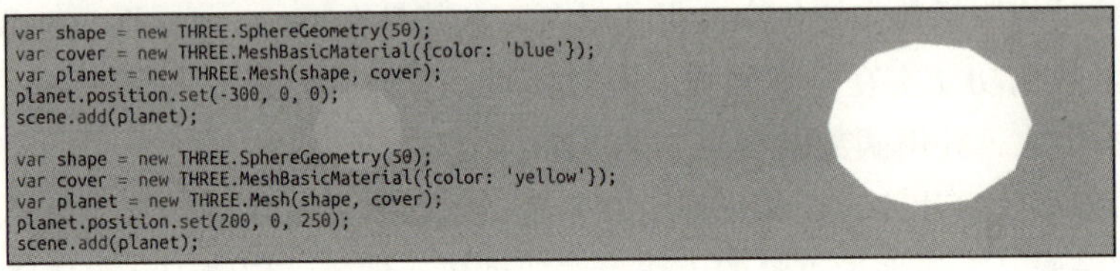

```
var shape = new THREE.SphereGeometry(50);
var cover = new THREE.MeshBasicMaterial({color: 'blue'});
var planet = new THREE.Mesh(shape, cover);
planet.position.set(-300, 0, 0);
scene.add(planet);

var shape = new THREE.SphereGeometry(50);
var cover = new THREE.MeshBasicMaterial({color: 'yellow'});
var planet = new THREE.Mesh(shape, cover);
planet.position.set(200, 0, 250);
scene.add(planet);
```

图 5.1

用这种方式添加剩下的 98 个星球，需要花很长时间。而且当这些代码都输入完成后，还有很多在它们之间飞行的代码需要输入。

在第 4 章中，我们曾用函数来创建树，从而避免了为创建 4 棵树而重复输入代码，所以你应该已经猜到下一步我们将怎么做了。

5.2 基本函数

我们一起来编写一个名叫 makePlanet() 的函数吧。（makePlanet 就是"创建星球"的意思。）前面的代码已经创建了 2 个星球。将下面的代码输入到前面写好的程序后面。

```
function makePlanet() {
  var size = 50;
  var x = 0;
  var y = 200;
  var z = 0;
  var surface = 'purple';

  var shape = new THREE.SphereGeometry(size);
  var cover = new THREE.MeshBasicMaterial({color: surface});
  var planet = new THREE.Mesh(shape, cover);
```

```
    planet.position.set(x, y, z);
    scene.add(planet);
}
```

makePlanet() 是一个非常典型的能够反复使用的函数。它的名字揭示了它的作用就是反复地创建星球。准确地说，我们要用它来创建 100 个星球。

函数的内部代码也叫"函数体"，是指包围在 {……} 之间的那些代码。makePlanet() 函数的代码与前面用来创建 2 个星球的代码类似。不同的是在函数的开始部分写了一些赋值语句，也就是那些有等于号"="的代码。这种赋值语句在函数中很常见，你很快就会知道原因。

不过先把下面一行代码输入到函数的"}"那一行后面。

```
makePlanet();
```

上面的代码是在"调用"前面的 makePlanet() 函数。调用一个函数就是让这个函数执行一次。写好一个函数后，你可以在程序任何位置调用这个函数。调用函数时，需要先写上函数的名字，然后在名字后面写一对圆括弧"()"。当然，也别忘记写分号";"。

如果一切都没有问题，你应该可以看到在前面创建的两个星球之外，多出一个紫色的星球，如图 5.2 所示。

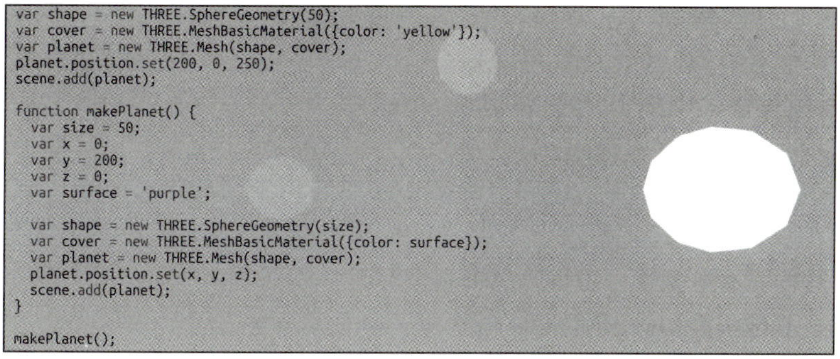

```
var shape = new THREE.SphereGeometry(50);
var cover = new THREE.MeshBasicMaterial({color: 'yellow'});
var planet = new THREE.Mesh(shape, cover);
planet.position.set(200, 0, 250);
scene.add(planet);

function makePlanet() {
  var size = 50;
  var x = 0;
  var y = 200;
  var z = 0;
  var surface = 'purple';

  var shape = new THREE.SphereGeometry(size);
  var cover = new THREE.MeshBasicMaterial({color: surface});
  var planet = new THREE.Mesh(shape, cover);
  planet.position.set(x, y, z);
  scene.add(planet);
}
makePlanet();
```

图 5.2

如果并没有看到第 3 颗星球，在 3DE 编辑器中看看有没有错误标记，或者打开 JavaScript 控制台看看有没有错误信息。第 2 章中讲过这些。

有了 makePlanet() 函数后，我们想创建多少星球都可以做到。不过等一下，这里还有一件事没做完。如以下代码所示，在调用 makePlanet() 函数的那行代码后面再调用一次这个函数。

```
    makePlanet();
▶   makePlanet();
```

添加完后，画面看起来并没有变化，仍然只有三个星球。到底是怎么回事？

其实一切都在正常运行，只是它跟我们心里期待的不一样。添加了第二次函数调用之后，场景中确实有 4 个星球了，但问题是 makePlanet() 函数每次都在相同的位置添加星球：（0, 200, 0），因此你看不出多了一个新的星球。

我们想讲的故事是 100 个星球散开在宇宙空间里，换句话说，这 100 个星球出现在不同的随机位置。

幸好 JavaScript 内部有一个写好了的函数，叫 Math.random()。每调用它一次，便会获得一个不同的数。一般称这种数为"随机数"。先利用第 2 章学过的控制台消息函数 console.log() 来观察一下 Math.random() 是如何工作的。在两次调用 makePlanet() 函数的代码后面，输入以下代码。

```
console.log(Math.random());
```

现在打开 JavaScript 控制台（如果忘记了如何打开，回到 2.4 节复习一下），你应该可以看到一个 0 到 1 之间的任意数，如图 5.3 所示。

图　5.3

如果单击右上角的"UPDATE"按钮，你会看到这个数在不停地变化，且每次都不一样。有时接近 0，有时接近 1，有时在 0 到 1 之间。

这是非常实用的功能，可以利用它让星球在空间中散开。但是如果只使用 0 到 1 之间的随机数，则星球们只会集中在空间正中间的很小一个区域内。想让它们在 0 到 1000 之间散开，需要将每次从 Math.random() 获得的随机数乘以 1000。这样做有点麻烦。编程人员都很懒对吧？

那么就用函数来偷懒吧。

5.3　返回数值的函数⊖

下面以 r() 函数为例，r() 函数可以让我们指定一个范围，在这个范围之内可

⊖ 前面写过的 makePlanet() 函数只是一小段可以反复使用的代码，每次被调用时，它会独立完成自己的工作。而有的函数则有些不同，它接收传送给它的数值作为输入，根据输入进行一些计算，最后还能返回一个数值作为工作成果。——译者注

以返回一个任意数值。在前面输入的 console.log() 那一行后面输入如下代码。

```
function r(max) {
  if (max) return max * Math.random();
  return Math.random();
}
```

继续将下面包含 4 个 console.log() 的代码片段输入到程序中。

```
var randomNum = r();
console.log(randomNum);

randomNum = r(100);
console.log(randomNum);

console.log(r(100));
console.log(r(100));
```

```
0.19286052818077604
0.8719966146656606
9.877757586253711
90.61991645733924
84.37073844604335
```

图 5.4

现在可以在 JavaScript 控制台上看到 5 个随机数值。如图 5.4 所示。

既然是随机数值，也就是任意数，因此你在自己的浏览器中看到的数值与图 5.4 中的很可能不一样。

在 5 个数值中，第一个来自 5.2 节中输入的代码，是从 Math.random() 直接获得的数值，范围为 0～1。第二个是通过 r() 的方式获得的数值。由于没有在括号里给函数指定范围，因此范围仍然是 0～1。后面三个是通过 r(100) 的方式获得的数值。由于指定了范围为 100，因此这三个数是 0 到 100 之间的随机数值。

r() 函数可以完美地帮助我们把星球在空间中散开。具体该怎么做呢？别着急，下面慢慢讲解。

首先用图 5.5 来总结一下一个基本的函数都有哪些组成部分。

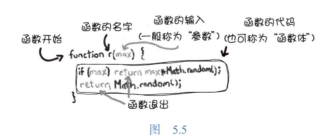

图 5.5

函数的组成部分如下所述：

函数开始

一个函数的定义总是从单词"function"开始。它提示 JavaScript 接下来的代码是一个函数，而不是其他普通的代码。

函数的名字

调用函数时必须以函数的名字来调用，比如 r() 或者 makePlanet()。

函数的输入（参数）

这是调用函数时，向它提供的输入数据。我们可以不提供输入数据，也可以提供一个或者更多个数据。

- 如果调用函数时不想提供输入数据，或者编写函数时不想接收数据，则应该在函数名后面的括号里面保持空白。
- 如果函数接收一个数据，就像 r(number) 那样，可以在函数名后面的括号里写一个数据名。将来在函数里面就通过这个数据名来使用输入数据。
- 如果函数接收两个或更多数据，可以在函数名后面的括号里写多个数据名，并用逗号隔开。例如 playSong(title, howLong)。

函数体

在大括号 {……} 之间的所有代码都是函数体，顾名思义，就是指这个函数的全部代码。

函数退出

return 就是"返回"的意思。一个 return 语句会做两件事情。首先它会立即退出函数，在函数内部，任何在 return 后面的代码都会被忽略掉。其次当函数退出后，return 可以将一个数值返回给调用这个函数的代码。

好了，现在回到前面的 r() 函数。函数体的第一行代码是在说：如果函数的调用者提供了一个叫 max 的数值，则向调用者返回一个数值，该数值是 max 和 Math.random() 的乘积。调用这个函数时，如果想提供输入数据作为随机数的范围，则可以写 r(2)、r(100) 或者 r(1000) 等。

如果调用 r() 函数时不指定输入数值，也就是说让括号里为空白，则函数体的第一行代码（if 那一行代码）将被跳过。没有输入数值时，函数会直接跳到第二行代码，在那里直接将从 Math.random() 获得的数值返回给调用 r() 的代码，而不再进行任何乘法。

可以将函数的返回值用等于号"="指定给一个数据名，比如上面代码中的数据名 randomNum。也可以直接交给控制台去显示，比如 console.log(r())。

5.4 使用函数

现在已经知道 r() 函数的作用了,下面学习使用它。回到 makePlanet 函数,将 x、y 和 z 的值按如下代码修改。(x、y 和 z 也是数据名,与 randomNum 类似。)

```
function makePlanet() {
  var size = 50;
➤ var x = r(1000) - 500;
➤ var y = r(1000) - 500;
➤ var z = r(1000) - 1000;
  var surface = 'purple';
  var shape = new THREE.SphereGeometry(size);
  var cover = new THREE.MeshBasicMaterial({color: surface});
  var planet = new THREE.Mesh(shape, cover);
  planet.position.set(x, y, z);
  scene.add(planet);
}
```

用 r(1000) 的方式来调用函数,将获得一个 0 到 1 000 之间的随机数。对于 x 的值来说,将 r(1000) 返回的值减去 500,从而获得 -500 到 500 之间的数,因为 -500 是场景中能看得见的最左边,而 500 则是最右边。这里面运用了一点数学知识,如果你对此并不太了解,可以用 console.log(r(1000) -500) 的方法将该随机数显示在 JavaScript 控制台上,然后反复单击"UPDATE"按钮,看一看控制台上显示的随机数是不是总是在 -500 到 500 之间。

用相同的方法生成 y 的值,这样星球也会在画面的上下方向上随机出现。对于 z 的值,通过 r(1000) 减去 1 000 来获得一个 z 方向上的随机位置,并确保该位置不会位于我们的身后。

如图 5.6 所示是目前的程序产生的效果[⊖]。

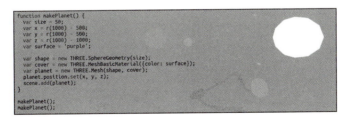

图 5.6

⊖ 注意看图 5.6 中最后两行代码,它们表示 makePlanet() 函数被调用了两次,因此会在两个随机位置产生星球。——译者注

好了，现在场景中已经随机散开了两颗紫色星球，在固定位置上还有蓝色和黄色的另外两颗星球。我们得感谢 makePlanet() 函数，它使得在随机位置添加星球这件事变得极其容易：调用它几次，就能在随机位置产生几颗星球。那么，我们的任务是创建 100 颗星球，是不是需要调用 makePlanet() 函数 100 次？当然不是，身为懒惰的编程人员，怎么可以去做那么辛苦的事？是时候拿出除了函数之外的另一个必杀技了：循环。下面的程序使用了循环。在仅有三行代码的情况下，自动调用了 makePlanet() 函数 100 次。

在程序中找到那两行 makePlanet() 函数调用，然后将下面的代码输入到它的后面。

```
for (var i=0; i<100; i++) {
  makePlanet();
}
```

你暂时不用关心循环是怎么工作的，第 7 章会具体讲解。

另外，目前星球的尺寸固定为 50。我们希望不同星球的尺寸能够在 0 到 50 之间随机选取。别担心，我们有 r() 函数，只需要像下面代码中那样将"size"那一行代码改一下就可以了。

```
function makePlanet() {
  var size = r(50);
  var x = r(1000) - 500;
  var y = r(1000) - 500;
  var z = r(1000) - 1000;
  var surface = 'purple';

  var shape = new THREE.SphereGeometry(size);
  var cover = new THREE.MeshBasicMaterial({color: surface});
  var planet = new THREE.Mesh(shape, cover);
  planet.position.set(x, y, z);
  scene.add(planet);
}
```

现在，每一个星球的尺寸都不同，它们的尺寸在 0 到 50 之间随机变化。画面中的星球，有的大一些，有的小一些，所以看上去更加真实了。如图 5.7 所示。

通过编写上面的程序，我们得到了一个非常重要的启示：函数非常强大。回想一下在本章最开始的时候，我们为了创建那两颗蓝色和黄色的星球，一共写了 10 行代码。这样算来，若要创建 100 颗星球，需要编写 500 行代码。而使用函数，仅仅写了不到 20 行代码就全都搞定了。耶！

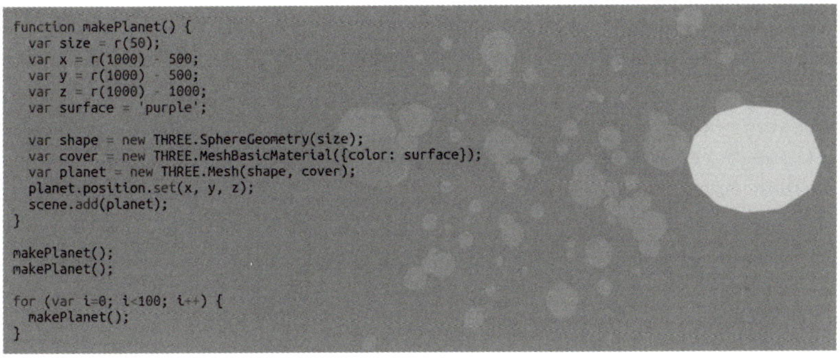

```
function makePlanet() {
  var size = r(50);
  var x = r(1000) - 500;
  var y = r(1000) - 500;
  var z = r(1000) - 1000;
  var surface = 'purple';

  var shape = new THREE.SphereGeometry(size);
  var cover = new THREE.MeshBasicMaterial({color: surface});
  var planet = new THREE.Mesh(shape, cover);
  planet.position.set(x, y, z);
  scene.add(planet);
}
makePlanet();
makePlanet();

for (var i=0; i<100; i++) {
  makePlanet();
}
```

图 5.7

5.5 搞坏函数

你已经知道函数有多强大了，但我还是得提醒你：有很多情况都会不小心将函数搞坏。曾经在第 2 章里我们看到过几种糟糕的情况。现在既然已经对函数有了更多了解，就有必要再换个角度看一看函数在什么情况下会出现问题。

编写函数时，最常见的错误是丢失一个大括号。比如下面的代码中丢失了左大括号"{"。

```
function r(max)
  if (max) return max * Math.random();
  return Math.random();
}
```

它会导致如图 5.8 所示的错误。

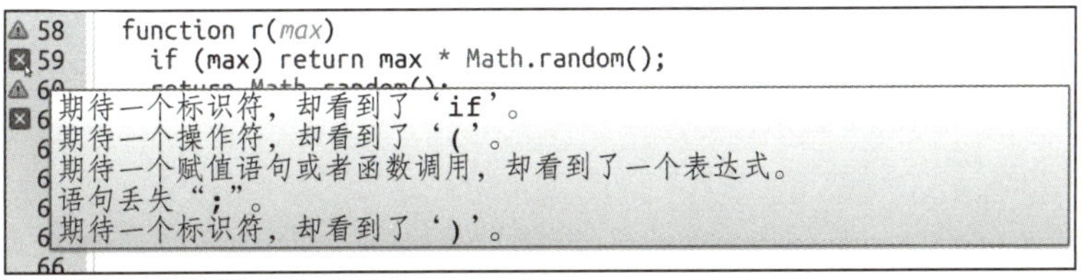

```
⚠ 58    function r(max)
✖ 59       if (max) return max * Math.random();
⚠ 60       return Math.random();
✖ 6  期待一个标识符，却看到了'if'。
   6  期待一个操作符，却看到了'('。
   6  期待一个赋值语句或者函数调用，却看到了一个表达式。
   6  语句丢失";"。
   6  期待一个标识符，却看到了')'。
   66
```

图 5.8

这些错误信息的确令人费解。它并没有直接显示最有用的信息，即丢失了一个左大括号"{"。但是这些提示明显暗示了一个意思：在 if 语句前面，程序期待一个什么东西，却没有看到。一旦意识到这一点，还是能够有一些思路来跟踪错误的。

假如将丢失的左大括号"{"补上,但是故意将 return 语句后面的右大括号"}"丢失,会发生什么呢?

```
function r(max) {
  if (max) return max * Math.random();
  return Math.random();
```

这一次编辑器能够直接指出问题了!如图 5.9 所示。

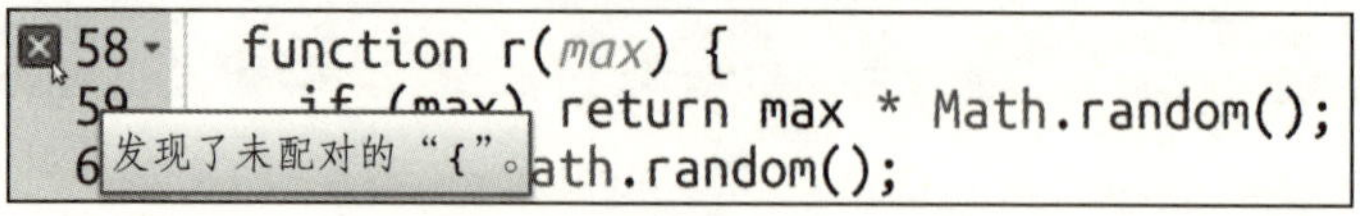

图 5.9

所以在编写代码时,要随时警惕编辑器中的错误提示或者警告提示。

挑战一下

下面的几段代码都有错。想一想在哪里能看到它们的出错信息?提示:别忘了在第 2 章中提到过,有些错误只能在 JavaScript 控制台才能看到。

忘记了函数参数的圆括号:

```
function r max {
  if (max) return max * Math.random();
  return Math.random();
}
```

忘记了函数的参数:

```
function r() {
  if (max) return max * Math.random();
  return Math.random();
}
```

在函数里面使用了错误的数值名称:

```
function r(max) {
  if (number) return number * Math.random();
  return Math.random();
}
```

用错误的名字调用函数:

```
function r(max) {
  if (max) return max * Math.random();
  return Math.random();
}
var randomNum = randomNumber();
console.log(randomNum);
```

哇！看来要想搞坏函数，方法还是很多的。在很多情况中都会不小心搞坏函数，你可别不信。但是幸运的是，每当你修好了一个出错程序，都会学到新技能。要想能为一名优秀的编程人员，不断学习新知识新技能是最重要的一件事。

优秀的编程人员天天将事情搞坏

而这正是他们能够成为优秀编程人员的原因：他们天天都将事情搞坏，然后再修好。因此他们修复程序的本领都特别强。而这恰恰正是优秀编程人员的另一个重要本领。

前面为了做实验，故意将 r() 函数搞坏了。在尝试后面的提高代码之前，确保将 r() 函数修好。

5.6 进阶代码 1：随机颜色

目前星球大部分都是紫色的。紫色虽然不错，但假如能让那些星球五颜六色岂不更酷？但问题是，到目前为止我们接触过的颜色，都是用颜色名来指定的，比如"blue"（蓝色）。就像下面的代码所示。

```
var shape = new THREE.SphereGeometry(50);
▶ var cover = new THREE.MeshBasicMaterial({color: 'blue'});
var planet = new THREE.Mesh(shape, cover);
planet.position.set(-500,0,0);
scene.add(planet);
```

颜色名字不是数值，很难用随机数的方法来产生随机颜色。幸运的是，还可以用另一种方法在程序中指定颜色。有一种很常见的方法是用 3 个 0 到 1 之间的数值来分别指定一个颜色中的红、绿、蓝所占的比例。

下面列举了一些常见颜色，以及它们的红、绿、蓝所占比例。不用把下面的代码输入到程序中，看一看就可以了。

```
var red    = new THREE.Color(1, 0, 0);
var blue   = new THREE.Color(0, 1, 0);
var green  = new THREE.Color(0, 0, 1);
var cyan   = new THREE.Color(1, 1, 0);
var white  = new THREE.Color(1, 1, 1);
var black  = new THREE.Color(0, 0, 0);
var grey   = new THREE.Color(0.5, 0.5, 0.5);
```

哎？颜色可以用 3 个 0 到 1 之间的数值来指定？r() 函数在不指定范围的情况下，不是刚好能返回 0 到 1 之间的随机数值吗？

接下来在前面输入的循环语句后面添加下面的代码。

```
function rColor() {
  return new THREE.Color(r(), r(), r());
}
```

然后回到 makePlanet() 函数体，将 surface 后面的"purple"改为 rColor()，如下所示。

```
function makePlanet() {
  var size = r(50);
  var x = r(1000) - 500;
  var y = r(1000) - 500;
  var z = r(1000) - 1000;
▶ var surface = rColor();
  var shape = new THREE.SphereGeometry(size);
  var cover = new THREE.MeshBasicMaterial({color: surface});
  var planet = new THREE.Mesh(shape, cover);
  planet.position.set(x, y, z);
  scene.add(planet);
}
```

在 rColor() 函数的帮助下，现在场景中有了 100 颗五颜六色、大小不等、在空间中散开的星球。如图 5.10 所示。

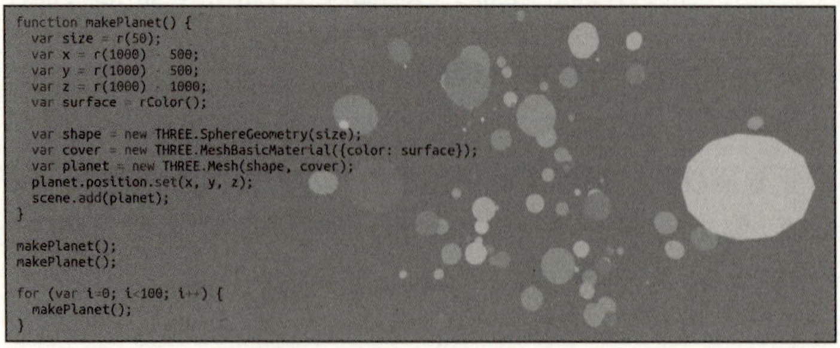

图 5.10

5.7 进阶代码 2：飞行控制

有了 100 颗在空间中散开的星球，却不能在它们之间穿行多遗憾啊，对吗？

然而，实现飞行控制可要比实现控制游戏角色移动要复杂得多。因此这次我们暂时不自己实现它了，而是加载一个现成的控制器来使用。在编辑器里移动的整篇程序的最开始部分，找到 <script> 标签，然后按照下面的代码，将 FlyControls.js 加载到你的程序中。

```
<body></body>
<script src="/three.js"></script>
▶ <script src="/controls/FlyControls.js"></script>
```

在第 9 章我们将详细讲述"加载别的程序"到底是什么意思。

加载飞行控制器代码只是一半工作，另一半工作是使用飞行控制器。要使用它，需要将下面的代码输入到你的程序中 rColor() 函数的后面。位置应该接近程序的最底部。

```
var controls = new THREE.FlyControls(camera);
controls.movementSpeed = 100;
controls.rollSpeed = 0.5;
controls.dragToLook = true;
controls.autoForward = false;
var clock = new THREE.Clock();
function animate() {
  var delta = clock.getDelta();
  controls.update(delta);

  renderer.render(scene, camera);
  requestAnimationFrame(animate);
}
animate();
```

要使用飞行控制器，先要隐藏代码。按下面表 5-1 的键盘列表中的按键将使你飞行或者转身。

表 5-1

动作	方向	按键
移动	前 / 后	W/S
移动	左 / 右	A/D
移动	上 / 下	R/F
转身	顺时针 / 逆时针翻滚	Q/E

(续)

动作	方向	按键
转身	左 / 右	← / →
转身	上 / 下	↑ / ↓

提示：同时按下 Q 和 W 是一种很疯狂的飞行模式，你在玩的时候要小心头晕。

如果仔细观察上面最后添加的一段使用飞行控制器的程序，会注意到从第 2 行代码开始，有 4 行类似于 "controls.XXXX = XXXX;" 的代码。它们为飞行控制器设置了 4 个功能特性。你也可以尝试修改它们，看看会有什么效果。这 4 个功能特性的含义如下。

- movementSpeed：飞行移动的速度。
- rollSpeed：滚动的速度。
- autoForward：如果这个值设为 true（autoForward = true;），则会自动飞行直到按任意键才停止。
- dragToLook：如果这个值为 false（dragToLook = false;），则移动鼠标时会使摄像机跟着转动。

自从第 1 章转动几何体开始，我们就使用过 animate() 函数。这上面的程序中，我们在 animate() 函数里通知飞行控制器更新位置信息。delta 的数值代表距离上一次更新所经过的时间，飞行控制器利用这个值来使飞行变得平滑和流畅，否则飞行会变得忽快忽慢。

既然说到了 animate() 函数，不妨看一看这里面都有些什么。

```
❶   function animate() {
      var delta = clock.getDelta();
      controls.update(delta);
❷     renderer.render(scene, camera);
❸     requestAnimationFrame(animate);
    }
❹   animate();
```

❶ 这一行定义 animate() 函数。它与在本章所写的其他函数没有太大差别。它在 ❹ 处被调用。

❷ 要求 JavaScript 更新 3D 画面。

❸ 这是一句目前还没有讲过的语句。它调用浏览器的 requestAnimateFrame() 函数，并将 animate() 函数本身作为输入数据。

❹ 调用 animate() 函数。换句话说，animate() 函数里的代码会在这里被执行一次。

调用 requestAnimateFrame() 函数的语句看起来很高深，这本身就说明函数可以变得非常复杂。它是浏览器自带的函数，因此它知道浏览器什么时候没有忙于做其他事情（比如刷新页面、从网站服务器读取信息或者运行其他函数等）。我们通过调用 requestAnimateFrame() 函数来告诉浏览器：在没有忙别的事情的时候，来更新一下 3D 场景。当 animate() 函数得以执行时，它先计算距离上次执行所经过的时间，并用时间值来更新飞行控制器、重新绘制场景，以及告诉浏览器：在下次没有忙别的事情的时候，再来更新一下。

如果没有 requestAnimateFrame() 函数，或者如果不能将 animate() 函数本身作为其他函数的输入数据，则在网页上编写 3D 动画程序会变得非常困难。那样 3D 动画将变得卡顿甚至是停住。所以要感谢 requestAnimateFrame() 函数。

5.8 完整代码

完整代码可在书后附录 A 中的"代码：函数：一遍又一遍地执行"一节里查看。

5.9 下一步我们做什么

JavaScript 的函数是一个非常强大的编程工具。我们已经看到了函数的两个很好的应用场合：一是被反复使用的函数，就像 makePlanet() 那样，它可以帮助我们少写很多代码；二是计算数值的函数，就像 r() 那样，可以使我们不必关心那些数值计算的细节，从而使程序的条理性更好。animate() 函数也是一个我们在程序中经常用到的函数，它帮助我们更新动画的画面。

当所有这些方法和技巧被组合在一起时，我们就能够建立一个小宇宙了。然而这一切才刚刚开始。

在后面的章节中，函数会被经常用到。在下一章中，我们将让游戏角色动一动它的手和脚！

第 6 章
项目
摆臂和迈步

学完本章，你将做到：
- 理解 3D 游戏中的一些重要数学知识。
- 知道如何让物体前后摆动。
- 让游戏角色看起来更像在走动。

我们曾在第 4 章让游戏角色能够在树林中走动，但其实它的动作看起来有些呆呆的，因为在走动时，它的双手和双脚都不会动。本章我们把它变得更加生动一些吧。

6.1 让我们开始吧

到第 4 章为止，游戏角色已经能够在树林中自由移动，并且听从键盘的指挥。本章的程序将在此基础上继续发展。但在开始之前，先把旧程序做一个备份，这样万一所有事情都搞砸了也不必担心，因为还有重新开始的机会。

打开 3DE 编辑器后，如果当前显示的不是第 4 章所写的程序，单击窗口右上角的菜单按钮，然后单击"OPEN"命令，并在菜单中单击"My Avatar: Keyboard Controls"项目。然后再次单击菜单按钮，并单击"MAKE A COPY"命令生成一个当前程序的备份。

将这一章的程序命名为"My Avatar: Moving Hands and Feet"，然后单击"SAVE"按钮保存。现在可以开始改造游戏角色了。

6.2 移动手臂

先来回忆一下前面制作的游戏角色：它的手和脚实际上就是从头里面伸出来的几个球体。当初是用下面代码创建的右手：

```
var rightHand = new THREE.Mesh(hand, cover);
rightHand.position.set(-150, 0, 0);
avatar.add(rightHand);
```

你应该还记得，上面代码中的三个数字用来将手摆在合适的位置。按照顺序，它们分别为 X 位置（左右方向）、Y 位置（上下方向）和 Z 位置（前后方向）。给右手的 X 值设定为 –150，也就是将它摆在游戏角色中心偏左 150 个单位的位置[⊖]。

这三个数字不仅可以将手或者脚摆放在正确的位置，而且还有其他作用。我们能够单独设置 position.x、position.y 或者 position.z 的数值，因此可以通过单独设置 position.z 值来将手向前移动一点（向着观察者的方向）。先在你的程序

⊖ 为什么放在身体偏左 150 个单位的位置上的手，称为右手而不是左手？因为画面中的游戏角色正面看着你，所以它的右手在你看来，在身体的左侧。——译者注

中找到创建右手的代码，然后将下面代码中有数字 100 的那一行添加到程序中。

```
var rightHand = new THREE.Mesh(hand, cover);
rightHand.position.set(-150, 0, 0);
avatar.add(rightHand);
rightHand.position.z = 100;
```

接着，试试看将 100 改为 –100 会发生什么？然后在脑子里想象一下，假如让它在 100 和 –100 之间反复变化，又会发生什么？

当 z 值为 100 时，画面应该如图 6.1 所示。

图　6.1

当 z 值为 –100 时，手的位置会向后移动，所以可以看到它移动到了身体的后面。如图 6.2 所示，右手几乎要被身体挡住了。

图　6.2

可以想象，如果能够将 position.z 值在 100 和 –100 之间反复修改，那么角色的右手看起来就像在前后摆动。好极了，现在你已经学会了一个著名的动画技术！

在有些游戏里，将物体的位置从一个地方变到另一个地方，就可以实现将物体移动的动画效果。不过在我们的游戏里，还可以让这一效果看起来更完美。

首先把前面设置 position.z 的实验代码删掉，因为我们不打算只设置它一次，那样无法产生动画效果。现在你可能已经猜到了，又到了使用 animate() 函数的时候。在第 4 章里，我们已经在这个函数里实现了翻跟头的动画。如果你记不清了，看一看下面的代码回忆一下。

```
var isCartwheeling = false;
var isFlipping = false;
function animate() {
  requestAnimationFrame(animate);
  if (isCartwheeling) {
    avatar.rotation.z = avatar.rotation.z + 0.05;
  }
  if (isFlipping) {
    avatar.rotation.x = avatar.rotation.x + 0.05;
  }
  renderer.render(scene, camera);
}
animate();
```

上面的代码已经可以正确执行。不过在制作更多动画之前，先把代码简单清理一下。

简单清理代码

随着 animate() 函数要做的事情越来越多，它的代码难免会变得越来越杂乱。早晚有一天，它会乱得让你看不懂。而现在我们不得不继续往 animate() 函数添加东西，所以如果再不做点什么，它将变得很难看。

现在清理一下代码吧。在 animate() 函数的后面添加一个叫作 acrobatics() 的新函数，（acrobatics 的意思是"杂技",）我们要把翻跟头和打滚的代码放到新函数里，所以将 animate() 函数里面的 if(isCartwheeling) {……} 代码块和 if(isFlipping){……} 代码块剪切并粘贴到 acrobatics() 函数里，然后在 animate() 函数里调用 acrobatics() 函数就行了。参考下面的代码修改你的程序。

```
var isCartwheeling = false;
var isFlipping = false;

function animate() {
  requestAnimationFrame(animate);
➤  acrobatics();
  renderer.render(scene, camera);
}
animate();

function acrobatics() {
  if (isCartwheeling) {
    avatar.rotation.z = avatar.rotation.z + 0.05;
  }
  if (isFlipping) {
```

```
      avatar.rotation.x = avatar.rotation.x + 0.05;
    }
  }
```

弄好了之后，最好花点时间确认一下程序是否能正确执行。隐藏代码，然后分别按 C 和 F 键，看看游戏角色是否仍然能翻跟头和打滚。如果出问题了，查看 3DE 编辑器里以及 JavaScript 控制台是否有错误信息。

如果一切顺利，参考下面的代码，继续在 animate() 函数里面以及周围添加 3 段代码。

❶
```
var clock = new THREE.Clock();
var isCartwheeling = false;
var isFlipping = false;

function animate() {
  requestAnimationFrame(animate);
```
❷
```
  walk();
  acrobatics();
  renderer.render(scene, camera);
}
animate();
```
❸
```
function walk() {
  var speed = 10;
  var size = 100;
  var time = clock.getElapsedTime();
  var position = Math.sin(speed * time) * size;
  rightHand.position.z = position;
}
```

❶ 创建一个 3D 时钟，它被用来确保动画平顺。

❷ 除了调用 acrobatics() 函数实现翻跟头，还需要在 animate() 函数里调用 walk() 函数实现行走的动画。（walk 就是"行走"的意思。）刚刚输入了这一段代码之后，你的程序会暂时出现问题。不用管它，这是因为代码还没有全部输入完成。当正确输入完第 3 段的代码后，问题就会消失。

❸ 这一段就是用来移动手和脚的函数。它将在 animate() 函数里面，且在 acrobatics() 函数之前被调用。这个函数的代码里有一个神秘的东西，等一下会解释。

如果输入的代码全部正确，你将看到角色的右手像如图 6.3 和图 6.4 所示那样前后平滑而快速地摆动。

太酷了！这是怎么做到的呢？这全要感谢一个非常强大而且优美的神秘函

数："sine"，后面称它为"正弦函数"。在 3D 编程中，这个函数无比重要。

图 6.3

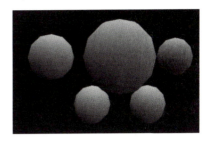
图 6.4

你可能已经猜到了，这是一个数学函数。正弦函数可以在 −1 到 1 之间选取一个数。准确地说，如果有一个数不断增大，正弦函数将这个不断增大的数转换成为另一个在 −1 到 1 之间来来回回平滑移动的数。乍一听可能没什么，但这个功能非常有用。

在我们的代码中，正弦函数将 3D 时钟的时间值当作那个不断增大的数（因为时间不断向前推进从不回头，所以时间的值是一个不断增大的数），然后将它转换成为另一个在 −1 到 1 之间来回变化的数，而这恰好可以用于前后移动角色的手臂！

与此同时，我们还得来一点乘法。在 JavaScript 中使用星号"*"作为乘法符号。先将时间值乘以速度控制值（speed），然后再将乘积用正弦函数转换为 −1 到 1 之间的数，最后再将正弦函数值乘以动作幅度控制值（size）。

 用 walk() 函数里的数值做一些试验吧。如果将 speed 的值从 10 改为 100 会发生什么？如果将 size 的值从 100 改为 1 000 会发生什么？如果将 position.z 替换为 position.x 或者 position.y 会发生什么？如果同时修改 position.z 和 position.y 会发生什么？

当你对这些数值的作用有一些了解之后，试着让角色的另一只手和双脚也动起来。编程序就是要玩！

6.3 让双手和双脚一起摆动

该怎么办呢？你能不能自己让角色的双手和双脚一起摆动起来？如果不能

也不用担心，这确实不容易。

如果你自己尝试让角色的双手和双脚一起摆动起来了，那么有可能会发现角色走路的姿势非常古怪，这是因为它的手和脚在摆动时，总是同时向前和向后摆动。然而在现实生活中，没有人这么走路。

当你走路的时候，一般一只脚在前，另一只脚在后。对于游戏角色来说就是一只脚的 Z 值为正数，另一只脚的 Z 值为负数。按照下面的代码修改你的程序。

```
var speed = 10;
var size = 100;
var time = clock.getElapsedTime();
var position = Math.sin(speed * time) * size;
▶ rightFoot.position.z = -position;
▶ leftFoot.position.z  =  position;
```

除了脚外，当人们走路时，一般会将右手和左脚同时向前移动。而且当右手向前摆时，左手会向后摆。在程序中，用如下的代码来实现这个动作。

```
function walk() {
  var speed = 10;
  var size = 100;
  var time = clock.getElapsedTime();
  var position = Math.sin(speed * time) * size;
▶   rightHand.position.z = position;
▶   leftHand.position.z = -position;
  rightFoot.position.z = -position;
  leftFoot.position.z = position;
}
```

将上面的代码输入到你的程序中后，游戏角色应该能够像如图 6.5 所示那样运动了。

图 6.5

6.4 边走边动作

现在游戏角色终于能够以良好的姿势走路了，但问题是，它会一直不停地走下去，即便并没有用键盘去控制它移动。本节我们一起修正这个问题。

首先，需要建立一个机制，让程序知道当前游戏角色正在往哪个方向走。在 animate() 函数前面添加下面的 4 行代码，从 isMovingRight 开始。

```
var clock = new THREE.Clock();
var isCartwheeling = false;
var isFlipping = false;
var isMovingRight = false;
var isMovingLeft = false;
var isMovingForward = false
var isMovingBack = false;
```

上面添加的 4 行代码⊖所表达的意义可以概括为：起初游戏角色没有移动。除非做了什么（比如按下方向键），否则游戏角色不会向前后左右任何方向移动。

接下来需要添加一个名为 isWalking() 的函数（isWalking 是"是否走动"的意思），让它来判断角色是否正在移动。将下面的代码输入到 walk() 函数和 acrobatics() 函数之间。

```
function isWalking() {
  if (isMovingRight) return true;
  if (isMovingLeft) return true;
  if (isMovingForward) return true;
  if (isMovingBack) return true;
  return false;
}
```

isWalking() 函数通过返回一个数值来表示游戏角色是否正在走动。如果角色正在向右移动，它返回 true（与前面的 false 对应，true 是"是"的意思。）如果角色正在向左、前、后移动，它也返回 true。而如果角色没有正在向任何方向移动，则返回 false。

现在回到 walk() 函数，在函数内的第一行添加下面的代码。

```
    function walk() {
➤     if (!isWalking()) return;
      var speed = 10;
      var size = 100;
      var time = clock.getElapsedTime();
      var position = Math.sin(speed * time) * size;
      rightHand.position.z =  position;
```

⊖ 代码中新添加了 4 行语句，其中包含 5 个不同的英文单词或短语。理解它们的含义对于理解程序的工作原理很有帮助。isMovingRight：是否正在向右走；isMovingLeft：是否正在向左走；isMovingForward：是否正在向前走；isMovingBackward：是否正在向后走；false：否。所以 isMovingRight = false 的意思就是：是否正在向右走 = 否。也就是没有向右走。其他三行的意思以此类推。——译者注

```
    leftHand.position.z  = -position;
    rightFoot.position.z = -position;
    leftFoot.position.z  =  position;
}
```

新代码的含义是：如果游戏角色没有在走动，则立刻退出函数。这句话里的 return 后面没有任何东西，是因为 walk() 函数与 isWalking() 函数不同，并不需要返回什么数值，仅仅是立即退出函数，不再做其他事情。所以有了这行代码，当程序发现角色并没有在移动时，则会立即离开 walk() 函数，不会再执行函数里的其他代码去做角色走动的动作。

做好这一步之后，画面中的角色应该停止走动。因为 isMovingRight 以及其他三个控制量的值都是 false，并且目前程序中也没有任何其他代码将它们的值改为 true，所以 isWalking() 函数一直返回 false，最终导致 walk() 函数始终都会直接退出，而不去执行后面的动画代码。

我们希望当键盘按下，游戏角色开始移动时，角色的双手和双脚能够随之做走动的动作，因此需要修改 sendKeyDown() 函数。仔细观察下面的代码，将新添加的代码输入到你自己的程序中。在添加代码时，千万不要忘记 if 语句后面的左右两个大括号：{……}。

```
document.addEventListener('keydown', sendKeyDown);
function sendKeyDown(event) {
  var code = event.code;
  if (code == 'ArrowLeft') {
    marker.position.x = marker.position.x-5;
❶   isMovingLeft = true;
  }
  if (code == 'ArrowRight') {
    marker.position.x = marker.position.x+5;
❷   isMovingRight = true;
  }
  if (code == 'ArrowUp') {
    marker.position.z = marker.position.z-5;
❸   isMovingForward = true;
  }
  if (code == 'ArrowDown') {
    marker.position.z = marker.position.z+5;
❹   isMovingBack = true;
  }
  if (code == 'KeyC') isCartwheeling = !isCartwheeling;
  if (code == 'KeyF') isFlipping = !isFlipping;
}
```

❶ 如果事件编码为"ArrowLeft"键，则游戏角色要向左走。
❷ 如果事件编码为"ArrowRight"键，则游戏角色要向右走。
❸ 如果事件编码为"ArrowUp"键，则游戏角色要向前走。
❹ 如果事件编码为"ArrowDown"键，则游戏角色要向后走。

只要游戏玩家按住相应的键不放，则游戏角色会持续向相应的方向移动。同时，由于在按键时，程序将走动的动画控制量改为了 true，因此角色在移动的同时，会做出走动的动作。但是现在还剩下一个问题：当游戏玩家松开按键，角色停止走动时，程序中还没有相应的代码将走动的动画控制量改回到 false 值。我们已经为"keydown"（按键按下事件）编写了事件处理程序"sendKeyDown"，你可能会猜到接下来大概会怎样去处理按钮松开的事件。

在 sendKeyDown() 函数的最后一行后面，也就是在"}"那一行的后面，添加下面的"keyup"（按键松开事件）事件处理程序。

```
document.addEventListener('keyup', sendKeyUp);
function sendKeyUp(event) {
  var code = event.code;
  if (code == 'ArrowLeft') isMovingLeft = false;
  if (code == 'ArrowRight') isMovingRight = false;
  if (code == 'ArrowUp') isMovingForward = false;
  if (code == 'ArrowDown') isMovingBack = false;
}
```

完成上面的代码后，便可以隐藏代码，并测试程序了。现在，当按下方向键时，游戏角色会移动，同时它的双手和双脚会做来回摆动的动作；当松开按键时角色会完全停止走动。太酷了！

如果你想接受更多的挑战，那么试试能不能更好地控制角色表演杂技。

既然能够监听"keydown"和"keyup"事件，那么能不能让翻跟头和打滚的动作在 C 和 F 键按下时开始，并在松开这两个键时停止？你可以再多看一看是如何控制角色的走路动作的，然后想一想怎样才能模仿它实现对翻跟头和打滚的控制。如果能够实现这个功能，那么只要你愿意，可以把它留在程序里，因为这是属于你自己的游戏！

6.5 完整代码

完整代码可在书后附录 A 中的"代码：摆臂和迈步"一节里查看。

6.6 下一步我们做什么

现在游戏角色已经变得更加栩栩如生了。在第 4 章时，游戏角色拥有了两个能力：在树林里到处走动，并且还能够表演翻跟头和打滚的杂技。本章，又实现了游戏角色另一个重要的能力：活动身体的四肢，从而在走动时能够摆臂和迈步。此时，这个游戏角色就像活了一样。

第 5 章介绍了一个全新的概念：正弦函数。它既不属于 JavaScript，也不属于 3D 编程，而是一个纯粹的数学概念。即便你已经学过了正弦函数，但我敢打赌，你的老师可没有告诉你它竟然还能用在这个地方！所以你的同学们一定都还不知道，现在只有你知道这个秘密。

目前游戏角色还缺乏最后一项本领，那就是转身。当它在画面中左右走时，它始终是面对屏幕的。而在现实生活中，当一个人在你面前向左或向右走时，他应该面对着走动的方向，并且侧身对着你，对吧？我们将在第 8 章中学习如何让角色转身。

但是接下来有必要暂停游戏项目，休息一下，先仔细看一看 JavaScript 这门编程语言本身。

第 7 章

深入理解 JavaScript 基础知识

学完本章，你将做到：

- 掌握一些 JavaScript 的基本概念（比如"变量"）。
- 学会如何管理大量的东西（用两种不同的方法）。
- 理解 80% JavaScript 中有用的知识。

在继续升级游戏角色之前，有必要停下来深入理解一些 JavaScript 的基础知识。第一遍学习本章，你一定会觉得内容非常多，而且很多都难以理解。不要太过担心，如果你觉得理解起来实在困难，就先快速地通读一遍，能理解多少就理解多少，不能理解的先放在那里。但将来有一天一定要记得回来再看一遍，因为本章对于提高你的编程能力非常重要。

JavaScript 与其他计算机编程语言有一个相同的使命，那就是创造一种计算机和人类都能理解的语言。在这一点上，JavaScript 与其他计算机编程语言同样"优秀"：它们都成功地让计算机和人类同时感到费解。

当然，这只是个编程界的冷笑话。不幸的是程序员的幽默感就是这么糟糕。不过我自己觉得挺滑稽的。如果你有更好的编程笑话，一定记得讲给别的同学听听。

从本质上说，用 JavaScript 编程就是在做两件事：向计算机描述一些东西，以及告诉计算机这些东西都能做些什么。比如在前几章里创建游戏角色时，我们使用 JavaScript 来描述它的头、手和脚是什么样子，并且告诉 3D 渲染器（就是负责绘制 3D 图形的程序）如何在浏览器中绘制场景。总之，JavaScript 确实有一套计算机和人类都能理解的关键字、指令和数据结构。

到目前为止我们已经接触了很多 JavaScript 知识，但还没有真正深入理解。本章仔细介绍一下它们。

7.1 让我们开始吧

本章先不去画图和创建动画，而要去了解一下 JavaScript 这门编程语言。学习 JavaScript，使用它的控制台就可以了，因此先打开 JavaScript 控制台。如果你忘了怎么打开它，回到 2.4 节复习一下。

JavaScript 控制台是网页程序员最好的朋友。现代浏览器在 JavaScript 控制台里集成了各种功能，以便帮助程序员提高网络效率、安全性、内存使用效率，当然还有很多其他方面的用途。在第 2 章我们学习了使用控制台查找程序错误，本章我们将使用控制台做试验。记住，当程序员说做试验时，他们的意思其实就是玩。

首先来看一个小提示。

如何在控制台上修改代码

如图 7.1 所示，在控制台上输入代码。假如不小心把代码写错了，并且已经按了回车键，便无法直接用鼠标单击写错的部分并修改它。

```
> var name = "Alice';
⊗ Uncaught SyntaxError: Invalid or unexpected token
> |
```

图 7.1

但是按一下上方向键 ，这样上次输入的内容就又回来了。如图 7.2 所示。

```
> var name = "Alice';
⊗ Uncaught SyntaxError: Invalid or unexpected token
> var name = "Alice";
```

图 7.2

这时你可以修改错误，并按回车键再次尝试。

> **不必在 JavaScript 控制台重复输入同样的东西**
>
> 程序员们虽然喜欢敲代码，但更喜欢用工具来偷懒。在 JavaScript 控制台上，按上下方向键可以在你最近输入过的代码之间浏览。相比重新输入代码，在之前输入过的代码上修修改改能节省不少时间。

好了，小提示就到这里，下面在 JavaScript 控制台上玩点有意思的吧！

7.2　在 JavaScript 中描述事物

你是否注意过我们是如何在 JavaScript 里描述新事物的？

```
var speed = 10;
var title = '3D Game Programming for Kids';
var isCool = true;
```

上面代码中的"var"叫作关键字，它在 JavaScript 里用来声明一个新事物。这就好像是在对计算机以及读程序的人说："注意了！下面我要声明一个新东西"。

7.2.1 var 关键字

var 是英文单词 variable 的缩写，它是指一个可以变化的东西，这里称它为"变量"。

在 JavaScript 控制台上试一试如图 7.3 所示的代码。注意，图中">"符号后面的代码是需要输入的。输入完后按回车键将代码交给 JavaScript 处理，处理的结果会显示在下一行"<"符号的后面。）

undefined 是"取值未定义"的意思。

起初，变量 i 的值被定义为 0，然后又被定义为 1，最后变为 2。可见 i 这个变量的值，随着代码的执行被一次又一次地修改，这就是它被称为变量的原因。

```
> var i
< undefined
> i = 0;
< 0
> i = 1;
< 1
> i = 2;
< 2
```

图 7.3

在正式的程序中，总是用 var 关键字来定义变量。如果不写 var 关键字，则 JavaScript 可能会感到迷惑，因为它不清楚一个变量被定义了什么值，以及何时被定义为这个值的。换句话说，不写 var 关键字很可能会制造出问题重重的代码，以至于难以被修复。所以在正式的程序中，当要声明一个变量的时候，必须使用 var 关键字。

但是 JavaScript 控制台是一个例外。在这里写代码时不用 var 来声明变量，因为这里只是试验代码的地方，不容易产生难以修复的错误。实际上在控制台试验代码时，不写 var 或者不写代码结尾的分号都是可以的。

另一个在 JavaScript 控制台不用 var 来声明变量的原因是，var 会造成变量的值无法被定义，而不写 var 时反而可以定义变量的值。比如像图 7.4 中那样写，会看到变量 title 的值被定义，并且被显示出来。

```
> title = "3D Game Programming for Kids"
< "3D Game Programming for Kids"
```

图 7.4

奇怪的是，如果像图 7.5 所示那样使用 var，控制台却会显示取值未定义。

```
> var title = "3D Game Programming for Kids"
< undefined
```

图 7.5

虽然控制台显示取值未定义，但这时如果写出变量 title 的名称并按回车，会看到它的值其实已经被成功定义，如图 7.6 所示。

```
> title
< "3D Game Programming for Kids"
```

图 7.6

JavaScript 是一种伟大的编程语言，但有时也会有一点小怪癖。

永远使用 var 来声明变量（除了 JavaScript 控制台）

在程序中或者在函数里，坚持使用 var 来对变量进行首次声明，是编写出良好代码的必要因素之一。因为这样写出来的代码既容易阅读和理解，又可以避免出现奇怪的错误。

不过不要在 JavaScript 控制台里使用 var，这是 JavaScript 的小怪癖。

7.2.2　JavaScript 变量的值

在 JavaScript 里，变量可以有多种不同类型的值，包括数字、文字、日期以及 true（真）或 false（假）。JavaScript 甚至还有两种不同的方法将变量的值定义为"什么都没有"，这确实很古怪。此外，还有多种方法将变量的值定义为一个列表，甚至为一个 3D 形体。

我们将在本章后面的小节中仔细看看如何在代码中使用它们。

7.2.3　代码和注释

代码既是写给计算机的，也是写给人看的。一方面，代码写给计算机是为了让计算机为我们做事情。另一方面，代码写给人看是为了让其他人理解自己头脑中的想法，从而能够相互合作，共同为程序编写新的功能。当一个程序员希望别人理解自己的程序时，便会在代码中添加注释。

计算机会自动忽略注释，而其他程序员则会利用那些注释来帮助自己更准确地理解一段代码。

在 JavaScript 里，出现双斜线"//"时，意味着跟在它后面的文字，一直到一行结束，都是注释。在 JavaScript 控制台上试一试下面的代码。

```
// 将date定义为今天的日期
date = new Date()
// 将date定义为2050年1月1日
date = new Date(2050, 0, 1)
```

上面的代码对 date 变量的值做了两次定义。其中，第 2 次的值有些奇怪。除非你以前就已经知道 JavaScript 的日期定义方法，否则可能会很难猜测 "Date(2050, 0, 1)" 到底是在做什么（尤其是那个 0 在 JavaScript 中代表 1 月份）。但是，上面代码中的注释却已经很明确地告诉了你："下面这行代码将 date 定义为 2050 年 1 月 1 日"。

注释不是必需的（但它是必要的）

本书中的注释，其目的是给你一些提示，以便你更容易理解代码。当你自己写代码时，注释并不是必需的。但是我建议你最好写注释，因为在将来的某一天，你可能会需要打开以前的代码，查看或者修改一些地方。这时候，曾经写下的注释可能帮助你回忆当初为什么要那样写程序。

所以当你将书里的代码抄写到自己的程序中时，与其直接抄写书里的注释，还不如写下自己的想法。一般情况下，如果今天你遇到了一段很难理解的代码，那么在将来某一天，当你回过头来重新看这段代码时，它一定仍然很难理解。这时，一段注释会给将来的你很大的帮助。

接下来让我们看一看在 JavaScript 里能够描述的各种东西。先从数字开始。

7.3 JavaScript 中的数字、文字以及其他东西

一个变量可以存放很多种不同的内容，比如数字或者文字等。我们可以随时更改变量中的内容。但是具体来讲，这些不同类型的内容应该如何更改呢？下面分别来看一看。

7.3.1 数字

你可以使用标准的数学符号来编写数字的加减法算式。在 JavaScript 控制台

上试一试下面的 4 个算式。输入完后按回车就可以得到结果。

```
5 + 2
10 - 9.5
23 - 46
84 + -42
```

你应该能够看到下面的运算结果。

```
5 + 2
// 7

10 - 9.5
// 0.5

23 - 46
// -23

84 + -42
// 42
```

看到了吗？它甚至可以计算负数。记住这一点，因为负数在 3D 编程中很有用。

好了，看起来加减法在 JavaScript 里非常简单，那么乘除法又是怎么样的呢？我是说，毕竟你可以在键盘上找到加减法的符号键："+"和"-"，但你找不到乘除法的按键"×"和"÷"。

乘法使用键盘上的星号键"*"来代替。

```
3 * 7
// 21

2 * 2.5
// 5

-2 * 4
// -8

7 * 6
// 42
```

而除法则用斜线键"/"来代替。（找到斜线键了吗？它和问号键在一起。）

```
45 / 9
// 5

100 / 8
// 12.5

84 / 2
// 42
```

关于算式还有一件事要记住，编写复杂一些的式子时，可以用圆括号将式子中的一部分组合在一起。这使得圆括号中的算式优先于括号外的部分计算。试一试下面的算式。

```
// Same as 5 * 6
5 * (2 + 4)
// 30
// Same as 10 + 4
(5 * 2) + 4
// 14
```

上面的算式如果不写括号会得到什么结果呢？你可以动手试一试，并且想想为什么。

如果不打括号，乘除法会优先于加减法进行。记住，在计算机上编程时，算式所使用的运算顺序规则，与数学课上学的"四则混合运算的运算顺序"规则相同㊀！

最后一个值得说明的特殊运算符号是累加运算符"++"。这个运算符号有些古怪。首先，它需要写在变量的后面，作用是使它前面的那个变量的值加 1。其次，它只对前面的变量起作用，而不会影响后面的任何东西。最后，如果把一个后面跟着"++"运算符的变量作为整体放在一个算式里面，那么这个式子会先用这个变量原本的值进行运算并获得结果。而这个变量的值会在整个式子运算完成后，再加 1。

```
i=0
// 0

j=i++
// 0

i
// 1

j
// 0
```

㊀ 在写数学算式时，只能使用圆括号"( )"，不能使用方括号"[ ]"和大括号"{ }"。当需要将多个括号套在一起使用时，也只能用圆括号，这与数学课上学的略有差别。
如果在 JavaScript 控制台上尝试用方括号或者大括号来书写算式时，偶尔也能看到正确的运算结果。例如当你输入"[2+4]"并按回车，会得到"[6]"的结果；或者输入"{2+4}"并回车，会得到"6"的结果，但这两个写法所表达的含义并不是单纯的数学计算。再次强调，JavaScript 的数学算式里只能使用圆括号。——译者注

在上面的试验中，当输入第二行代码"j=i++"时，它会先执行"j=i"把 i 原本的值赋给 j，然后再执行"i++"将 i 的值加 1。因此 j 的值等于 i 值原本的 0，而 i 的值则变为了 1。一定要在 JavaScript 控制台上试一试上面的代码，因为这个运算符很有用，并且在后面的章节里会用到。

7.3.2 几何

本书会涉及很多 3D 游戏的概念，其中最主要的就是几何学。后续在游戏项目章节里再深入讨论具体的几何知识，现在先来看两个几何函数：正弦函数和余弦函数。如果你还不了解它们也没关系，在跟随本书编写代码的过程中你会慢慢理解它们的。

首先要记住的一点是，在 JavaScript 里不说角度，而说弧度。那么弧度是什么呢？比如，如图 7.7 所示，将一个物体旋转半圈时，不说转 180 度，而说旋转 pi 弧度。（读作"pài"。）

pi 在数学中是一个特殊的数字，它的值约为 3.14159。在很多地方用希腊字母 π 代表 pi。本书中使用 pi 这个写法，因为在 JavaScript 中可以用 Math.PI 来表示这个数。

还记得 1.7 节中创建的甜甜圈吗？后来在 1.7.3 节中，将一个完整甜甜圈修改为被吃掉一半的形状。当时就是让甜甜圈的形状只走过 3.14 弧度，或者说只走过 pi 弧度，从而形成半个圆圈的。站在圆圈的中心转身一整圈相当于两次 180° 转身，或者可以说一次 360° 转身。这个角度等于两倍的 pi 弧度，可以写作 2 x pi。如图 7.8 所示就是转身一整圈的情形。

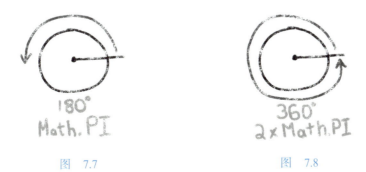

图 7.7　　　　　　　　　　图 7.8

在 JavaScript 中 360° 表示为 2*Math.PI。下面的表 7-1 可以帮助你在角度、弧度以及 JavaScript 代码之间进行转换。

表 7-1

角度	弧度	JavaScript	角度	弧度	JavaScript
0°	0	0	180°	pi	Math.PI
45°	pi ÷ 4	Math.PI/4	360°	2 x pi	2*Math.PI
90°	pi ÷ 2	Math.PI/2	720°	4 x pi	4*Math.PI

在 JavaScript 的数学函数库中有三角函数。第 6 章中曾使用过的正弦函数就是一个典型例子。在 JavaScript 中，正弦函数的函数名为 sin()，余弦函数的名称为 cos()。试一试下面的代码。

```
Math.sin(0)
// 0
Math.sin(2*Math.PI)
// 0
Math.cos(0)
// 1
```

非常非常接近于 0

如果在 JavaScript 控制台中试验 Math.sin(2*Math.PI)，有可能会看到并不完全正确的结果，在不同的计算机上，这个现象有可能也不太一样。2 x pi 的正弦函数值应该为 0，但是你看到的计算结果可能会类似于 −2.4492127076447545e−16。这是因为计算机并不完美，它在数学问题上可能会犯一些很小的错误。

当 JavaScript 给出的计算机结果中有 e−16 这样的内容时，表示将结果中的数字部分乘以 10^{-16}。换句话说，−2.45e−16 相当于 −0.000000000000000245。这个数很小，非常非常接近于 0。你需要把大约两百万个这样数加在一起，才能得到 −1。

JavaScript 数学函数以及数学运算符号将会在后面的编程任务中频繁出现。在 3D 编程中，数学是非常有趣的内容。

7.3.3 字符串

在 JavaScript 里，字和词以及其他类似的文本叫作"字符串"。一个字符串从一个双引号开始，到另一个配对的双引号结束。

```
title = "3D Game Programming for Kids"
```

或者也可以从一个单引号开始，到另一个配对的单引号结束。

```
title = '3D Game Programming for Kids'
```

很多程序员更喜欢用单引号，因为在输入代码时可以少按一下 Shift 键。看来程序员真的很懒。

但是确实也有人更喜欢用双引号，不仅因为它看起来更好看，而且当字符串的内容包含单引号时，这个字符串就只能放在双引号里面了。

```
motto = "Don't be lazy"
```

不论是用单引号还是双引号，当 JavaScript 在控制台上显示字符串内容时，总是使用双引号。

如果要将两个字符串连接起来，可以用加号。下面的代码将 str1 和 str2 两个字符串变量和一个空格字符串用加号连接在一起。

```
str1 = 'Howdy'
str2 = 'Bob'
str1 + ' ' + str2;
// "Howdy Bob"
```

其实不必奇怪。就像大部分键盘没有乘法和除法符号的键一样，也没有专门用来将两个字符串连在一起的键。JavaScript 用加号来连接字符串，总比用等号或者破折号更容易让人理解。

现在思考一个问题：如果有一个字符串变量和一个数字变量，将它们用加号连接在一起会得到什么？先猜猜看，然后试一试下面的代码。

```
str = 'The answer to 7 + 4 is: '
answer = 7 + 4
str + answer
```

亲自试一试

本章到目前为止所有的试验代码，你是不是都在 JavaScript 控制台中试过了？如果没有，希望你都试一下，尤其是上面这段将字符串变量和数字变量连接的代码。

前面问题的答案是：将一个字符串变量和一个数字变量用加号连接时，JavaScript 将数字当作字符串，与其他字符串变量连接。你是否在控制台上看到了下面的结果？

```
str = 'The answer to 7 + 4 is: '
answer = 7 + 4

str + answer
// "The answer to 7 + 4 is: 11"
```

将字符串变量和数字变量连接时要小心，这样的操作有时候会把 JavaScript 搞糊涂。在控制台上分别试一试下面两行代码。

```
'The answer to 7 + 4 is ' + 7 + 4
'The answer to 7 + 4 is ' + (7 + 4)
```

试过了吗？表面上看，这个例子告诉我们，若想在连接字符串的同时做数字运算，需要将数字运算放在括号中，以便确保数字和数字先运算，然后再与字符串连接。实际上这个例子给我们的真正启示是，最好不要在连接字符串的同时做数字运算，而是应该将它们分为多行代码，就像前面的例子中为 answer 变量定义数值那样做。

7.3.4 布尔值

一个布尔值的值要么是"真"，要么是"假"[1]。

```
no = false
// false

yes = true
// true
```

可以使用"否定"运算符来"反转"[2]一个布尔值的值。在 JavaScript 里，否定运算符用感叹号"!"表示。

```
theOpposite = !yes
// false

theOppositeOfTheOpposite = !!yes
// true
```

---

[1] 在 JavaScript 里，用"true"表示真，"false"表示假。——译者注
[2] 反转的意思是，假如有一个布尔值的值为真，反转后就变为假，再次反转，则它的值又变为真。——译者注

实际编程中，更多时候是在比较运算中，间接使用布尔值。

```
isTenGreaterThanSix = 10 > 6
// true
isTwelveTheSameAsEleven = 12 == 11
// false
```

下面的表 7-2 中列举了在 JavaScript 中可以使用的所有比较运算符。

表 7-2

比较运算符	运算符名称	描述
==	相等	运算符两边的值是否相等
<	小于	运算符左边的值是否比右边的小
>	大于	运算符左边的值是否比右边的大
<=	小于等于	运算符左边的值是否比右边的小或者相等
>=	大于等于	运算符左边的值是否比右边的大或者相等

双等于号和单等于号

双等于号（==）是 JavaScript 里的一个运算符号，用于判断一个值是否与另一个相等。这个运算符号并不改变任何变量的值，它仅仅判断两个值是否相等，并根据判断的结果产生一个布尔值。

前面章节中多次看到单等于号（=）。这个符号的作用是将一个变量的值改变为另一个值。由于它可以将符号右边的值交给符号左边的变量，因此单等于号又称作"赋值运算符"。

你也许已经想到了：这两个符号看起来很相像，但它们的作用却完全不同，这一点好像不太合理。你是对的，确实不合理，因此它们经常会让程序员们犯错误，即使对于那些已经编写了很多年程序的人来说，同样容易在这里犯错。但这两个符号已经使用了很长时间，因此无法很快改变。所以在你编程时就要非常小心，不要写错了符号[⊖]。

另外两个总是与布尔值一起使用的运算符号是："与"运算符（&&）和"或"运算符（||）。这两个运算符可以回答是否所有事情都是真的？是否在所有事情中

⊖ 尤其要注意，当在 if 语句里面判断两个值是否相等时，不要将双等于号不小心写成单等于号。——译者注

至少有一个是真的？或者其他类似问题。

下面的代码中利用这两个运算符来判断 2025 年 4 月 1 日是不是周末。提醒一下，由于 JavaScript 的怪癖，当要表示 1 月时，需要写 0，所以要表示 4 月时，在代码中写 3。不过这不是重点，你需要重点去理解"与"运算符和"或"运算符在下面例子中的作用。

```
date = new Date(2025, 3, 1)
// Tue Apr 01 2025 14:00:00 GMT-0400 (EDT)
isWeekDay = date.getDay() != 0 && date.getDay() != 6
// true
isWeekend = date.getDay() == 0 || date.getDay() == 6
// false
```

注意：上面代码中出现的"WeekDay"指一周之中，周一到周五的日子，一般也称之为"工作日"。而"Weekend"则是指周末两天。

在上面代码中，getDay() 函数可以返回当天是星期几，这个数从 0 开始一直到 6，分别代表星期天、星期一、星期二、……一直到星期六。 所以如果某一天是工作日，那么它必须既不等于 0（星期天），也不等于 6（星期六）；相反，如果某一天是周末，那么它可以等于 0 或者等于 6。最后，也不要过多地使用 || 或 && 符号，因为当程序中，尤其是一行之中出现了太多这两个符号，程序会变得难以理解。

7.3.5　无

JavaScript 有一种方式用于表达"什么都没有"。JavaScript 很喜欢"什么都没有"这个概念，所以甚至提供了两个方式来表达这个意思。看下面的代码。

```
meansNothing = null
alsoMeansNothing = undefined
```

虽然 null 和 undefined（未定义）都可以用于表示"什么都没有"，但是程序员一般用 null 来表示某一个变量中没有数据。而 undefined 一般用于表示某一个变量尚未被赋值。

7.3.6　数据列表

很多情况下，将一长串彼此相关的数据，作为一个列表，一起存在一个变量里，可以使编程的思路变得更加清晰简洁。在 JavaScript 里用方括号来定义列表。例如下面的代码为 amazingMovies 变量定义了一系列好看的电影名称。

```
amazingMovies = [
  'Star Wars',
  'The Empire Strikes Back',
  'Indiana Jones and the Raiders of the Lost Ark'
]
```

当一个变量中含有数据列表时，可以像下面代码中那样，用".length"来获得列表中数据的数量。(length 是"长度"的意思。)

```
amazingMovies.length
// 3
```

如果想获得一串数据中的某一个，可以使用方括号，并在其中指明想要获得哪一个数据。注意序号从 0 开始。代码如下所示。

```
amazingMovies[0]
// "星球大战"

amazingMovies[1]
// "星球大战 2：帝国反击战"

amazingMovies[2]
// "夺宝奇兵"

amazingMovies[3]
// ???
```

一定在 JavaScript 控制台上试一试上面的代码。第 0 号数据为列表里的第一个电影名"Start War"，第 2 号为列表里的最后一个电影名"Indiana Jones and the Raiders of the Lost Ark"，而列表的长度为 3，包含第 0 号、第 1 号和第 2 号内容。假如写 amazingMovies[3] 会发生什么呢？自己试一下。

若要修改列表中的某一个值，同样可以使用单等于号作为赋值符号。代码如下所示。

```
amazingMovies[2] = 'Indiana Jones and the Last Crusade'
// "夺宝奇兵 4：圣战奇兵"
```

在初次定义列表内容之后，还可以使用".push()"继续向列表中追加新数据。(push 是"推入"的意思。) 代码如下所示。

```
amazingMovies.push('Wonder Woman')
// 4
amazingMovies[3]
// "神奇女侠"
```

除了列表之外，"映射表"是另一个可以存储一串数据的方法。

7.3.7 映射表

映射表和数据列表在 JavaScript 里都用于存储大量信息和数据，它们的主要不同之处在于提取表内数据的方式。

从列表里提取数据需要指出列表位置，比如要提取第 0 号数据、提取第 1 号数据、提取第 42 号数据等。列表虽然很实用，但有时也不方便，尤其想要存储含义不同的信息时。

在 JavaScript 里，若要创建映射表需要使用花括号。如下所示。

```
greatMovie = {
  name: 'Toy Story',
  year: 1995,
  stars: ['Tom Hanks', 'Tim Allen']
}
```

映射表之所以叫这个名字，是因为它有一个特殊的本领：它允许你为存储在映射表里的每一个数据起一个名字[①]。换句话说，就是将一个名字映射到一个数据上。在上面的代码中，greatMovie 变量存储了一个映射表。在该表中，数据"Toy Story"的名字是"name"，数据"1995"的名字是"year"，数据"Tom Hanks, Tim Allen"的名字是"starts"。或者也可以说"name"被映射到数据"Toy Story"，"year"被映射到数据"1995"，"starts"被映射到数据"Tom Hanks, Tim Allen"。

要从映射表中提取数据，也同样使用方括号。但是与数据列表不同的是，并不在映射表的方括号里填写数值来指定列表位置，而是填写要提取的数据的名字。对照上一段示例代码，看看下面的代码是如何从映射表中提取数据的。

[①] 在编程中，一般将数据的名字简称为"键"。意思是它们是提取指定数据的"关键"。在本书后面章节中，统一用"键"来称呼它们。——译者注

```
greatMovie['name']
// "玩具总动员"
greatMovie['year']
// 1995
```

对于映射表来说，除了方括号之外，还有一个替代方式也可以提取数据，那就是在映射表变量名后面写一个点，并在点后面直接写数据的名字。代码如下所示。

```
greatMovie.name
// "玩具总动员"
greatMovie.stars
// ["Tom Hanks", "Tim Allen"]
greatMovie.stars[0]
// "Tom Hanks"
```

要想修改数据，同样使用单等于符号。

```
greatMovie['name'] = 'Toy Story 2'
// "玩具总动员2"
greatMovie['description'] = 'Woody is stolen by Al'
// "Woody is stolen by Al"
```

映射表在第 9 章学习平面着色时还会再次提到，并且会发挥重要作用。

7.4 控制结构

前面学习了一些 JavaScript 的独立组成部分，包括：数字、字符串和布尔值。它们就像在一个句子中，彼此独立的单词。接下来将要学习的内容可以将这些 JavaScript 中的"单词"连贯成"句子"，从而形成更大的代码结构，实现真正有意义的程序逻辑。

7.4.1 当某件事为真时才执行的代码

有时，我们希望代码只在特定条件下才执行，而当条件不满足时则被跳过。比如，当游戏结束时，我们希望停止播放游戏中的动画，仅显示一句提示："游戏结束！"。这时，可以使用 if 语句来实现这一点。

```
gameOver = true
if (gameOver) console.log('Game Over!!!')
// "Game Over!!!"
```

在 if 语句的简单形式里,只能有一条语句跟在 if 后面。如果希望用 if 语句来控制多行代码是否执行,可以将多行语句放在花括号内然后写在 if 后面。这种写法与前面学过的函数有些类似。看一看下面的示例代码。

```
gameOver = true
if (gameOver) {
  now = new Date()
  console.log('Game ended on ' + now.toDateString())
}
// "游戏已于 2018 年 4 月 1 日结束"
```

在上面的代码中,在 if 语句里放了两行代码。第一行代码将 now 变量的值设置为当天的日期。第二行代码则向 JavaScript 控制台汇报游戏结束的时间。

在 if 语句的括号里,需要写出后面的代码可以被执行的条件。这个条件并非必须为一个变量,只要它能产生一个布尔值即可。比如下面的代码在 if 语句的括号里写了一个能够产生布尔值的算式。

```
gameOver = true
score = 400
if (gameOver && score > 100) console.log('Great Game!!!')
// "Great Game!!!"
```

也可以像下面的代码那样,为 if 语句添加 else if 和 else 扩展[⊖]。

```
score = 10
if (score > 100) console.log('Great Game!!!')
else if (score > 20) console.log('Game Over.')
else console.log('Game Over :(')
// "Game Over :("
```

如果打算在 JavaScript 控制台上试验上面的代码,别忘记使用方向键 ↑ 来找回最后一次输入的代码,并在它的基础上修改。这样既能节省时间,又能避

⊖ if 语句的扩展所表达的意思是:如果(if)条件 1 满足则执行第 1 段代码,或者如果(else if)条件 2 满足则执行第 2 段代码,或者如果(else if)条件 3 满足则执行第 3 段代码,或者(else)以上条件都无法满足,则执行最后一段代码。其中 else if 的条件可以有很多个。与单一的 if 语句类似,if、else if、else 后面都可以跟单行代码,或者利用大括号跟多行代码。——译者注

免出错。上面的代码在 score（游戏得分）大于 100 时显示第一条信息"Great Game!!!（玩得真棒！）"，在 score 大于 20 时显示普通版本的"游戏结束"信息。在 score 不到 20 时显示悲伤版本的"游戏结束"信息。

不要过度使用 if 语句及扩展

if、else if 和 else 非常强大，但也不要一次性写过多的 else if 扩展，否则代码会变得不易理解。如果不得不写很多的 else if 扩展，则应当尽量在 if 或 else if 语句后面跟单行代码，以便尽量使代码容易被看懂。

7.4.2 循环

第 5 章用到过循环语句。当时，由于在代码中使用了循环语句，我们轻松地创建了 100 个星球。因此，我们知道了可以利用循环语句来反复不停地做某件事。现在仔细看看循环语句。

虽然循环语句有很多种，但这里只学习最常用的 for 循环语句。先看一看下面的代码。

```
for (var i=0; i<5; i++) {
  console.log('Loop #' + i)
}
// "Loop #0"
// "Loop #1"
// "Loop #2"
// "Loop #3"
// "Loop #4"
```

在 for 循环语句的括号内，需要写三个表达式来控制循环的次数，这三个表达式用分号分隔开。第一个表达式声明一个循环控制变量。上面的代码中用 var 声明了一个循环控制变量 i，并定义它最初的值为 0。第二个表达式产生一个布尔值，用来决定循环是否继续执行。上面代码中的第二个表达式的含义为：当 i 的值小于 5 时，循环继续执行。第三个表达式在每循环一次时执行一次。一般利用这个机会将循环控制变量 i 的值加 1。

在 for 循环语句后面同样跟着一个花括号，里面有一行或者多行代码。每循环一次，花括号里面的代码就执行一遍。上面代码中的花括号内只有一行代码，它将循环控制变量的值显示在控制台上。

实际上，循环控制变量的初始值可以为任何值。决定循环是否继续执行的条件可以为任何能够产生布尔值的表达式或者变量，而第三个表达式可以做任何必要的事情，包括将循环控制变量的值减 1，代码如下所示。

```
for (var i=5; i>=0; i--) {
  console.log('Loop #' + i)
}
// "Loop #5"
// "Loop #4"
// "Loop #3"
// "Loop #2"
// "Loop #1"
// "Loop #0"
```

循环非常适合于处理列表：

```
amazingMovies = [
  'Star Wars',
  'The Empire Strikes Back',
  'Indiana Jones and the Raiders of the Lost Ark'
]
for (var i=0; i<amazingMovies.length; i++) {
  console.log('GREAT: ' + amazingMovies[i])
}
// "GREAT: Star Wars"
// "GREAT: The Empire Strikes Back"
// "GREAT: Indiana Jones and the Raiders of the Lost Ark"
```

上面的代码同样使用 i 作为循环控制变量，并在第三个表达式中用 ++ 运算符将 i 的值加 1。决定循环是否继续执行的条件是 i 的值小于列表变量 amazingMovies 的长度，也就是当 i 小于 3 的时候。

还记得如何提取列表变量里面的数据吗？当循环执行第一遍时，i 的值为 0，因此我们提取 amazingMovies[0] 的数据，从而将电影名称"Star Wars"显示在控制台上。在循环的最后一遍中 i 的值为 2，所以 amazingMovies[2] 的数据"The Raiders of the Lost Ark"被显示在控制台上。在第二个循环条件表达式中不可以使用小于等于符号 <=，只能使用小于号 <。你能猜出原因吗？如果猜不出就在控制台上试一试吧。

下面的示例代码是 for 循环语句的另一个常用形式。它看起来与前一个形式有些类似，但使用了 in 关键字来提取映射表中的所有数据。这种形式非常适合于映射表。

```
greatMovie = {
  name: 'Toy Story',
  year: 1995,
  stars: ['Tom Hanks', 'Tim Allen']
}
for (var key in greatMovie) {
 console.log(key + ': ' + greatMovie[key])
}
// "name: Toy Story"
// "year: 1995"
// "stars: Tom Hanks,Tim Allen"
```

for 循环语句的这两种形式对于提取列表和映射表中的数据非常有用。

7.5 下一步我们做什么

本章介绍了大量知识，如果没有完全看懂也没关系。如果在学习后面的章节时产生了问题，可以随时回到本章来看一看。到那时你会慢慢发现，本章的内容已经被你一点一点地搞懂了。

本章以及第 5 章的内容涵盖了关于 JavaScript 语言本身的大部分知识，所以现在你真的已经相当了解 JavaScript 语言了！不过不要小看 JavaScript 编程，了解很多知识也未必能编写出很棒的程序，因为还需要大量的试验和练习才能成为编程高手。我们现在已经知道如何在 JavaScript 里将"单词"连贯成"句子"，但是距离用"句子"写出精彩的"故事"还有很长的路要走。这也正是为什么这本书的后面还有那么多章节的原因。

好了，接下来回到前面的游戏项目中，继续为游戏角色添加更酷的东西吧！

第 8 章

项目

让游戏角色转身

学完本章，你将做到：
- 了解更多有趣的 3D 数学知识。
- 学会如何将一个物体转到特定的方向。
- 创建平滑的动画。

为游戏角色添加动画的工作已经接近尾声。在第 4 章中，角色能够在键盘的控制下移动。在第 6 章中，角色能够在移动时摆臂和迈腿，这样看起来更像是在走动。现在我们希望角色在向不同方向走动时能够转身，并面向某个特定的方向。

8.1 让我们开始吧

在浏览器中打开 3DE 编辑器后，打开第 6 章创建的项目"My Avatar: Moving Hands and Feet"。项目打开后，再次单击菜单按钮，并单击"MAKE A COPY"命令生成一个当前程序的备份，并将新项目命名为"My Avatar: Turning"。（Turning 是"转身"的意思。）

8.2 面向特定的方向

一切准备就绪后，我们将要从游戏角色的一系列动画控制变量开始着手。在你的程序中找到以下代码所示的位置。

```
var clock = new THREE.Clock();
var isCartwheeling = false;
var isFlipping = false;
var isMovingRight = false;
var isMovingLeft = false;
var isMovingForward = false;
var isMovingBack = false;
```

在上面的一组控制变量后面，添加 direction（方向）和 lastDirection（当前方向）两个变量，代码如下所示。

```
var direction;
var lastDirection;
```

direction 变量用于保存当前游戏角色需要面对的角度，这样程序就可以正确地旋转角色了。而 lastDirection 变量记录当前游戏觉得正在面对哪个方向，从而避免重复旋转游戏角色。

接下来为转身动作添加一个 turn() 函数（turn：转身）。在你的程序中找到 animate() 函数，并在它的后面输入以下代码。

```
function turn() {
  if (isMovingRight) direction = Math.PI/2;
```

```
    if (isMovingLeft) direction = -Math.PI/2;
    if (isMovingForward) direction = Math.PI;
    if (isMovingBack) direction = 0;
    if (!isWalking()) direction = 0;

    avatar.rotation.y = direction;
}
```

最后，在 animate() 函数中调用 turn() 函数。根据下面的代码修改你的 animate() 函数。

```
    function animate() {
      requestAnimationFrame(animate);
➤     turn();
      walk();
      acrobatics();
      renderer.render(scene, camera);
    }
    animate();
```

现在可以隐藏代码并且试一试新程序了！

如果输入的代码都正确，那么操作游戏角色向左右走时，它应该能够转过身，面向正确的方向移动。如图 8.1 所示。

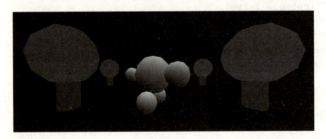

图 8.1

简直太棒了！到目前为止，你已经制作了一个相当复杂的游戏角色。现在停下来回忆一下所有已经实现的特性吧：

❑ 为角色创建了身体、双手和双脚。
❑ 将双手和双脚添加到角色的身体上，因此只要身体移动，其他部分就会跟随移动。
❑ 让角色翻跟头和打滚。
❑ 将摄像机添加到角色的身体上，以便让角色保持在画面之内。
❑ 让摄像机仅跟随角色移动而不旋转，从而当角色翻跟头和打滚时，我们不会头晕。
- 让双手和双脚在角色移动时前后摆动。
- 当角色停止移动时，它的双手和双脚也停止摆动。
- 让角色转身面向走动的方向。

这个程序确实涵盖了大量的 JavaScript 编程知识。干得漂亮！不过还有些事情可以做得更好。

首先，仔细看一看 turn() 函数，以确保你明白这个函数里都发生了什么。

8.3 拆开看看

在 turn() 函数里，为什么要给不同方向定义 Math.PI 或者 -Math.PI/2 这样的值？

回忆一下第 7 章，在 7.3.2 节里提到过，在程序里需要用弧度代替角度来指定旋转量。在最初的情况下，游戏角色面对摄像机，这时它的旋转角度为 0°，也就是 0 弧度。但此时游戏角色实际上是在转身向后站立。因此，当角色旋转 180° 也就是 pi 弧度时，它便是在面向前方站立。下面的表 8-1 列举了四个方向所对应的旋转角度和弧度。

表 8-1

方向	角度	弧度	JavaScript
向前	180°	pi	Math.PI
向后	0°	0	0
向左	−90°	−pi ÷ 2	−Math.PI/2
向右	90°	pi ÷ 2	Math.PI/2

8.3.1 为什么是 rotation.y

上面解释了在 turn() 函数里所使用的数字。但是为什么要修改 rotation.y 的值而不是 rotation.x 或者 rotation.z？

修改 rotation.y 的值，一方面是因为游戏角色打滚时修改的是 rotation.x，游戏角色翻跟头时修改的是 rotation.z，另一方面是因为希望游戏角色转身时围绕 y 轴旋转。在 3D 编程里，y 轴是那根指着上下方向的轴。你可以想象从游戏角色的中心向上下伸出一根垂直的杆子，那就是角色的 y 轴。如图 8.2 所示。

让角色绕着这跟垂直的杆子旋转就是我们所说的绕 y 轴旋转。

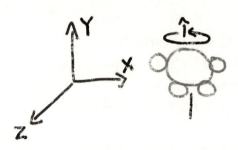

图 8.2

8.3.2 别忘记 avatar.rotation

如果尝试过修改 marker.rotation 的值，而不是 avatar.rotation 的值，你应该已经发现，当游戏角色转身时，不仅它自己转身，场景中所有物体都跟着移动，这是因为将摄像机添加到了 marker 上（代码如下所示）。

```
var marker = new THREE.Object3D();
scene.add(marker);

marker.add(camera);
```

还记得 marker 吗？那是在第 4 章中创建的虚拟角色。可以将虚拟角色想象成一个看不见的隐身盒子，它罩在真正的游戏角色外面。它可以跟随游戏角色移动，但不会跟着它翻滚头或者打滚。我们将摄像机插在了这个看不见的盒子上，以便能够让摄像机也跟随游戏角色移动，如图 8.3 所示。

图 8.3

因此如果这时旋转虚拟角色 marker，而不是真正的角色 avatar，则摄像机便会跟着旋转，从而使你看到整个画面里的所有物体都在移动。

这也是为什么将角色的手和脚添加到角色的身体上，而不是虚拟角色上。因为只有这样做才能在角色转身时，使它的手和脚也跟着身体转动。

8.3.3 停止走动时该面对哪个方向

在 turn() 函数里还有最后一件事值得一提，那就是当游戏角色停止走动时，让它恢复到面向摄像机的方向，代码如下所示。

```
if (!isWalking()) direction = 0;
```

上面代码是 turn() 函数中最后一行 if 语句。它在游戏角色停止走动时，使它面向摄像机。作为游戏程序员，你可能更喜欢让游戏角色在停止走动时保持当前的朝向不动。如果这是你所希望的，那么只要去掉上面这一行 if 语句就可以了。

8.4 用动画来转身

当游戏角色改变行走方向时，它会立刻面向新的方向。我们给它加一个逐渐转身的动画，以便让它看起来更真实一些。为了实现这一点，首先需要在程序中添加一个新的 JavaScript 程序包。第 9 章会具体讲解什么是程序包，现在你只需要知道，程序包是一大包由别人编写好的，可以直接使用的程序。

将来使用的程序包能够帮助我们让物体在不同的位置之间，或者不同的角度之间实现过渡动画。这个程序包的名字叫 Tween。它的名字来自于英文单词"Between"（中间），意思是它能够在两个不同状态的中间产生过渡状态。

为了使用这个程序包，先回到你的程序的最顶部。（注意，这里不是指"START CODING ON TH NEXT LINE"那一行，而是整个程序真正的顶部。）然后将下面代码中带有 tween.js 的那一行 <script> 标签添加到你的程序中，代码如下所示。

```
    <script src="/three.js"></script>
➤   <script src="/tween.js"></script>
```

使用 Tween 的第一步是在你的 animate() 函数中调用 Tween 的 update() 函数。将下面代码中的新代码添加到 animate() 函数中的 turn() 之前，代码如下所示。

```
    function animate() {
      requestAnimationFrame(animate);
➤     TWEEN.update();
      turn();
      walk();
      acrobatics();
      renderer.render(scene, camera);
    }
    animate();
```

接下来，需要再次修改 turn() 函数。原本 turn() 函数在最后一行直接修改游戏角色的 y 轴旋转角度，现在将它删掉，替换为如下代码中的最后 6 行。

```
function turn() {
  if (isMovingRight) direction = Math.PI/2;
  if (isMovingLeft) direction = -Math.PI/2;
  if (isMovingForward) direction = Math.PI;
  if (isMovingBack) direction = 0;
  if (!isWalking()) direction = 0;

  if (direction == lastDirection) return;
  lastDirection = direction;

  var tween = new TWEEN.Tween(avatar.rotation);
  tween.to({y: direction}, 500);
  tween.start();
}
```

当输入新代码时，一定不要忘记包含 lastDirection 的那两行。它们负责记录 turn() 函数上一次被调用时，游戏角色的朝向，并且判断 turn() 函数的本次调用是否改变了朝向。我们只希望在朝向发生变化时才让 Tween 去播放动画。

Turn() 函数的最后三行利用 Tween 去创建动画。第一行告诉 Tween 要改变游戏角色的旋转角度。第二行说希望围绕 y 轴旋转到特定的朝向，并且希望旋转动画持续 500 毫秒（0.5 秒）。最后一行告诉 Tween 开始播放动画。

在 turn() 函数的倒数第二行，我们要求 Tween 程序包播放动画 500 毫秒。

1 000 毫秒是 1 秒，500 毫秒就是 0.5 秒。在 turn() 函数中找到为 Tween 程序包设置 500 毫秒的地方，试一试将它改为更长或者更短的时间，看看自己喜欢怎样的动画速度。1 000 毫秒会不会使动画太慢了？10 毫秒是不是又太快了？你自己来决定吧。

8.5 完整代码

完整代码可在书后附录 A 中的"代码：让游戏角色转身"一节里查看。

8.6 下一步我们做什么

哇！我们的游戏角色程序已经变得相当复杂了，对不对？

我们在这个可爱的游戏角色身上花了很多心思，但你可能已经注意到了另一个问题：当角色走动时，它可以穿过树木。这看起来可不太对头。所以在下一章中，我们将介绍游戏编程里的一个很常用的知识：碰撞检测。碰撞检测可以帮助程序发现游戏角色是否碰上了树，如果是则让它停下来。

不过在学习碰撞检测之前，先看一看当创建新项目的时候，那些 3DE 编辑器自动添加好的代码都有些什么作用。

第9章

那些自动生成的代码

学完本章,你将做到:

- 初步了解网页制作知识。
- 理解游戏程序的移动代码。
- 修改启动代码。

到目前为止，每一章编写的程序，总是从"START CODING ON THE NEXT LINE"那一行之后开始。这样做的好处是可以更加开门见山地学习 3D 游戏编程，直接接触最重要的部分。而且实际上也获得了丰厚的收获：我们在 3D 场景中创建了物体，添加了动画。设计了一个游戏角色，并能够用键盘控制它活动。此外，我们还学习了一些非常重要的调试技巧。

但是，即使我们已经能够通过编程来做不少事情，那些位于"START CODING ON THE NEXT LINE"之前的代码仍然有必要了解。幸运的是，我们已经学会了很多知识，这些知识帮助理解那些自动生成的代码都在做什么并不难。

9.1 让我们开始吧

在 3DE 编辑器里创建一个新项目，并命名为"All that other code"。

9.2 初识 HTML

在代码的最顶端有如下 HTML 内容：

`<body></body>`

HTML 的全称是"超文本标记语言"，它并不是一种编程语言。那么，为什么要把它放到优美的 JavaScript 程序里来捣乱呢？

HTML 的作用是用来搭建网页的基础页面，但它仅仅是基础而已。为了在网页显示更多精彩的内容，人们发明了 JavaScript。

这就是为什么仍然需要 HTML 的原因。JavaScript 是一种网页编程语言，它生成的东西需要放在网页上去展示，因此它需要一个基础页面来作为自己的舞台，哪怕只是一个什么都没有的空页面也好。这个基础页面必须由 HTML 来生成。

第一行 HTML 含有一个 `<body>` 标签。你在商店里一定见过货架上的价签，用于标记在它后面的商品要卖多少钱；或者在学校里见过门上的标签，用于标记门后的房间是做什么用的（老师的办公室或者学生的教室等）。如果把商品价格、房间用途称作事物的某一个属性，那么在网页上，一个 HTML 标签的作用，便是用于指出该标签后面的内容的某一个属性，比如它的作用、段落甚至字体等。

在 HTML 里，所有标签都必须成对出现，将被它标记的内容围绕在其中。标签的第一部分由一对尖括号"<>"以及写在尖括号里面的标签名组成，例如 <body>。标签的第二部分与第一部分基本相同，只是在标签名前面多加一个斜线"/"，例如 </body>。

编写 HTML 内容的人一般都会把需要显示在页面中的内容，包括文字、图片、链接以及很多其他东西放在 <body> 和 </body> 之间。但是我们并不编写网页，而是要通过编写程序，在一个空页面上绘制 3D 场景。因为我们只需要空页面，所以并不在 <body> 标签里面放任何东西。

下面尝试在 <body> 标签里写一些简单的东西，看一看会发生什么，以便对 HTML 有一个初步的感觉。在你的程序中找到 <body> 和 </body>（在 3DE 编辑器里的第一行），并将以下内容输入到 <body> 标签之间。

```
<body>
  <h1>Hello!</h1>
  <p>
    You can make <b>bold</b> words,
    <i>italic</i> words,
    even <u>underlined</u> words.
  </p>
  <p>
    You can link to
    <a href="http://code3Dgames.com">other pages</a>.
    You can also add images from web servers:
    <img src="/images/purple_fruit_monster.png">
  </p>
</body>
```

忽略 3DE 编辑在 HTML 部分的错误提示

HTML 部分内容可能会引起 3DE 编辑器显示红色的叉作为错误提示。你可以忽略这部分的错误提示。因为 3DE 编辑器是为 JavaScript 而设计，而不是 HTML，所以它会因为不认识 HTML 而认为有错。

输入完成后，单击右上角的"HIDE CODE"按钮隐藏代码。你应该能看到刚才输入的文字，如图 9.1 所示。

这本书不是关于 HTML 的，所以对于 HTML 的介绍就到这里。但是你应该对 HTML 能做些什么有一些了解了。

图 9.1

在 <body> 标签下面可以看到另一种标签：<script> 标签。

```
<script src="/three.js"></script>
```

与 <body> 标签类似，<script> 标签也是一种 HTML 标签。它可以把来自网络其他地方的 JavaScript 程序引入到自己的程序中使用。我们的游戏项目使用该标签引入强大的 JavaScript 3D 程序库 Three.js。

JavaScript 程序不一定要来自于网络的其他地方。在本书中，我们的大部分游戏程序都直接写在同一个 HTML 网页中。但是将来当 JavaScript 程序变得越来越大，包含越来越多 3D 命令和功能时，用 <script> 标签从别处引入程序会很有帮助。目前我们已经写了大约 120 行代码，你可能已经感觉到，要从代码中找到特定的内容变得有些困难。想象一下将来当程序有 1 000 行代码时，要想从中查找内容，或者做出一点修改，将会变得多么困难。

9.3　设置 3D 场景

在 3D 编程中，无论做什么事情都需要一个场景。你可以把 3D 场景想象成宇宙空间，任何事情都只能发生于这个空间中。

3D 场景并不难使用。在本书中，我们已经无数次向场景中添加 3D 物体了。一旦物体被添加到场景中，接下来就由场景来管理这些物体。对于 3D 场景，目前我们了解这些就足够了：创建场景后，将想要显示的物体添加到场景中，然后由它来接管后续的工作。

下面的代码展示这样一个典型的过程：先创建 3D 场景，再创建物体（环境光源），最后将物体添加到场景中，让场景去接管剩下的工作。

```
// The "scene" is where stuff in our game will happen:
var scene = new THREE.Scene();
var flat = {flatShading: true};
var light = new THREE.AmbientLight('white', 0.8);
scene.add(light);
```

flat 是一个映射表类型的变量。还记得吗？7.3.7 节中介绍过映射表的概念。另外，再回忆一下第 1 章，我们曾经用 flat 变量来控制物体表面的外观，使它看起来要么很光滑，要么有一块一块的感觉。而 flat 变量的值就是在这一行设置的。

另外，此处还向场景中添加了一个环境光类型的光源，它将在第 12 章的程序中发挥作用。

9.4 使用摄像机拍摄场景

虽然 3D 场景可以帮我们接管被添加到其中的 3D 物体，但是有一点是它无法做到的：3D 场景并不负责将它自己绘制到屏幕上。因此我们无法通过它来知道场景中都发生了什么事情。要想看到场景，需要摄像机。你可以在 3DE 编辑器中找到以下代码。

```
// The "camera" is what sees the stuff:
var aspectRatio = window.innerWidth / window.innerHeight;
var camera = new THREE.PerspectiveCamera(75, aspectRatio, 1, 10000);
camera.position.z = 500;
scene.add(camera);
```

这段代码创建了一个摄像机，场景将被它绘制到屏幕上。

在以上代码中，aspectRatio 是一个定义了"长宽比"值的变量。它用来定义浏览器窗口的形状。电影院里的银幕和家里的电视机也同样有长宽比值。一个长宽比为 4:3 的大电视可能有 4 米宽、3 米高，甚至可以有 12 米宽、9 米高（将 4:3 中的两个数都乘以 3 可以得到 12:9）。如今大多数电影都已使用 16:9 的长宽比来拍摄，这意味着电影院的银幕可能需要有 16 米宽、9 米高，比相同高度的 4:3 银幕宽 4 米。

那么这对我们来说有什么用呢？在电影院里，如果将一部长宽比为 16:9 的电影放映在 4:3 的银幕上，就不得不对画面做很多横向压缩。反过来，如果将长宽比为 4:3 的电影放映在 16:9 的银幕上，就需要进行画面拉伸。但是压缩和拉伸都会让画面看起来不舒服，因此，当这种情况发生时，电影院一般会将无法放进银幕的画面部分剪裁掉。这样虽然损失掉了一部分画面，但至少看起来舒服一些。我们在 JavaScript 程序中使用的 Three.js 程序库不剪裁，而是采用压缩或拉伸的方法。因此，最好事先计算出当前浏览器窗口的真实长宽比，并将该比值告诉摄像机，以便能够绘制出不需要压缩、拉伸和剪裁的画面，从而获得最好的效果。

创建摄像机之后，需要将它添加到场景中。与添加其他 3D 物体类似，摄像机最初也会被添加到场景的正中心位置。我们需要使它在 Z 轴方向上远离中心 500 个单位（向屏幕外方向），这样才能看到整个场景，包括在中心附近的物体。

9.5 使用渲染器绘制场景

3D 场景和摄像机搭配在一起，可以描述场景的模样以及从什么位置和角度去观察，但是若想将场景显示在浏览器中还需要一样东西，那就是渲染器。它的唯一工作就是在屏幕上进行真正的绘制。以下代码展示了程序中创建和设置渲染器的部分。

```
// The "renderer" draws what the camera sees onto the screen:
var renderer = new THREE.WebGLRenderer({antialias: true});
renderer.setSize(window.innerWidth, window.innerHeight);
document.body.appendChild(renderer.domElement);
```

以上代码中的第一行创建了一个渲染器，并且通过映射表向它传递了一个参数："antialias"值为真。"antialias"是一个计算机图形学术语，通常又被称为"反锯齿"。反锯齿指的是通过特定的计算方法，使画面中物体的边缘变得更加平滑。我们希望获得较好的画面质量，因此将该值设定为真。

还需要告诉渲染器画面的尺寸。以上代码将画面尺寸设定为整个浏览器窗口大小（即 window.innerWidth 和 window.innerHeight），因此场景画面将会充满整个页面。

此外，为了让渲染器能够在页面上绘制场景，需要让渲染器的"domElement"成为整个网页的一部分。"domElement"指的就是网页中的标签，它是标签的另一个名字。前面介绍 <body> 标签时已经讲过，可以用不同的标签向页面中添加不同的内容。比如，用 <h1> 标签添加黑体字大标题"Hello!"，用 <p> 标签添加一个文本段落。与这些标签类似，也可以用渲染器自己的标签（即 renderer.donElement）来将渲染器画面添加到页面中。

为了将渲染器的标签添加到页面中，我们将 renderer.donElement 添加到 document.body 中。（document 是"文档"的意思，在这里可以理解为"网页"或"页面"。）而这里的".body"指的就是前面提到过的 <body> 标签。appendChild() 函数可以实现添加标签的功能。（appendChild 是"添加子节点"的意思。）如果你问我，这些函数和变量为什么要用"appendChild()"或"domDocument"这样奇怪的名字？我只能告诉你，没有为什么，并且幸亏你是个 3D 游戏程序员，而不是网页程序员。因为网页程序员们每天都要被迫使用这些既奇怪又不容易记住的名字。

最后，我们已经通过以上代码创建了一个可以在页面上绘制场景的渲染器，但是还必须告诉渲染器现在就画出场景。否则你仍然看不到场景。这就是为什么 3DE 编辑器自动生成的最后一行代码，是下面这句：

```
// Now, show what the camera sees on the screen:
renderer.render(scene, camera);
```

这样的渲染器看起来有点笨，非得要我们明确告诉它去画图才行，否则就什么也不做。从某种角度看确实如此，但在实际编程中，大多数情况下那些程序库、编程接口和系统都是这样工作的。如果大多数系统都不用我们驱动，而是按照自己的方式自动工作，则往往会产生让我们意外的结果。

回到渲染器，其实我们已经看到了它的这种"笨"所带来的好处。在有些试验程序里，我们只需要它绘制一次场景。而在更多的情况下，我们在 animate() 函数里反复驱动它绘制场景。如果渲染器总是自动绘制场景而不接受控制，则我们就无法分别实现这两种绘制模式。

9.6 探索不同类型的摄像机

你可能注意到了，在创建摄像机时，使用的名称为 PerspectiveCamera。（PerspectiveCamera 是"透视投影摄像机"的意思。）这样奇怪的名字看起来是在特指某一种摄像机，这似乎暗示着还有其他类型的摄像机？事实上确实如此。虽然在本书的大部分项目里我们将一直使用透视投影摄像机，但接下来还是有必要了解一下透视投影摄像机到底是什么，并且将它与其他类型的摄像机比一比。

简单了解那些奇怪的摄像机

另一种摄像机叫作 orthographic（正交投影）。为了理解正交投影摄像机，我们在场景中先添加一条红色的指向远方的路。（你可以想象这条路从脚底开始，笔直地向前延伸出去。甚至还有一些紫色的怪物走在上面。）将以下代码输入到"START CODING ON THE NEXT LINE"这一行后面。

```
var shape = new THREE.CubeGeometry(200, 1000, 10);
var cover = new THREE.MeshBasicMaterial({color:'darkred'});
var road = new THREE.Mesh(shape, cover);
scene.add(road);
road.position.set(0, 400, 0);
road.rotation.set(-Math.PI/4, 0, 0);
```

透视投影摄像机所拍摄的画面如图 9.2 所示。

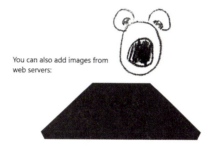

图 9.2

这本来是一条长方形的路。但是随着它向远方延伸，它看起来会越来越窄。想象一下，在现实生活中当你站在一条笔直的路上时，路面的宽度确实看起来是慢慢变窄的。这种近大远小的规律就叫作透视原理。在 3D 程序中，透视投影摄像机就是来帮助我们实现近大远小的效果的。

```
var aspectRatio = window.innerWidth / window.innerHeight;
var camera = new THREE.PerspectiveCamera(75, aspectRatio, 1, 10000);
```

但如果使用正交投影摄像机，则不会实现近大远小的效果。一切看起来都是平面，如图 9.3 所示。

路没有变，只是将"perspectiveCamera"和"aspectRatio"那两行代码改为了以下代码中对应的两行。

```
var width = window.innerWidth;
var height = window.innerHeight;
var camera = new THREE.OrthographicCamera(
  -width/2, width/2, height/2, -height/2, 1, 10000
);
```

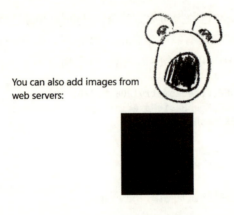

图 9.3

现在你明白为什么我们将主要使用透视投影摄像机了,因为它能给我们比较真实的三维感受,这对于 3D 游戏很重要。那么正交投影摄像机又有什么用呢?

正交投影摄像机至少在两种情况下有用。首先,如果你想制作一个平面的 2D 游戏,那么使用 3D 摄像机会很不方便,尤其是它会在屏幕边缘附近产生奇怪的效果。另一种情况是当游戏场景离摄像机非常远时,比如那些太空题材的游戏。我们会在后面的章节中尝试使用这种摄像机做太空模拟。

9.7 下一步我们做什么

现在我们已经对摄像机、3D 场景以及如何从别处引入 JavaScript 程序有了一定的了解。我们将基于本章所学到的知识在游戏程序中做更多修改,不过接下来得先解决一个问题:让游戏角色不要从树里面穿越过去。

第 10 章

项目

碰撞

学完本章,你将做到:
- 防止物体在游戏场景中相互穿越。
- 理解游戏编程中的重要概念:碰撞。
- 在树周围创建隐藏的篱笆。

游戏角色很灵活，它能移动、走路，甚至转身。但是它也有一个糟糕的坏习惯：它可以穿越场景中的树木。如图 10.1 所示，游戏角色走进树里面去了。

图 10.1

这破坏了 3D 游戏的真实感。

代码几乎总是违背我们的意愿

虽然代码最终都会严格按照我们说的做，但是一开始时，代码的行为几乎总是与我们的预期相反。在编程工作中，这是最令人气愤的一件事。但是通过努力检查和修改代码，使它最终能够听话，则会给人带来莫大的成就感。

本章将在代码中实现碰撞检测功能，解决"游戏角色走进树里"的问题。有了这个功能后，程序就可以随时发现游戏角色是否已经撞到树上，并且可以在这种情况发生时令角色停止走动。

碰撞检测在任何一款游戏和模拟程序中都非常重要。有很多种不同的方法都可以实现这一功能。在本章中，我们将学习光线投射法碰撞检测。

光线投射法的最大好处就是简单，但是不要以为简单就意味着简陋，实际上它非常强大。在很多高级的游戏中都能看到光线投射法碰撞检测的使用，尤其是那些对性能要求很高的游戏。

接下来赶紧进入代码去一探究竟吧！

10.1 让我们开始吧

本章在第 8 章代码的基础上继续编程，打开名为"My Avatar: Turning"的项目。然后单击菜单按钮，选择"MAKE A COPY"命令，并将新项目命名为"My Avatar: Collisions"。（Collisions 是"碰撞"的意思。）如图 10.2 所示。

10.2 射线和交点

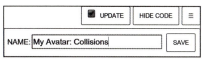

图 10.2

为了防止游戏角色穿过树木，首先想象一个从游戏角色向下伸出的箭头，如图 10.3 所示。

在几何学中，称从某物伸出来的箭头为射线。换句话说，如果你站在某一个地方，并指向某一个方向，那么就会得到一条射线。在我们的游戏程序中，这条射线从游戏角色所在的位置开始，方向指向下。有时给这些简单的想法命

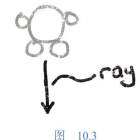

图 10.3

名似乎很恼人，但程序员需要知道这些名字，它们在将来很重要。

> **程序员喜欢给简单的想法赋予花哨的名字**
> 了解简单概念的名称可以更容易地与执行相同工作的其他人交谈。程序员称这些名称为"术语"。

现在将光线指向下方，想象一下每棵树周围的地面上都一个圆圈。如图 10.4 所示。

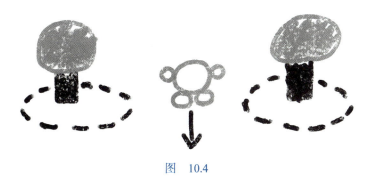

图 10.4

用来阻止游戏角色穿过树木的方法简单到近乎疯狂：我们并不去看游戏角

色或者树木本身，而是看它的射线是不是正在指向树下的圆圈。如图 10.5 所示，游戏角色离右边的树较远，但是它却即将进入左边树下的圆圈。

图　10.5

如果在任何时候，发现下一个动作过后，游戏角色的射线将要指向圆圈之内，就阻止角色继续移动。或者换一个方法去想象：游戏角色手里拿着一个玩具激光笔，向下指向地面。这时地面上便出现一个随着它移动的红点。如果这个红点进入树下的圆圈之内，就断定游戏角色和树木发生了碰撞。就这么简单！

看科幻电影对于程序员有帮助，这听起来有点奇怪，但是程序员有时候就是喜欢引用电影中那些奇怪的对白。科幻电影不是必须要看，但它可以提供帮助。

其中一个引用来自经典的《星际迷航 II：可汗之怒》。引用的是"他很聪明，但没有经验。他的模式表明了二维思维。"电影中的坏人不习惯三维思考，好人就利用他的二维思维来对付他。

类似地。我们虽然正在制作三维游戏，但却只需要考虑二维碰撞。因为这样做不需要担心游戏角色的头部是否触及叶子的底部，也无须检测手是否接触到树干。虽然三维碰撞检测能做到，但是对于程序员和计算机来说，需要做很多工作。而这种复杂的三维碰撞检测通常不会给游戏带来任何好处。

所以我们作弊。只考虑两个维度（X 和 Z）的碰撞，完全忽略上下维度（Y）。

在脑海中想象如何实现这个效果。我们需要一个存放这些树下圆圈的列表，游戏角色将被禁止进入列表中任何一个圆圈。首先，在创建树时就得创建这些圆形边界。然后再为游戏角色添加一条射线，以便检测它何时进入圆形边界。最后，需要阻止角色进入这些禁区。

我们建立一个包含所有圆形边界的列表。在创建游戏角色和虚拟角色之后执行此操作。在 makeTreeAt() 函数上方，添加以下代码：

```
var notAllowed = [];
```

回顾 7.3.6 节中学习过的数据列表。方括号是 JavaScript 创建列表的方式。在这里用空的方括号创建一个空列表变量，命名为 notAllowed。用它来保存所有不允许游戏角色进入的圆形区域。（notAllowed 是"不允许"的意思。）所以就称这个列表为禁区列表吧。

接下来需要修改 makeTreeAt() 函数，在创建树的同时创建边界。在将树叶添加到树干的代码之后添加以下代码。它应该位于使用 trunk.position.set(x, −75, z) 那行代码的上方。

```
var boundary = new THREE.Mesh(
  new THREE.CircleGeometry(300),
  new THREE.MeshNormalMaterial()
);
boundary.position.y = -100;
boundary.rotation.x = -Math.PI/2;
trunk.add(boundary);

notAllowed.push(boundary);
```

以上代码没什么特别的。我们创建了圆形几何体（不是球体，而是 2D 圆环），然后将它旋转，使其能够平放在树下方。最后将它添加到树干上。

但是创建圆形边界的工作还没有完成，因为最后还需要将它们添加到禁区列表中才行。现在每当使用 makeTreeAt() 函数创建一棵树时，就会同时为这棵树创建一个圆形边界并添加到禁区列表中。有了这些之后，对该列表做些什么呢？

我们添加一个 isColliding() 函数。并将它放在 walk()、isWalking() 和 acrobatics() 之后，keydown() 和 keyup() 之前。

```
function isColliding() {
  var vector = new THREE.Vector3(0, -1, 0);
  var raycaster = new THREE.Raycaster(marker.position, vector);
  var intersects = raycaster.intersectObjects(notAllowed);
  if (intersects.length > 0) return true;
  return false;
}
```

此函数返回一个布尔值：一个真或假的答案，用来判断游戏角色是否与圆形边界碰撞。为了得到答案，创建一条射线并检查它是否指向任何东西。如前所述，射线是一个方向和一个起点的组合。在我们的游戏中，射线的起点是游戏角色的 marker.position，方向是垂直向下。然后我们试着判断射线是否指向了

notAllowed 列表中的任何圆形区域。如果射线与其中一个圆形区域相交，那么 intersects 变量的长度将大于 0。在这种情况下，说明检测到了一个碰撞并返回 true。否则说明没有碰撞，返回 false。

碰撞检测在游戏编程里一直是一个难题。所以你能跟随本章一直学习到这里，已经做得非常好了！不过我们还没完成。现在程序可以检测到角色与边界碰撞的发生，但当碰撞发生时还不能阻止角色继续移动。接下来在处理按键盘事件的代码中实现这一功能。

按下箭头键时，sendKeyDown() 函数会更改游戏角色的位置。

```
if (code == 'ArrowLeft') {
  marker.position.x = marker.position.x - 5;
  isMovingLeft = true;
}
```

这样的改变可能意味着游戏角色已越界。如果真是这样，必须立即撤销此举。在 sendKeyDown() 的底部添加以下代码。把它放在 if(code =='KeyF') 那行代码之后，且在函数结束的"}"括号之前。

```
if (isColliding()) {
  if (isMovingLeft)     marker.position.x = marker.position.x + 5;
  if (isMovingRight)    marker.position.x = marker.position.x - 5;
  if (isMovingForward)  marker.position.z = marker.position.z + 5;
  if (isMovingBack)     marker.position.z = marker.position.z - 5;
}
```

仔细阅读以上代码以确保充分理解它们。这段代码的含义是：如果已经检测到碰撞，那么继续检查刚才移动的方向。假设刚才向左移动了 5 个单位的距离，那么就反转角色刚刚做的动作，向右移动相同的距离。

有了这些，当游戏角色走到树的边界时就会停下来了。如图 10.6 所示。

图 10.6

好极了！上面这些代码可能看起来并不难，但你刚刚解决了游戏编程中一个非常棘手的问题。

10.3 完整代码

完整代码可在书后附录 A 中的"代码：碰撞"一节里查看。

10.4 下一步我们做什么

游戏中的碰撞检测是一个难以解决的问题，祝贺你做到了这一点。将来当你不得不额外担心上下移动时，碰撞检测会变得更加复杂，不过基本概念是一样的。

通常我们依赖其他人编写的程序库来处理这些情况。在后面的章节里，当开始编写下一个游戏时，将会使用这样的程序库。

现在先给目前的游戏画一个点睛之笔吧：在下一章中，我们将添加声音和计分。让我们继续前进吧！

第 11 章
水果狩猎

 学完本章,你将做到:
- 为游戏添加声音。
- 为游戏添加简单的记分。
- 完成一个简单却真正可以玩的游戏。

通过前几章的练习，我们的游戏里已经有了一个游戏角色和一片树林，并且游戏角色还能够在树林中愉快地玩耍。现在，我们把剩下的工作做完，让它变成一个真正的游戏！

本书花了10章讨论创建游戏角色和游戏场景。到现在为止，你已经很清楚如何编写这些东西了。虽然正在编写的游戏不会称为有史以来最伟大的游戏，但它足以让你对游戏编程有了一定了解。

接下来，我们的游戏角色将挑战"从树上摘取水果"的任务。茂密的树枝之中隐藏着角色爱吃的美味水果，如果它能及时摘取便可以得分。

它最终会看起来如图11.1所示。

图11.1　非常感谢游戏程序员Sophie H.提供了本章中使用的游戏概念！

11.1 让我们开始吧

在3DE代码编辑器中打开第10章的项目，然后在菜单中选择"MAKE A COPY"命令并输入"Fruit Hunt！"作为新项目名称。

为了在这个游戏中显示得分，需要使用新的功能：记分牌。另外，为了在游戏中发出声音，还需要能够播放音频的程序。不过我们不需要自己去编写记分牌和声音代码，而是再次通过加载代码库来实现。在第9章中，介绍过如何使用代码最顶端的"<script>"标记加载代码库，现在用同样的方法再添加两个程序库。

在代码顶部找到两个带有"src"属性的"<script>"标签，并在它们的下面添加以下新的"<script>"标签，用来实现记分牌和游戏声音。

```
<script src="/scoreboard.js"></script>
<script src="/sounds.js"></script>
```

仅仅引入程序库并不会改变游戏中的任何内容。要显示记分牌，需要对其进行配置并将其打开。接下来实现这一点。

11.2 记分牌

本章的其他代码仍将放在通常的位置，也就是 START CODING ON THE NEXT LINE 那一行的下面。而配置记分牌的代码则要放在创建游戏角色和虚拟角色的代码后面，且在 makeTreeAt() 函数之前。

```
var scoreboard = new Scoreboard();
scoreboard.countdown(45);
scoreboard.score();
scoreboard.help(
  'Arrow keys to move. ' +
  'Space bar to jump for fruit. ' +
  'Watch for shaking trees with fruit. ' +
  'Get near the tree and jump before the fruit is gone!'
);
```

以上代码创建了一个记分牌，并告诉记分牌启动倒数计时器，显示分数，并添加帮助信息。现在屏幕应该已经有了一个漂亮的记分牌，显示完成游戏剩余时间（45 秒）和当前分数（0），并向玩家提示他们可以按问号 ? 键获得一些帮助。

记分牌如图 11.2 所示。

图 11.2

在让游戏按照帮助文本所说的方式运行之前，需要告诉程序在时间用完时该怎么做。为此在所有配置记分牌代码的后面添加以下代码。

```
scoreboard.onTimeExpired(timeExpired);
function timeExpired() {
  scoreboard.message("Game Over!");
}
```

以上代码的作用是告诉记分牌，在时间用完的那一刻，它应该调用

timeExpired() 函数。该功能将记分牌消息设置为"Game Over！"。（Game Over 是"游戏结束"的意思。）

这就是记分牌。现在设计一种让玩家得分的玩法。

11.3 让树有点摆动

这场游戏的目标是在树上找到水果。水果将成为游戏的宝藏。在任何时候，只有一棵树上会有宝藏。为了显示它是哪棵树，会给它一点震动。但首先我们需要一个树木清单。

在第 10 章中，在 makeTreeAt() 函数上面添加了一个 notAllowed 边界列表。现在，我们在同一个地方添加一个 treeTops 列表。代码如下所示。

```
    var notAllowed = [];
▶   var treeTops = [];
```

接下来，在 makeTreeAt() 函数内部，将树叶添加到 treeTops 列表中。代码如下所示。

```
    notAllowed.push(boundary);
▶   treeTops.push(top);
```

现在我们有一个树叶列表，可以将宝藏藏在其中一个树叶里并摇动它。在对 makeTreeAt() 函数进行四次调用之后，添加以下函数来更新宝藏树编号。

```
var treasureTreeNumber;
function updateTreasureTreeNumber() {
  var rand = Math.random() * treeTops.length;
  treasureTreeNumber = Math.floor(rand);
}
```

Math.random() 现在是一位老朋友了。它返回介于 0.0 和 1.0 之间的数。我们将它乘以树叶的总数（目前为 4），便可以得到一个介于 0.0 和 4.0 之间的随机数，这个数差不多就可以被用来从列表中选择树叶了。但是还需要 Math.floor() 函数的一些帮助。

在第 7 章中看到，JavaScript 列表中第一个元素的编号是 0。如果 treeTops 列表中有 4 个元素，则第一个是 treeTops [0]，后面的分别是 treeTops [1]、tree-Tops [2] 和 treeTops [3]。这意味着需要将 treasureTreeNumber 设置为 0、1、2 或 3。现在得到的随机数大概是这样的：0.1223、1.448、2.993 和 3.8822 等，而

我们想要的只是小数点前的数字。这恰好是 Math.floor() 所做的！

现在我们已经可以随机选择一棵藏宝树了，但是还需要摇动它。在 updateTreasureTreeNumber() 函数下面添加以下代码。

```
function shakeTreasureTree() {
❶    updateTreasureTreeNumber();

❷    var tween = new TWEEN.Tween({shake: 0});
❸    tween.to({shake: 20 * 2 * Math.PI}, 8*1000);
❹    tween.onUpdate(shakeTreeUpdate);
❺    tween.onComplete(shakeTreeComplete);
❻    tween.start();
}
```

该函数中包含大量代码，但它只做了两件事：更新宝藏树号并摇动树。6 行代码中的每一行都有重要意义：

❶ 更新树的编号。通过调用刚编写的 updateTreasureTreeNumber() 函数随机获取编号。

❷ 创建动画程序 Tween，并设置起始抖动值为 0。

❸ 设置结束抖动值以及动画所需时间。结束抖动值是 20×2×pi。振动实践为 8 秒或 8000 毫秒。

❹ 设置抖动值更改时不断调用的函数。当动画在起点和终点之间移动时，此函数会被调用数百次。

❺ 设置最后调用一次的函数。

❻ 开始颤抖！

我们将不出意外地使用 updateTreasureTreeNumber() 来设置树编号。这就是编写该函数的目的。该函数的其余部分是关于另一个 Tween 动画的，不过与在第 8 章中看到的动画略有不同。

我们希望让这个动画来回移动，因此使用在第 6 章中看到的 Math.sin() 非常适合。所以这个动画将使用 Math.sin() 来摇动树。

Tween 动画从 0 开始并逐渐过渡到 20×2×pi（20 * 2 * Math.PI）。在第 7 章中，我们看到 Math.sin() 中的 0 到 2×pi 是从 0 开始绕一圈然后回到 0。所以 20 次就是让树来回摇晃 20 次。

当使用 Tween 转动游戏角色时，我们曾让 Tween 直接改变角色的旋转数据。现在想要利用 Math.sin() 来回摇动树叶，因此需要让 Tween 去不断调用 shakeTreeUpdate() 函数，并在该函数里面计算新的树叶位置。

现在还没有实际创建 shakeTreeUpdate()，所以在 shakeTreasureTree() 下面添加以下代码。

shakeTreasureTree():
```
function shakeTreeUpdate(update) {
  var top = treeTops[treasureTreeNumber];
  top.position.x = 50 * Math.sin(update.shake);
}
```

每当 Tween 使用更新数据来调用此函数时（大约每秒 50 次），此函数将在 treeTops 列表里找到正确的树叶，并使用 Math.sin() 来移动它的位置。

当 Tween 完成后，我们告诉它调用 shakeTreeComplete() 函数。将以下代码添加到你的程序中。

```
function shakeTreeComplete() {
  var top = treeTops[treasureTreeNumber];
  top.position.x = 0;
  setTimeout(shakeTreasureTree, 2*1000);
}
```

同样，这个函数会找到当前正在摇动的树叶。然后通过将它的 x 位置设置为 0，使得树叶移回树干的中心。

shakeTreeComplete() 的最后一部分设置倒计时 2 秒。JavaScript 中的 setTimeout() 函数在经过指定的时间后调用另一个函数。利用这个倒计时功能，在宝藏树停止摇动后等待 2 秒，然后调用 shakeTreasureTree() 函数来挑选一个新的宝藏树并开始摇动。

接下来要做的事情就是第一次调用 shakeTreasureTree()。参考下面的代码，在 shakeTreeComplete() 函数的后面添加调用 shakeTreasureTree() 的代码。

```
shakeTreasureTree();
```

在输入完所有代码之后，其中一棵树应该开始摆动，告诉玩家有水果可以收集。现在我们已经拥有了树木中的宝藏，给游戏角色设定一种摘取水果的方法。

11.4 跳跃得分

我们来制定一个游戏规则：为了得分，游戏角色需要走到有宝藏的树旁边并跳一下。因为宝藏，也就是果子，应该长在树上，不跳一下是摘不到的对吧？然后，当玩家做到了这些并摘到了果子后，我们希望做两件事：给玩家加分，并且为果子显示一个漂亮简单的动画。

首先需要指定一个按键用于跳跃。为此，将以下 if 语句添加到 sendKeyDown() 函数中。

```
if (code == 'Space') jump();
```

你可以将上面的 if 语句添加到现有的其他 if 语句之上。现在如果按下空格键，则会调用 jump() 函数。

还要在 isColliding() 函数上面添加一个 jump() 函数。将下面的代码添加到你的程序中。

```
function jump() {
  if (avatar.position.y > 0) return;
  checkForTreasure();
  animateJump();
}
```

上面的代码首先检查游戏角色是否已经在跳跃。如果是，也就是说其 y 位置大于 0，则直接退出 jump() 函数什么也不做。否则，检查附近的宝藏并在屏幕上启动跳跃动画。

要检查游戏角色是否足够接近宝藏，需要在 jump() 函数下面再添加一个 checkForTreasure() 函数。代码如下所示。

```
function checkForTreasure() {
  var top = treeTops[treasureTreeNumber];
  var tree = top.parent;
  var p1 = tree.position;
  var p2 = marker.position;
  var xDiff = p1.x - p2.x;
  var zDiff = p1.z - p2.z;

  var distance = Math.sqrt(xDiff*xDiff + zDiff*zDiff);
  if (distance < 500) scorePoints();
}
```

checkForTreasure() 函数可能看起来有点长，但实际上它只做了两件事：
1）计算当前宝藏树和头像之间的距离。
2）如果该距离小于 500，则向记分牌加一分。

checkForTreasure() 中大部分代码用于计算游戏角色和树之间的距离。首先它在 treeTops 列表中找到当前充满宝藏的那个树叶。然后获得这个树叶所在的树干。现在我们就拥有了两个位置值：树干的位置和游戏角色的位置。然后可以得到这两个位置分别在 x 方向和 z 方向的绝对值 xDiff 和 yDiff。一旦得到了这两个绝对值，距离就很容易计算：xDiff 平方加上 zDiff 平方，然后再对它们的和取平方根。

> **毕达哥拉斯定理**
>
> 如果你已经学习了一些三角函数，那么可能已经在 checkForTreasure() 函数中认出了毕达哥拉斯定理，或者称为勾股定理。我们用它来找到游戏角色和树干这两点之间的距离。

如果距离小于 500 说明游戏角色已经在有宝藏的树附近，这时调用 scorePoints() 函数进行加分。现在暂时让这个函数保持简单明了：如果剩下的时间是 0，什么都不做；否则在记分牌上加 10 分，就这样。将下面的 scorePoints() 函数代码添加到 checkForTreasure() 函数之后。

```
function scorePoints() {
  if (scoreboard.getTimeRemaining() == 0) return;
  scoreboard.addPoints(10);
}
```

一定要在该函数中添加第一行代码，否则玩家在超时之后仍可以得分！

最后一步是为跳跃设置动画，以便在屏幕上看到动画效果。游戏角色在 y 方向的位置应该从 0 开始，并在 0 结束，其间先上升，然后再回落。如果你已经猜到是时候再次使用 Tween 了，那么恭喜你，猜对了！

在 scorePoints() 函数下面添加 animateJump() 函数。代码如下所示。

```
function animateJump() {
  var tween = new TWEEN.Tween({jump: 0});
  tween.to({jump: Math.PI}, 400);
  tween.onUpdate(animateJumpUpdate);
  tween.onComplete(animateJumpComplete);
  tween.start();
}
```

这与用来摇动树叶的 Tween 非常相似。它的值从 0 开始变化，并在 400 毫秒后变化到 Math.PI。记住，0 的 Math.sin() 值是 0。然后该值从 0 过渡到 Math.PI 时，Math.sin() 的值会先增加到 1 然后返回到 0，这正好是结束跳跃的位置。

就像摇动树叶的 Tween 一样，我们也向 Tween 指定更新时和完成时所需调用的函数。将下面的代码添加到 animateJump() 函数之后。

```
function animateJumpUpdate(update) {
  avatar.position.y = 100 * Math.sin(update.jump);
}
function animateJumpComplete() {
  avatar.position.y = 0;
}
```

如果一切输入正确，那么你的程序应该能达到预期效果。现在隐藏代码，找到活动的树叶，然后控制游戏角色走过去跳一下，看看是否能摘到水果并得分。如果你玩得非常快，甚至可以在活动树旁边多跳几下，获得更多得分。

做到这一步，可以说这已经是一个有趣的游戏了，但我们还可以让它更好。

11.5 让我们的游戏更好

我们花了很多时间为游戏角色添加各种动画。这样做不仅是为了理解对象编组[注]等重要概念，而且也因为 3D 游戏中本来就应该有各种有趣的动画。

想一想，是什么让一个游戏令人欲罢不能，使得玩家不断地从头开始重新玩？最重要的是有趣的玩法，其次在游戏中偶尔出现的现实感也会令人着迷。虽然我们的游戏角色并不是必须要像现实中一样移动手脚，但使用这个动画效果能使得游戏看起来真实。其实，在这个游戏中，游戏玩法非常简单：按下宝藏附近的空格键并获得积分。

11.5.1 添加动画和声音

在游戏中需要添加多少花样应该由游戏程序员来决定。对于这个游戏来说，如果在它摘取水果时，能有摘取水果的动画并且为这个动画配置特别的音效，则一定会更有趣。

相比之下，在游戏中添加声音更容易，所以先来解决这个问题。在 scorePoints() 函数中，添加对 Sounds.bubble.play() 的调用。

⊖ 指的是将角色的手脚添加到身体上的那种操作。——译者注

```
function scorePoints() {
  if (scoreboard.getTimeRemaining() == 0) return;
  scoreboard.addPoints(10);
➤ Sounds.bubble.play();
}
```

你可以在 Sounds.js 中找到有关 Sounds.js 程序库的更多信息（见附录 2.7）。该库可以播放的音效虽然并不丰富，但对于当前编写的游戏来说足够用了。

添加了上面一行程序后，我们可以在游戏角色跳起来抓住宝藏时得分并听到声音。但实际上并没有看到任何金色的水果被摘取下来。

要显示水果并为其设置动画，需要先将水果添加到与游戏角色伴随的虚拟角色上，然后再次使用 Tween 创建动画。这次使用 Tween 与之前的做法有点不同，因为它需要同时播放两个动画，使水果升到游戏角色头顶，同时不停旋转。为了实现这一点，在 scorePoints() 函数之后添加以下代码。

```
var fruit;
function animateFruit() {
  if (fruit) return;

  fruit = new THREE.Mesh(
    new THREE.CylinderGeometry(25, 25, 5, 25),
    new THREE.MeshBasicMaterial({color: 'gold'})
  );
  marker.add(fruit);

  var tween = new TWEEN.Tween({height: 200, spin: 0});
  tween.to({height: 350, spin: 2 * Math.PI}, 500);
  tween.onUpdate(animateFruitUpdate);
  tween.onComplete(animateFruitComplete);
  tween.start();
}
function animateFruitUpdate(update) {
  fruit.position.y = update.height;
  fruit.rotation.x = update.spin;
}
function animateFruitComplete() {
  marker.remove(fruit);
  fruit = undefined;
}
```

这又是一个 Tween 动画和 Tween 函数调用。这里唯一的不同是我们设置了两个不同的数字属性：旋转和水果的高度。旋转从 0 开始并在整个动画过程中旋转四次。在动画过程中，水果在屏幕上的位置也从 200 上升到 350。

当然，animateFruit() 函数在执行任何操作之前需要调用。在 scorePoints() 函数的底部添加一行代码去调用它，如下所示。

```
function scorePoints() {
  if (scoreboard.getTimeRemaining() == 0) return;
  scoreboard.addPoints(10);
  Sounds.bubble.play();
➤ animateFruit();
}
```

得到的结果是，当游戏角色收集水果时播放一个漂亮的动画，同时还能听到声音。

好极了！得分了！你看到如图 11.3 中的画面了吗？

图　11.3

11.5.2　我们还可以添加什么

这个游戏到此就大功告成了！从第 3 章开始编写这个游戏项目，一直到现在的第 11 章，我们持续不断地为它添加各种复杂的代码和精彩的效果，并从中接触到了很多 3D 编程和 JavaScript 技术。一路走过来相当不容易！但这并不意味着结束，因为你还能让这个游戏更好！

在这个游戏中，让角色从树上抓取水果真的很容易。你可以为这个游戏设置更多的玩法。比如可以调整一下，让游戏角色在一棵树上一次只能摘取一个水果？或许惩罚玩家也是个不错的主意：想象一下写一个 subtractPoints() 函数，如果玩家不小心让角色在没有宝藏的树旁跳跃，则会减分。此外，如果你认为玩家移动太快或太慢，可以查看 sendKeyDown() 函数以获得改进的方法。你可以自己继续尝试修改这个游戏，在场景的各个角落和缝隙中隐藏各种宝藏和奖品等。

其实，这是游戏设计师的工作，但在目前，这恰好也是你的工作。如果你想尝试自己给游戏添加新内容，记得先备份代码，然后再看自己可以添加些什么来使游戏按照你想的方式工作。怎么样，你有什么更好的主意吗？

11.6 完整代码

完整代码可在书后附录 A 中的"代码：水果狩猎"一节里查看。

11.7 下一步我们做什么

我们的游戏项目就这么多了，但仍有很多工作要做。接下来，我们将探讨更多 3D 编程中的精彩宝藏，从灯光、材质和阴影开始。

第 12 章

使用灯光和材质

学完本章，你将做到：
- 做出自己喜欢的闪亮形状。
- 在 3D 游戏中制作阴影。
- 添加纹理使 3D 形状更加逼真。

本章将介绍如何构建有趣的形状和材质，如图 12.1 所示。

在第 1 章介绍简单形状时，提到网格体是形状和皮肤的组合。从那时起，介绍了很多关于形状的知识：不同种类的形状，如何组合它们，如何移动它们等。但除了改变颜色外，没有真正详细谈到在网格体的皮肤上，到底都能做些什么。

那么到底都能做些什么呢？告诉你，在网格体的皮肤上能做的事情真是太神奇了。

图 12.1

12.1 让我们开始吧

在 3DE 代码编辑器的菜单中选择"NEW"命令创建一个新项目。这一次与前面的不同，要确保"TEMPLATE"那一行右面的选项为"3D starter project (with Animation)"。然后为新项目输入名称"Lights and Materials"，最后单击"SAVE"按钮保存。

我们将再次与世界上最好的形状"甜甜圈"一起工作。在"START CODING ON THE NEXT LINE"那一行后面输入下面的代码。

```
var shape = new THREE.TorusGeometry(50, 20, 8, 20);
var cover = new THREE.MeshPhongMaterial({color: 'red'});
var donut = new THREE.Mesh(shape, cover);
donut.position.set(0, 150, 0);
scene.add(donut);
```

如果代码输入正确，你应该看到一个非常沉闷的红色甜甜圈。你可能在想："就是这样？"当然不，这只是个开始而已！

这里有一件非常重要的事情需要注意：仔细看上面的代码，你会发现程序正在使用一种新皮肤：MeshPhongMaterial。还记得皮肤吗？在第 1 章介绍网格体（mesh）的时候曾经说："一个网格体需要有一个几何体作为内部骨架，以及一个罩在骨架外面的皮肤。"，并且当时说过："关于皮肤的事情以后再说"。现在就是详细介绍它的时候了。首先记住，"皮肤"只是个形象的比喻，在 3D 编程中，皮肤的正式名称为材质。在本书的后面章节中，将一律使用"材质"这个 3D 术语。

MeshPhongMaterial 这种材质有许多功能，它能够使物体看起来更加真实。计算机必须努力工作才能渲染这种材质，只有当你觉得自己的游戏会从中受益时才使用它。

> **重要的事情**
>
>
>
> MeshPhongMaterial 的名字来源于计算机程序员 Bui Tuong Phong。他发明了使这些材质看起来非常漂亮的技术。正是由于这些程序员前辈们的聪明才智和努力工作，才使得我们今天能编写出更棒的程序。我们欠他们很多，那该如何是好？我们可以像 Phong 一样，通过创造出惊人的工作成果，并无私地与大家分享，帮助他人建立自己的工作成果来回报这些前辈！

在开始玩色彩之前，先让甜甜圈旋转起来。在 animate() 函数中添加下面的旋转代码。

```
var clock = new THREE.Clock();
function animate() {
  requestAnimationFrame(animate);
  var t = clock.getElapsedTime();
  // Animation code goes here...
➤ donut.rotation.set(t, 2*t, 0);
  renderer.render(scene, camera);
}
animate();
```

最后一件准备工作是设置摄像机的位置。如果让摄像机从高处俯瞰，则更方便观察本章将要制作的场景。因此，在 START CODING 那一行代码的上方找到创建摄像机的代码（有 new THREE.PerspectiveCamera 的那一行），并像下面的代码那样为摄像机设置 y 轴位置以及朝向。

```
  var camera = new THREE.PerspectiveCamera(75, aspectRatio, 1, 10000);
  camera.position.z = 500;
➤ camera.position.y = 500;
➤ camera.lookAt(new THREE.Vector3(0,0,0));
  scene.add(camera);
```

到此，画面并不会改变太多，场景中仍然只有一个沉闷的红色甜甜圈在孤独地旋转。别着急，我们一点一点前进。

12.2 发光

目前之所以能看到暗红色的甜甜圈，是因为场景中有一个非常暗淡的光源在照亮它。在代码中非常靠前的位置，有两行代码创建并在场景中添加了一个环境光源。现在像下面的代码那样，用"//"将第二行光源代码暂时关闭。

```
var light = new THREE.AmbientLight('white', 0.8);
//scene.add(light);
```

没有光源，一切都是黑色的。场景中确实有一个红色的甜甜圈在黑暗中旋转，但是谁也看不到它。

我们可以玩的第一种光叫作"自发光"。它是物体自身发出的光。这就像一个可以发出不同颜色的光的灯泡。即使灯泡本身是白色的，但它所发出的光可以是红色、绿色、黄色……

所以，回到甜甜圈的代码，像下面的代码那样，令本身为红色的甜甜圈发出黄光。

```
var shape = new THREE.TorusGeometry(50, 20, 8, 20);
var cover = new THREE.MeshPhongMaterial({color: 'red'});
cover.emissive.set('yellow');
var donut = new THREE.Mesh(shape, cover);
donut.position.set(0, 150, 0);
scene.add(donut);
```

有了它，红色甜甜圈应该是发黄的，就像图 12.2 中那样。

自发光有时是有用的，但其实其他光源才更有趣。所以像如下代码那样，再次用"//"关闭自发光代码，因为接下来我们要玩其他光源了。

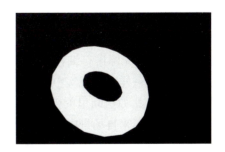

图 12.2

```
// cover.emissive.set('yellow');
```

回到了黑暗的房间，甜甜圈不再自发地闪耀。让我们添加一些灯光来照亮它吧。

12.3 环境光

首先,为场景添加一些"环境"光。现实中的场景很少是完全黑暗的,通常会多少有一点光照。

在本章开始时,在代码顶部用"//"关闭的光源就是环境光。因此重新打开被关闭的环境光代码,并将其亮度从相当高的 0.8(1.0 是最大亮度)改为暗淡的 0.1(0.0 是无光)。

➤ `var light = new THREE.AmbientLight('white', 0.1);`
➤ `scene.add(light);`

如果隐藏代码,可以看到这个环境光量让你几乎看不到甜甜圈。这看起来太暗了。但是当同时要使用其他光源时,这个亮度的环境光已经足够了。下一节我们就要开始玩第一个比较有真实感的光源。

12.4 点光源

为了增加真实感,我们添加一个"点光源",这种点光源就像灯泡一样。在甜甜圈代码下方将下面的点光源代码添加到你的程序中。

```
var point = new THREE.PointLight('white', 0.8);
point.position.set(0, 300, -100);
scene.add(point);
```

图 12.3

我们将光线定位在甜甜圈上方偏后的位置。点光源是明亮的,但在 0.8 时不会太亮,而是刚刚好。得到的结果是一个非常酷的甜甜圈,如图 12.3 所示。

使用 3D 光源进行编程时,有一点与现实生活中不太一样。在现实中,光源总是来自于一个物体,比如房间里的台灯。而在 3D 场景中,光源并不来自场景中的某个物体。光源就是光源,它更像是一个定义。需要明确指出的是,在某处需要有一个某种类型的光源。再比如,在上面的代码中,我们将光源定义在 (0,300,-100) 处。光来自这里,但这里并没有灯泡。

但是,能够在光源处看到一个灯泡通常会对编程有帮助,因为它能够让我们看到光源的真正位置。所以我们在点光源上添加一个发光的白色灯泡。记住，光源本身因为我们的定义而存在，而这个白色灯泡只是一个标记，它是一个虚假的灯泡。在真正的点光源代码下方添加下面的代码，创建一个虚假灯泡。

```
var shape = new THREE.SphereGeometry(10);
var cover = new THREE.MeshPhongMaterial({emissive: 'white'});
var phonyLight = new THREE.Mesh(shape, cover);
point.add(phonyLight);
```

灯泡虽然是假的，但并不意味着必须让它看起来像假的。给它加上一种亮白色的发光颜色，它看起来就像一个亮着的灯泡了。

反光度

甜甜圈已经非常酷了。接下来看看包裹甜甜圈的材质的光泽。在 3D 编程中，光泽颜色称为镜面反射颜色。镜面反射颜色与照在其上的光线相结合，最终形成我们能看到的颜色。如果明亮的光照在黑暗的镜面反射颜色上，它会产生很少的光泽。这就是材质现在的样子。如果使镜面反射颜色更亮，那么明亮的光线会产生光泽。

在你的程序中找到"new MeshPhongMaterial"那一行，然后将下面的新代码添加到程序中。通过这行代码，我们在创建材质后，马上设置材质的镜面反射颜色。

```
    var shape = new THREE.TorusGeometry(50, 20, 8, 20);
    var cover = new THREE.MeshPhongMaterial({color: 'red'});
▶   cover.specular.setRGB(0.9, 0.9, 0.9);
    var donut = new THREE.Mesh(shape, cover);
    donut.position.set(0, 150, 0);
    scene.add(donut);
```

我们使用的是红绿蓝色，就像在第 5 章中添加随机颜色时所做的那样。但是在这里，我们不指定特定的颜色，而是使用灰色。当所有 RGB 值相同时，会得到灰色。当它们接近 0 时，产生接近黑色的灰色。而当它们都接近 1 时，会得到一个非常浅，几乎是白色的灰色。

当镜面反射颜色很浅时，我们会看到更多的光泽，如图 12.4 所示。

现在已经在环境光和点光源共同的

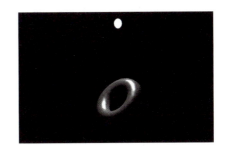

图 12.4

帮助下，为 3D 物体增添了足够的真实感。接下来看看更酷的东西：阴影。

12.5 阴影

绘制阴影对于计算机来说工作量很大，所以千万不要疯狂地使用它们。由于阴影过于沉重，所以默认情况下阴影功能是关闭的。我们必须仔细研究每个需要阴影的物体，然后为它们分别打开阴影功能。

关于阴影，需要明白的第一件事是：除非阴影落在某个物体上，否则不会看到阴影[⊖]。

以下代码在甜甜圈下面添加了一个地面。在添加甜甜圈的代码和添加光源的代码之间，输入下面的代码。

```
var shape = new THREE.PlaneGeometry(1000, 1000, 10, 10);
var cover = new THREE.MeshPhongMaterial();
var ground = new THREE.Mesh(shape, cover);
ground.rotation.x = -Math.PI/2;
scene.add(ground);
```

以上代码会在甜甜圈下面创建一个水平的平面。但此时还不会产生任何阴影。必须明确打开阴影才行。打开阴影功能需要四个步骤：

1）在渲染器中打开阴影功能；
2）在光源上打开阴影功能（比如点光源）；
3）在投射阴影的物体上打开阴影功能（比如甜甜圈）；
4）在被投射阴影的物体上打开阴影功能（比如地面）。

如果不在渲染器中打开阴影功能，整个 3D 程序就完全不会理睬任何与阴影有关的东西。为此，在渲染器中设置 shadowMap.enabled 属性。在 START CODING 行之上，输入下面创建和设置渲染器的代码。

```
var renderer = new THREE.WebGLRenderer({antialias: true});
▶ renderer.shadowMap.enabled = true;
renderer.setSize(window.innerWidth, window.innerHeight);
document.body.appendChild(renderer.domElement);
```

⊖ 你可以这样理解，在你的桌子上亮着一盏台灯。将一个水杯放在灯下时，你一定会在桌面上看到杯子的影子。但是假设这时桌面消失，而其他的东西漂浮在原地不动，那么你一定无法再看到水杯的影子了。——译者注

然后，我们要求光源打开阴影功能：

```
var point = new THREE.PointLight('white', 0.8);
point.position.set(0, 300, -100);
► point.castShadow = true;
scene.add(point);
```

接下来，我们要求甜甜圈打开阴影功能：

```
var shape = new THREE.TorusGeometry(50, 20, 8, 20);
var cover = new THREE.MeshPhongMaterial({color: 'red'});
cover.specular.setRGB(0.9, 0.9, 0.9);
var donut = new THREE.Mesh(shape, cover);
donut.position.set(0, 150, 0);
► donut.castShadow = true;
scene.add(donut);
```

最后，我们告诉地面，让它接收阴影投射：

```
var shape = new THREE.PlaneGeometry(1000, 1000, 10, 10);
var cover = new THREE.MeshPhongMaterial();
var ground = new THREE.Mesh(shape, cover);
ground.rotation.x = -Math.PI/2;
► ground.receiveShadow = true;
scene.add(ground);
```

有了这些修改，我们应该能够在旋转的甜甜圈下面看到如图 12.5 所示的阴影。如果没有看到，检查 JavaScript 控制台并确保你已正确做好了阴影所需的四个步骤中的每一步。

图　12.5

这四个步骤可能看起来很烦琐，但阴影需要的计算量很大。如果每个灯光都自动打开阴影功能，而且每个物体都会自动投射和接收阴影……那么计算机就会使用它所有的力量去绘制阴影，也就没法让游戏的其他部分正常运转了。

灯光和材质具有许多相互作用的属性。了解它们的最好方法是玩！如果灯是蓝色的，但甜甜圈是红色的，会发生什么？试着更改甜甜圈中镜面反射 RGB 的数值。首先保持三个数字相同，然后将绿色和蓝色值（第二个和第三个值）改为 0 试一试。

12.6 聚光灯和阳光

到目前为止，我们已经看到两种类型的光源：
- 点光源，就像一个灯泡。
- 环境光，到处提供少量光线。

还有其他两个光源值得一看：
- 聚光灯，在一个单独的位置聚焦光线，就像手电筒一样。
- 有向平行光源，使阴影像在阳光下看到的一样。

运动中的物体更容易看到灯光之间的差异。因此在 animate() 函数中，添加以下代码以更改甜甜圈的位置。

```
donut.rotation.set(t, 2*t, 0);
donut.position.z = 200 * Math.sin(t);
```

上面的代码在保持甜甜圈继续旋转时，也会使它前后移动。
然后我们把点光源稍微调暗一点，因为甜甜圈上会有不止一盏灯照射。

```
var point = new THREE.PointLight('white', 0.4);
point.position.set(0, 300, -100);
point.castShadow = true;
scene.add(point);
```

现在是时候添加聚光灯了。在添加虚假灯泡的代码后面添加以下代码：

```
var spot = new THREE.SpotLight('white', 0.4);
spot.position.set(200, 300, 0);
spot.castShadow = true;
spot.shadow.camera.far = 750;
scene.add(spot);
```

这样可以产生一个中等 0.4 亮度的白色聚光灯。它将灯置于场景中心上方的

(200, 300, 0) 位置。这样一来便会产生如图 12.6 所示的画面。

图　12.6

聚光灯也会投下阴影。在将聚光灯添加到场景中时，我们做了一些不同的事情：改变了阴影的相机参数。

之所以能看到 3D 场景，是因为我们创建了一个摄像机。换句话说，我们看到的，实际上是摄像机看到的场景。在光源上，不论是点光源、聚光灯还是后面要看到的平行光源，这些光源上面也有一个看不见的摄像机。它们手里的摄像机看到的是阴影。这是一个相对比较复杂的 3D 方法，因此对于这一点，你暂时只需要有一个大概的想象即可。我们在上面的代码中，修改了聚光灯手里的摄像机参数，不让这个摄像机看到非常远的距离，从而可以在一定程度上限制阴影带给计算机的工作量。

尝试将 spot.shadow.camera.far 的值降低到 500 或以下。聚光灯下的阴影应该会被切断，这是因为阴影摄像机看不到距离大于 500 的物体部分，导致阴影断裂。如果值为 750 就足以在此场景中看到正确的阴影了。

如果你愿意，也可以在聚光灯代码后为它也添加虚假灯泡，就像我们为点光源所做的一样。

```
var shape = new THREE.CylinderGeometry(4, 10, 20);
var cover = new THREE.MeshPhongMaterial({emissive: 'white'});
var phonyLight = new THREE.Mesh(shape, cover);
phonyLight.position.y = 10;
phonyLight.rotation.z = -Math.PI/8;
spot.add(phonyLight);
```

注意无论是在点光源下还是在聚光灯下，甜甜圈的阴影都会随着远离光源而拉长。这与现实中的情形一致，但是实际中阳光下的阴影可不会变短或者拉长。在阳光下，我们会看到一个物体的阴影几乎总是不变的。

在 3D 编程中，阳光是用有向平行光源实现的。要看到这一点，根据下面的代码，先用"//"关闭添加聚光灯的代码。

```
var spot = new THREE.SpotLight('white', 0.4);
spot.position.set(200, 300, 0);
spot.castShadow = true;
spot.shadow.camera.far = 750;
//scene.add(spot);
```

然后，在添加聚光灯代码的下方，添加一个有向平行光源，将其放置在与聚光灯相同的坐标处。

```
var sunlight = new THREE.DirectionalLight('white', 0.4);
sunlight.position.set(200, 300, 0);
sunlight.castShadow = true;
scene.add(sunlight);
var d = 500;
sunlight.shadow.camera.left = -d;
sunlight.shadow.camera.right = d;
sunlight.shadow.camera.top = d;
sunlight.shadow.camera.bottom = -d;
```

点光源和聚光灯所带的阴影摄像机采用透视投影，而有向平行光源的阴影摄像机采用正交投影，因此在平行光源下面产生的阴影不会因为物体与光源的相对位置不同而缩短或拉长。最终在这些光源的共同作用下，我们会获得如图 12.7 所示的画面。

通常没有必要为阳光添加虚假灯泡。真正的太阳总是高高地挂在空中。我们可以假装在游戏场景的高空中有一个实际存在的光源。

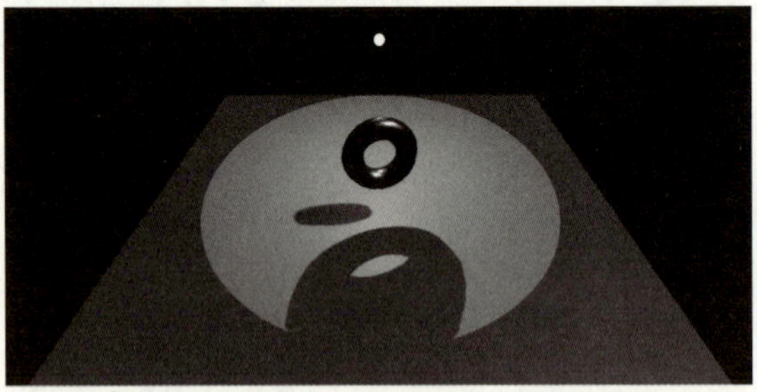

图 12.7

12.7 纹理

反光和阴影看起来已经很棒了。但还有一件事可以让场景中的物体变得更酷，那就是添加纹理。在添加地面的代码上面，我们将加载"纹理"图像。然后，在创建材质之后，将该纹理指定给材质的 map 属性。（map 是"映射图"的意思。）

➤ ```
var texture = new THREE.TextureLoader().load("/textures/hardwood.png");
var shape = new THREE.PlaneGeometry(1000, 1000, 10, 10);
var cover = new THREE.MeshPhongMaterial();
```
➤ ```
cover.map = texture;
var ground = new THREE.Mesh(shape, cover);
ground.rotation.x = -Math.PI/2;
ground.receiveShadow = true;
scene.add(ground);
```

以上代码为我们的场景制作了一个非常漂亮的木地板，如图 12.8 所示。

属性"map（映射图）"可能听起来有点奇怪。它的名称来自于 3D 代码将方形图像（如 hardwood.png）应用于非正方形的形状的"映射算法"。图像必须尽可能地映射到球体和圆柱体上。我们将在第 13 章中看到这样的示例。

图　12.8

我们的 3D 代码集包括几个纹理图像，可以取代 hardwood.png 的还有 brick.png、floor.png、grass.png、ground.png、metal.png、rock.png 和 wood.png。

12.8　进一步探索

玩灯光和材质很容易令人着迷，因为真的很好玩。但试图让一切光影效果都做得恰到好处并不容易，有时也令人抓狂。不过对于游戏编程来说，这虽然是一项重要工作，但其实并不像设计游戏玩法那么重要。

如果你真的很喜欢本章并且想要玩更多内容，那么本章剩下的几个小节正是为此而设计。祝你玩得开心，但不要太沉迷了！

12.8.1　获得更好的视野

这是令人印象深刻的创作。为了获得更好的视图，我们可以在场景中添加"轨道"鼠标控制。这些控制让我们能够通过鼠标单击并拖动以旋转场景。

首先在代码的顶部加载下面的轨道控制程序库。

```
<script src="/three.js"></script>
<script src="/controls/OrbitControls.js"></script>
```

然后，在 animate() 函数上方添加控制代码，如下所示：

```
controls = new THREE.OrbitControls( camera, renderer.domElement );
```

就是这样！现在你可以隐藏代码，使用鼠标单击并拖动以旋转场景。你也可以使用鼠标或触摸板滚轮来放大和缩小。

12.8.2 最后的调整

为了使场景尽可能逼真而又不过多消耗计算能力，我们要做的第一件事就是移除点光源！因为在可以投射阴影的三种光源中，点光源是计算量最大的。由于它们向各个方向发光，计算机必须向各个方向查看投射阴影的物体。对于计算机来说，这是很繁重的工作。

但点光源仍然有用，特别是当它们不需要投射阴影时。我们会通过"//"关闭掉添加点光源的代码。

```
// scene.add(point);
```

同时，也关闭有向平行光源的代码。

```
// scene.add(sunlight);
```

我们已经看到了对平行光影响最大的所有选项，所以不需要在这里进一步调整它们。

将聚光灯添加回场景，将亮度增加到 0.7，并添加角度和半影（penumbra）设置：

```
var spot = new THREE.SpotLight('white', 0.7);
spot.position.set(200, 300, 0);
spot.castShadow = true;
spot.shadow.camera.far = 750;
spot.angle = Math.PI/4;
spot.penumbra = 0.1;
scene.add(spot);
```

角度描述了聚光灯应该有多窄。半影描述了聚光灯边缘的模糊程度。

试试这些数值。该角度不能大于 Math.PI / 2，因此尝试使用它与 Math.PI / 100 之间的数字。半影可以是介于 0（非模糊光边缘）和 1（非常模糊）之间的数字。试试看，哪种数字最适合探照灯？哪个数字会产生最恐怖的场景？

在旋转场景后，最终结果可能如图 12.9 所示。

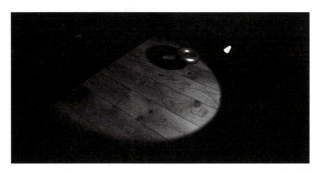

图　12.9

我的 3D 小专家们，这个场景真的很漂亮！

12.9　完整代码

完整代码可在书后附录 A 中的"代码：使用灯光和材质"一节里查看。

12.10　下一步我们做什么

灯光和材质是高级主题，我们只是做了入门了解。它们会对游戏产生重大影响，只是不要对它们太着迷。它们会加重计算机的工作负担，减慢游戏速度。永远不要忘记，对于一个优秀的游戏来说，游戏玩法比其他任何东西都重要。

对于任何类型的编程来说，这都是一个重要的原则，不仅仅是 JavaScript 游戏：你能够做某事，并不意味着你一定应该做这件事。世界上最好的程序员都很清楚这条规则。现在你也知道了！

下一章我们将做一个月相模拟程序，这将充分利用本章学到的新照明技巧。

第13章 项目

月相

学完本章，你将做到：
- 学会一个对 3D 程序员来说很重要的工具。
- 在多个摄像机之间切换。
- 知道如何以及为何将游戏和动画代码分开。
- 比大多数人更了解月相（玩具总动员的动画师们除外）。

本章将介绍每个 3D 程序员必须学习的东西：如何可视化月亮及其月相。最终的成果如图 13.1 所示。

图 13.1

为什么月相对 3D 程序员很重要？首先，这是一个很简单的问题。太阳照耀着月亮，月亮绕地球旋转。其次，它为我们提供了一个实践灯光和材质知识的机会。最后，月相还可以帮我们复习物体之间互相定位的技巧，就像之前制作游戏角色的身体和四肢时所做的那样。

还不够重要？去看一看《玩具总动员》吧。这是第一部完整的计算机动画电影，项目背后的程序员们是确保动画场景准确无误的关键。电影中有这样一幕：Woody 和 Buzz 在加油站因为被 Andy 落下了而争吵，在他俩的后面可以看到一轮新月非常漂亮。看到了吧？如果制作月相的技巧对那些电影制作者来说非常重要，那对我们来说也肯定足够重要了！

13.1 让我们开始吧

在 3DE 代码编辑器中创建一个新项目。确保"TEMPLATE"那一行右面的选项为"3D starter project (with Animation)"。然后为新项目输入名称"Moon Phases"，最后单击"SAVE"按钮保存。(Moon Phases 是"月相"的意思。)

在编码之前，先调低自动添加到场景中的环境光的亮度。(注意下面代码第三行中的亮度值 0.1。) 代码如下所示。

```
var scene = new THREE.Scene();
var flat = {flatShading: true};
➤ var light = new THREE.AmbientLight('white', 0.1);
scene.add(light);
```

太空中有一些环境光，特别是在行星和卫星附近的反射光线。由于太阳系中几乎所有的光线都来自太阳，所以我们马上就要添加太阳。

除了修改光源外，还要将摄像机切换为正交摄像机。在第 9 章中曾谈到，正交摄像机对于太空游戏非常有用。而现在，我们正在编写太空游戏！

参考下面的代码，用"//"关闭 PerspectiveCamera 那一行（或者删除该行）并添加正交摄像机（OrthographicCamera）。

```
var aspectRatio = window.innerWidth / window.innerHeight;
//var camera = new THREE.PerspectiveCamera(75, aspectRatio, 1, 10000);
var w = window.innerWidth / 2;
var h = window.innerHeight / 2;
var camera = new THREE.OrthographicCamera(-w, w, h, -h, 1, 10000);
camera.position.y = 500;
camera.rotation.x = -Math.PI/2;
scene.add(camera);
var aboveCam = camera;
```

上面的代码使用浏览器窗口的宽度和高度来创建正交摄像机，就像 9.6.1 节中所做的那样。同时，我们还将摄像机从原点位置，向上方移动 500 个单位。换句话说就是沿 Y 向上移动 500 个单位。最后，再调整摄像机角度，使其向下俯瞰场景的中心。

不要遗漏最后一行代码，它将摄像机设置给第二个变量 aboveCam。（above 是"上方"的意思。）这样做是为了将来可以在这个摄像机和另一个摄像机之间切换。现在 camera 和 aboveCam 两个变量指向相同的摄像机，所以后面肯定还要修改它。

不过场景设置工作暂时就是这样了。下面将太阳添加到太阳系的中心。

13.2 太阳在中心

你马上就要成为 3D 编程的专家了，所以你知道接下来要怎么做。在 START CODING 那一行下方，先创建一个材质和一个球体，将它们组合在一个网格体中，然后添加到场景中。代码如下所示。

```
var cover = new THREE.MeshPhongMaterial({emissive: 'yellow'});
var shape = new THREE.SphereGeometry(50, 32, 16);
var sun = new THREE.Mesh(shape, cover);
scene.add(sun);
```

上面的代码正在为太阳添加 Phong 材质。这会让太阳发出黄光。

太阳要做的不仅仅是发光,它还必须照亮太阳系中的其他一切。在 3D 场景中,一个物体不会因为自身亮着从而照亮其他物体。为此,还需要添加一个点光源:一个真正能照亮别人的"灯泡"。代码如下所示。

```
var sunlight = new THREE.PointLight('white', 1.7);
sun.add(sunlight);
```

接下来,将地球添加到场景中。我们再次将材质和形体组合起来创建网格体,但与太阳有些不同。代码如下所示。

```
var texture = new THREE.TextureLoader().load("/textures/earth.png");
var cover = new THREE.MeshPhongMaterial({map: texture});
var shape = new THREE.SphereGeometry(20, 32, 16);
var earth = new THREE.Mesh(shape, cover);
earth.position.x = 300;
scene.add(earth);
```

利用第 12 章中学过的方法,我们为地球的表面材质加载了图像。然后使用 Phong 材质的 map 属性将该图像映射到球体上。最终得到的结果如图 13.2 所示。

图 13.2

现在观察地球有点困难。我们在俯视地球的北极,也就是说太平洋正对着太阳。一旦地球开始自转以及轨道公转,就能更容易看清楚了。接下来实现这一点。

13.3 游戏与模拟逻辑

我们将创建一个移动和旋转地球的新功能。虽然可以将它放在 animate() 函数中,但若能将游戏逻辑或模拟行为的代码,与动画代码分开,程序会变得更加灵活。游戏程序员经常称之为将游戏逻辑与动画代码分离。

在这个模拟程序中，我们将控制星球的运行速度、模拟是否暂停，以及已经经过的天数。此外，我们还需要另一个内部时钟来帮助计算经过的天数。

在程序的最下面找到对 animate() 函数的调用，然后在后面添加以下代码。

```
var speed = 10;
var pause = false;
var days = 0;
var clock2 = new THREE.Clock();
```

接着，再添加一个 gameStep() 函数，用于更新星球的位置和旋转量。代码如下所示。

```
function gameStep() {
  setTimeout(gameStep, 1000/30);
  if (pause) return;
  days = days + speed * clock2.getDelta();
  earth.rotation.y = days;
  var years = days / 365.25;
  earth.position.x = 300 * Math.cos(years);
  earth.position.z = -300 * Math.sin(years);
}
gameStep();
```

在 gameStep() 中，要做的第一件事就是设置一个定时器，在指定的时间再次调用 gameStep()。在第 11 章中使用过 setTimeout() 来等待摇动新的宝藏树的时机。在这里，用同样的定时器来等待下一次更新星球的位置和旋转量的时机。

如果等待 1 000 毫秒，星球的位置和旋转量将每秒更新一次。在这里，我们将等待时间设置为 1 000 除以 30。换句话说，每秒更新 30 次。这可能看起来很频繁，但由于 requestAnimationFrame() 使动画每秒更新近 60 次，所以每秒更新 30 次星球的位置和旋转量并不算太多。此外，将游戏逻辑分离到另一个函数中，并以相对较低的频率去调用它，有助于使动画更流畅。

在 gameStep() 的其余部分，如果模拟程序处于暂停状态，则不做任何事情直接离开函数；否则，更新已经过去的天数。clock2 变量指向一个系统时钟，程序通过该变量的 getDelta() 函数去查询：自上次查询直到现在为止已经过了多长时间。getDelta() 返回的时间值往往非常小，接近 1/30 秒。我们将查询得到的数乘以速度值，并将其累加到 days 变量上，作为已经经过的天数。

可以将这个天数值直接设置为地球的 Y 轴旋转量。由于 Y 轴是上下方向的轴，因此可以看到地球在竖直方向上旋转。

地球完成一次旋转需要一天。绕太阳运行完整的轨道需要 365.25 天。换句话说，在一天之后，地球通过轨道的为 1 / 365.25，或者经过一年的 1/365.25。因此，我们将已经过去的部分年份分配给 days / 365.25。

然后使用前面学过的三角函数（正弦和余弦函数）将部分年份转换为 X 和 Z 的位置。如果你还没有在学校学习三角学，只要知道它们可以来形成圆形轨道就可以了。当你的数学老师在课上讲到正弦和余弦函数时，你要特别专心听讲，因为它们真是太神奇了！

做好一切后，我们的地球应该能够在其轨道上或快或慢地旋转了。

在将月亮添加到模拟程序之前，用游戏逻辑代码再做一件事。在调用 gameStep() 之后添加一个如下所示的键盘监听函数。这个函数对你来说肯定完全不陌生了，对吧？

```
document.addEventListener("keydown", sendKeyDown);
function sendKeyDown(event) {
  var code = event.code;
  if (code == 'Digit1') speed = 1;
  if (code == 'Digit2') speed = 10;
  if (code == 'Digit3') speed = 100;
  if (code == 'Digit4') speed = 1000;
  if (code == 'KeyP') pauseUnpause();
}
function pauseUnpause() {
  pause = !pause;
  clock2.running = false;
}
```

当按下 1、2、3 和 4 键时，sendKeyDown 函数将模拟程序的速度从慢速更改为快速。这仅适用于键盘主体部分中的那一横排数字键。要使用右手边数字键盘，必须使用 Numpad1、Numpad2、Numpad3 和 Numpad4 而不是以"Digit"开头的字符串。此外，当按下 P 键时，会调用 pauseUnpause() 函数。（pause 的意思是"暂停"，而"Unpause"的意思是"恢复"。）

pauseUnpause() 函数使用在第 7 章中看到的感叹号来实现在暂停和运行状态之间的切换。同时这个函数还通过将 clock2 的 running（运行）属性设置为 false（假）来停止时钟运行。不必担心再次启动时钟运行，因为当 gameStep() 函数再次查询时钟的 getDelta() 时，clock2 所指向的时钟会自动重新启动。

输入完上述代码后，你应该能够隐藏代码并观察地球围绕太阳旋转了。你可以用 P 键暂停或恢复地球旋转，也可以通过按 1 来减慢速度，或使用 2、3 和 4 来提高速度。

这很酷，但真正很酷的东西接下来开始！

13.4 本地坐标

试着添加月球。首先找到将地球添加到场景中的代码，然后在它的下面添加以下代码。（在以下代码中，moon 是"月亮"的意思。）

```
var texture = new THREE.TextureLoader().load("/textures/moon.png");
var cover = new THREE.MeshPhongMaterial({map: texture, specular: 'black'});
var shape = new THREE.SphereGeometry(15, 32, 16);
var moon = new THREE.Mesh(shape, cover);
moon.position.set(0, 0, 100);
moon.rotation.set(0, Math.PI/2, 0);
```

上述代码与添加地球的做法类似，但也有一些不同。首先，纹理图像（texture）使用的是月球图像而不是地球的。其次，镜面反射颜色设为黑色⊖，因为月亮几乎没有光泽。第三，月球的尺寸显然要比地球小。最后，我们旋转月球以便使它的正面朝向摄像机。

创建好月球后，将它添加到场景中。代码如下所示。

```
scene.add(moon);
```

你很可能已经想到了，上面的代码肯定不行。因为月亮被添加到场景中之后，没有别的代码去移动它，它只会待在原地不移动。

我们可以改变最后一行代码，将月球添加到地球上，而不是场景中。

```
earth.add(moon);
```

看起来好一些了，但仍然不太对。月球现在虽然可以跟着地球一起绕太阳旋转了，但是与此同时，它也在以同样快的速度跟随地球同步旋转。换句话说，现在地球自转一圈花一天时间，而月球围绕地球一圈也花一天时间。而真正的月球需要 29 天多的时间才能绕地球一圈，所以目前的模拟程序仍然不太对。

那怎么办呢？其实我们在第 8 章已经解决过一次这个问题。当时为了让摄

⊖ MeshPhongMaterial 那一行中的" specular: ' black '"参数将镜面反射颜色设为黑色。
——译者注

像机跟随游戏角色移动，将摄像机添加到了游戏角色身上。但是又为了避免摄像机跟随角色一起翻跟头，因此创建了一个看不见的虚拟角色，然后分别将真正的游戏角色和摄像机都添加到虚拟角色身上，这样就可以在保证它们一起移动的前提下，让游戏角色翻跟头的动作不会影响到摄像机。在这里我们使用类似的方法，添加一个看不见的虚拟地球，再将真正的地球添加到它上面，然后在虚拟地球上再添加一个看不见的虚拟月球，最后将真正的月球添加到虚拟月球上面。今后统一称这个看不见的虚拟物体为"本地坐标"。虽然这听起来有点古怪，但它是 3D 编程中的通用术语，每一个 3D 程序员都这么称呼它。

现在，找到添加地球的那一段代码，然后在那段代码上面输入新代码，添加本地坐标：earthLocal[⊖]。

```
var earthLocal = new THREE.Object3D();
earthLocal.position.x = 300;
scene.add(earthLocal);
```

有了地球的本地坐标之后，便可以向它添加地球的网格体。参照下面的代码修改你的程序。

```
    var texture = new THREE.TextureLoader().load("/textures/earth.png");
    var cover = new THREE.MeshPhongMaterial({map: texture});
    var shape = new THREE.SphereGeometry(20, 32, 16);
    var earth = new THREE.Mesh(shape, cover);
▶   //earth.position.x = 300;
▶   earthLocal.add(earth);
```

完成上述修改后会暂时看不到地球。不要担心，因为还没有做好全部修改。

在上面的代码中，设置地球 x 位置的代码被用 "//" 关闭了，这是因为这个 x 位置已经在创建本地坐标时设置过了，它在离太阳 300 个单位远的地方。

接下来更改 gameStep() 中的代码，以便去移动地球的本地坐标而不是地球本身。

```
function gameStep() {
  setTimeout(gameStep, 1000/30);
  if (pause) return;
```

⊖ earth 是 "地球" 的意思，而 Local 是 "本地" 的意思，为了让变量名称表示出 "地球的本地坐标" 这个意思，程序员们通常喜欢用 "地球本地" 这样的简称来作为名称。因此就有了 earthLocal 这样的变量名。——译者注

```
        days = days + speed * clock2.getDelta();
        earth.rotation.y = days;
        var years = days / 365.25;
        earthLocal.position.x = 300 * Math.cos(years);
        earthLocal.position.z = -300 * Math.sin(years);
    }
```

此时,一切恢复到了添加本地坐标之前的样子。月亮再次围绕地球疯狂地旋转。看起来似乎没有取得任何进展,但实际上这是一个巨大的进步。我向你保证,接下来,只用四行代码就可以使月球围绕地球正确地运行。

在添加月球的那段代码上方,为月球添加另一个本地坐标,它将用于实现月球自己的轨道旋转动作。代码如下所示。

```
var moonOrbit = new THREE.Object3D();
earthLocal.add(moonOrbit);
```

上面的代码先创建了月球的本地坐标,然后又将它添加到了地球的本地坐标上。这样,这两个本地坐标既可以同时移动,又可以独立旋转。

这是我向你承诺的四行代码中的两条。接下来,将真正的月球添加到月球的本地坐标上。

```
    var texture = new THREE.TextureLoader().load("/textures/moon.png");
    var cover = new THREE.MeshPhongMaterial({map: texture, specular: 'black'});
    var shape = new THREE.SphereGeometry(15, 32, 16);
    var moon = new THREE.Mesh(shape, cover);
    moon.position.set(0, 0, 100);
    moon.rotation.set(0, Math.PI/2, 0);
    moonOrbit.add(moon);
```

现在你会发现月球不再围绕地球疯狂旋转,它根本就不再旋转了。当从上方观察太阳系时,它总是停留在地球一侧,并跟随地球移动。

以上是第三行代码,只剩下最后一行了。我们真的能够只用一行代码就让月球围绕地球旋转吗?没错!

在 gameStep() 函数中,我们让月球按照它的轨道旋转,就像让地球绕太阳旋转一样,只不过慢了 29.5 倍而已。代码如下所示。

```
    function gameStep() {
      setTimeout(gameStep, 1000/30);
      if (pause) return;
```

```
        days = days + speed * clock2.getDelta();
        earth.rotation.y = days;
        var years = days / 365.25;
        earthLocal.position.x = 300 * Math.cos(years);
        earthLocal.position.z = -300 * Math.sin(years);
    ▶   moonOrbit.rotation.y = days / 29.5;
    }
```

如果一切顺利，你应该能看到月球按照正确的速度跟随地球一起旅行了！

不要低估本地坐标的力量

这是第二次在 3D 编程中使用本地坐标，但这绝不会是最后一次。把一堆东西绑在一起移动的同时，仍然能够分别移动和旋转每一个物体，这种能力是强大的，几乎感觉像是在作弊。如果在编程中感觉像是作弊，那么你可能正在做正确的事情！

13.5 多摄像机动作

现在已经对太阳系中的太阳、地球和月球进行了很好的模拟。接下来在场景中添加第二个摄像机，以便将视角从太阳系上方切换到地球表面。这有助于我们更好地了解月球的各个月相阶段。

在本章的一开始，摄像机被命名为 aboveCam。现在我们添加 moonCam，它将显示从地球表面看到的月亮。找到添加月球的代码片段，然后添加以下代码。

```
var moonCam = new THREE.PerspectiveCamera(70, aspectRatio, 1, 10000);
moonCam.position.z = 25;
moonCam.rotation.y = Math.PI;
moonOrbit.add(moonCam);

camera = moonCam;
```

最后一行将新创建的摄像机设置给 camera 变量。animate() 函数使用该摄像机变量来渲染场景。通过将 camera 变量设置为 moonCam，我们的视角将切换为从地球表面看月亮，而不再是从头顶俯瞰太阳系。

moonCam 是一个透视摄像机，可以更好地观察月球。我们将它放置在远离地球中心 25 个单位的地方，由于地球的半径被设置为 20 个单位，因此摄像机将位于地球表面之外。然后再将摄像机旋转到面向月球，并将它添加到月球的本地坐标上。

我们将 moonCam 添加到月球轨道，使其始终面向月球。随着月球本地坐标的旋转，moonCam 将贴着地球表面旋转，并时刻看向月球。你可以把月球的本地坐标想象成将摄像机和月亮粘在一起的盘子。如图 13.3 所示，想象一下它们的位置关系。

当旋转盘子时，月亮和摄像机一起旋转。如图 13.4 所示。

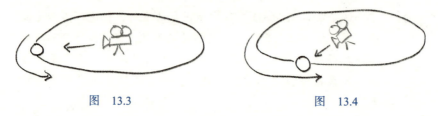

图　13.3　　　　　　　　　　　图　13.4

现在我们有两个摄像机，已可添加代码实现视角的来回切换。在代码底部附近找到 sendKeyDown() 函数，然后将下面代码中最后一行新的 if 语句添加到你的程序中。

```
function sendKeyDown(event) {
  var code = event.code;
  if (code == 'Digit1') speed = 1;
  if (code == 'Digit2') speed = 10;
  if (code == 'Digit3') speed = 100;
  if (code == 'Digit4') speed = 1000;
  if (code == 'KeyP') pauseUnpause();
► if (code == 'KeyC') switchCamera();
}
```

按下 C 键时，将调用 switchCamera() 函数。接下来要添加该函数，在代码最底部的 pauseUnpause() 函数后面添加以下代码。

```
function switchCamera() {
  if (camera == moonCam) camera = aboveCam;
  else camera = moonCam;
}
```

现在我们看到月亮围绕地球旋转，而地球围绕太阳旋转，并能够在两个摄像机之间来回切换，这真的太棒了。将模拟减慢到 1 或暂停模拟并在摄像机之间切换特别有用。

13.6 进阶代码 1：星星

没有星空的空间模拟算什么空间模拟？在 3D 游戏中星空往往非常有趣。但是，如果想通过生成 500 个球形网格体并将它们移动到很远的地方来模拟星空，那么在计算机上会产生巨大的运算量。实际上并不需要那样做。3D 程序员使用一种特殊的材质来创建一个有很多点的形状。为了便于在计算机上使用，这种材质仅显示在形状里面的点，而不是像普通材质一样平滑地覆盖整个形状。

在添加月球代码的下方添加以下代码，为星空创建材质和形状。

```
var cover = new THREE.PointsMaterial({color: 'white', size: 15});
var shape = new THREE.Geometry();
```

PointsMaterial 与我们见过的其他材质类似，甚至可以将颜色设置为白色。Size 参数决定了星点的大小。由于我们将把它们放在很远的地方，因此将大小设置为 15 比较合适。

我们使用的形状是基本几何形状。它不是立方体，也不是圆筒或球体，甚至不是真正的形状。我们必须在它有任何结构之前添加星点材质。

我们在数学工具的帮助下添加这个结构。

```
var distance = 4000;
for (var i = 0; i < 500; i++) {
  var ra = 2 * Math.PI * Math.random();
  var dec = 2 * Math.PI * Math.random();

  var point = new THREE.Vector3();
  point.x = distance * Math.cos(dec) * Math.cos(ra);
  point.y = distance * Math.sin(dec);
  point.z = distance * Math.cos(dec) * Math.sin(ra);

  shape.vertices.push(point);
}
```

上述代码中的数学计算可能看起来很吓人，但其实并不是那么糟糕。它一共循环 500 次，每次在 4 000 个单位的距离处创建一个点。它随机选取角度，将角度转换为 X-Y-Z 坐标，并将这些坐标添加到基本几何形状中。

上述代码中的 ra 和 dec 变量分别是赤经和赤纬。天文学家使用这两个值来描述物体在天空中的位置。赤经描述了一个恒星或行星在东方或西方有多远，它有点像经线，但不是指地表而是夜空。赤纬描述了北方或南方的星星，就像纬线一样。利用赤经和赤纬，天文学家可以精确定位天空中的任何东西。我们随机选择两者的值，然后使用正弦和余弦将这些角度转换为非常远的点，使它们看起来像星星。

几何中的点称为顶点。我们在形状中添加了 500 个随机点后，创建一个点网格体并将其添加到场景中。代码如下所示。

```
var stars = new THREE.Points(shape, cover);
scene.add(stars);
```

有了它，我们就有了星星！

13.7　进阶代码 2：飞行控制

在进行空间模拟时，你一定想飞越太空，对吧？可以使用第 5 章中用于飞越行星的相同飞行控制来实现。首先在代码的最顶部加载 fly 控件代码集，代码如下所示。

```
<body></body>
<script src="/three.js"></script>
▶ <script src="/controls/FlyControls.js"></script>
```

还需要另一个摄像机。在 moonCam 代码的正下方，添加一个 shipCam。

```
var shipCam = new THREE.PerspectiveCamera(75, aspectRatio, 1, 10000);
shipCam.position.set(0, 0, 500);
scene.add(shipCam);
```

在其下方添加 fly 控件代码。(关于为何要用 42，参见银河系漫游指南 [Ada95])

```
var controls = new THREE.FlyControls(shipCam, renderer.domElement);
controls.movementSpeed = 42;
controls.rollSpeed = 0.15;
controls.dragToLook = true;
controls.autoForward = false;
```

在 animate() 函数中，用 "//" 关闭（或删除）获取已用时间的那行代码。此外，添加代码以便及时更新我们的飞行控制。

```
    var clock = new THREE.Clock();
    function animate() {
      requestAnimationFrame(animate);
➤     // var t = clock.getElapsedTime();

      // Animation code goes here...
➤     var delta = clock.getDelta();
➤     controls.update(delta);
      renderer.render(scene, camera);
    }
    animate();
```

最后，在 sendKeyDown 中添加一个 if 语句，如果按下 F 键，则调用 fly()。

```
function sendKeyDown(event) {
  var code = event.code;
  if (code == 'Digit1') speed = 1;
  if (code == 'Digit2') speed = 10;
  if (code == 'Digit3') speed = 100;
    if (code == 'Digit4') speed = 1000;
    if (code == 'KeyP') pauseUnpause();
    if (code == 'KeyC') switchCamera();
➤   if (code == 'KeyF') fly();
  }
```

将 fly() 函数放在代码的最底部，让它将摄像机切换到 shipCam。

```
function fly() {
  camera = shipCam;
}
```

当将模拟程序的逻辑代码放在 gameStep() 函数而不是 animate() 函数中时，代码的思路变得非常清晰，我们得到了很好的回报。由于飞行控制在 animate() 内，暂停模拟程序仍然可以四处飞行。即使行星暂停，动画仍然有效！

你仍然可以使用 W、A、S、D、Q、E、R、F 和箭头键，就像我们在 5.8 节所做的那样。只是需要注意：不要撞到地球！

13.8 了解月相

从地球表面看过去，天空中的月亮有四个主要阶段：新月、上弦月，满月和下弦月。新月时，月球在地球和太阳之间。由于太阳照射在我们看不到的月球一侧，所以此时其实看不到月亮（也就是说，它与太阳在天空的同一位置）。

上弦月时，月球绕其轨道运行了四分之一。这并不意味着它被太阳照亮了四分之一，其实此时看到的往往更像是半个月亮。如图 13.5 所示。

图 13.5

当月亮绕地球旋转了二分之一轨道（或一半）时，被称为满月。此时我们看到的月亮完全被照亮了。如图 13.6 所示。

图 13.6

你应该可以推测下弦月是什么。当月亮绕地球旋转了四分之三轨道时，是下弦月。此时与上弦月类似，也是半个月亮挂在天上，只不过是另外一半月亮。如图 13.7 所示。

在新月和上弦月或者下弦月之间，此时的月亮像个月牙，被称为眉月或者残月。如图 13.8 所示。

在上弦月或下弦月和满月之间，此时的月亮被照亮了一大半，像个椭圆形纺锤，被称为盈凸月或者亏凸月。如图 13.9 所示。

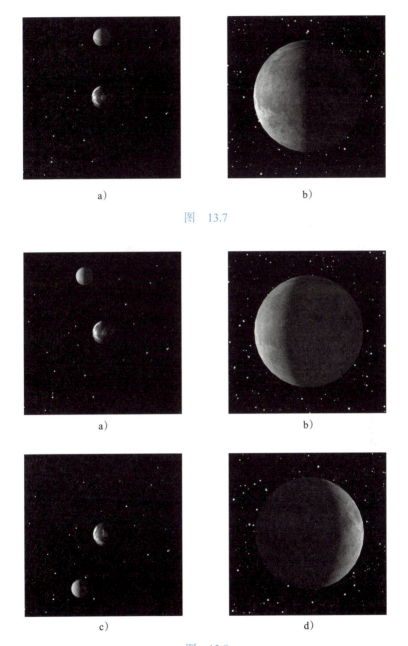

a)　　　　　　　　　　b)

图　13.7

a)　　　　　　　　　　b)

c)　　　　　　　　　　d)

图　13.8

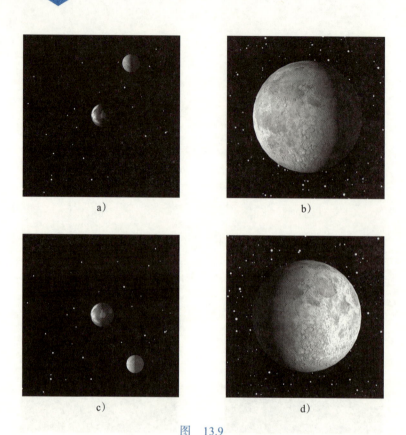

图 13.9

现在你已经知道关于月相的一切。更好的是，你有了自己的模拟程序！

13.9 不完美但伟大的模拟

你可能已经注意到月亮在通过一个渐弱的残月阶段之后完全覆盖了太阳。也就是说，我们的模拟程序将每个新月都显示成日全食。这是一个说明我们的模拟程序不完美的典型证据，因为实际生活中日食很少见。那么，需要做些什么来改善它？

首先，模拟程序中的星球大小和距离是不符合事实的。在模拟程序中，太阳大小为100个单位，那么正确大小的地球应该不到1个单位，而程序中的地球的大小是40个单位！而且，即使地球的大小正确，它也仍然离太阳太近了。在模拟程序中，地球离太阳有300个单位。准确地说，如果太阳的大小为100个单位，那么地球与太阳的距离应该是11 000个单位才对！此外，月亮也太大了。模拟程序中的月球尺寸是地球的 75%，但它实际应该是 25%。

我们无法让模拟程序非常准确的原因有三个：首先，要想准确，一切都必须很小才能都放进屏幕里，而此时地球和月球将变成微小的点。如果缩小到足以看到一切，甚至太阳也会很小。其次，3D 软件很难计算距离大小为 11 000 且大小为 1 的灯光和形状。我们所写的代码只是为了向我们演示月相的形成过程而做的简易设计。第三，你可能没有可以显示 11 000 像素的显示器：巨型的 4K 屏幕只有 3 840 个像素！

除了上述问题之外，模拟程序的其他问题并不算太严重。比如，地球的轨道不是圆形，而是椭圆形。这意味着有时地球可以稍微靠近太阳，有时又远离太阳。与地球相比，月球的轨道也是倾斜的，所以有时它在太阳之上，有时又在太阳之下而不是引起日食。

尽管有瑕疵，这仍然是一个很好的模拟程序。它有助于我们了解月球的各个月相是如何出现的，并且它看起来确实很漂亮。

有时候足够好就够了

金无足赤，人无完人，程序也是如此。当你逐渐成长为成熟的程序员时，你会惊讶于原来"足够好"就已经足够了！

13.10 完整代码

完整代码可在书后附录 A 中的"代码：月相"一节里查看。

13.11 下一步我们做什么

空间模拟程序结束了。恭喜！你已经学习了 3D 编程中相当大的一部分内容。而且我希望你还能顺便了解一些关于太空的知识。更重要的是，关于 3D 编程技能，你已经了解了一个非常重要的概念：本地坐标。我们肯定会在后面的游戏中使用它。

说到游戏，我们继续吧！

第14章

项目

紫色水果怪物游戏

学完本章，你将做到：
- 制作具有逼真动作的游戏，包括：跳跃、摔倒和碰撞。
- 了解如何构建 2D 游戏。
- 做一个具有挑战性的迷你游戏！

本章将制作一个二维跳跃游戏。玩家使用键盘来控制紫色水果怪物，通过让他跳跃并移动来捕捉尽可能多的滚动果实，并且不让怪物触及地面。如图 14.1 所示。

图 14.1

这看起来像是一个简单的游戏，但将使用在本书中积累的大量技能和知识。为了实现跳跃、滚动以及捕捉，代码会变得更加复杂，但这也是一件非常有趣的事！

14.1 让我们开始吧

在 3DE 代码编辑器中创建一个新项目。确保"TEMPLATE"那一行右面的选项为"3D starter project (with Animation)"。然后为新项目输入名称"Purple Fruit Monster"，最后单击"SAVE"按钮保存。（Purple、Fruit 和 Monster 分别是"紫色"、"水果"和"怪物"的意思。）虽然可以在"TEMPLATE"选项里要求 3DE 代码编辑器直接生成基础的物理代码，但是本章先不使用它，我们自己从零开始编写物理代码。

14.1.1 准备物理程序库

这个游戏需要先引入两个 JavaScript 程序库并对它们做一些设置。在程序的最顶部，添加两个新的 <script> 标签：

```
<body></body>
<script src="/three.js"></script>
❶ <script src="/physi.js"></script>
❷ <script src="/scoreboard.js"></script>
```

❶ 使用代码来模拟真实的运动，如坠落、滚动和碰撞。使用 Physijs（Physijs 的名字是由英文单词"Physics"去掉"-cs"，以及"JavaScript"仅保留"J"和"S"，然后拼在一起形成的。意思是"为 JavaScript 而设计的物理程序库。"）程序库，因此不必自己编写所有物理代码。

❷ 为了显示得分，再次使用记分牌程序库。

添加完上面代码后，逐行代码往下看，会看到许多带有"src ="属性的 <script> 标签。在最后一个这样的标签的后面继续添加下面的代码。

```
// Physics settings
❶ Physijs.scripts.ammo = '/ammo.js';
❷ Physijs.scripts.worker = '/physijs_worker.js';

// The "scene" is where stuff in our game will happen:
❸ var scene = new Physijs.Scene();
❹ scene.setGravity(new THREE.Vector3( 0, -250, 0 ));
   var flat = {flatShading: true};
   var light = new THREE.AmbientLight('white', 0.8);
   scene.add(light);
```

❶ 这是一种使 Physijs 能够确定事物何时相互碰撞的设置。

❷ 在后台运行"工人"代码，执行所有物理计算。

❸ 我们需要使用 Physijs.scene 而不是 THREE.scene。

❹ 物理程序库要求我们主动设置重力的大小和方向，否则不会有重力效果。此处在 Y 轴负方向上添加向下的重力。

最后还剩下一点点物理方面的设置没有做，这些设置的目的是为了让场景开始物理模拟计算。不过最好将先物体添加到场景中，然后再去完成那些设置。首先，我们将场景从 3D 转换为 2D。

向量是方向和长度的组合

我们不仅使用 THREE.Vector3() 来设置重力，还将在本章中的其他地方大量使用它。如果你看过电影《卑鄙的我》第一部，那么应该已经知道这是什么了！因为那部电影中的坏人就叫 Vector，是他选择了这个超级恶棍名字的。

向量是一个由方向和长度组合起来的箭头，一个向量包含了两条重要信息㊀：

㊀ 一个向量不会告诉我们从哪里开始走。它只能说明走的方向和距离。在它看来，只要方向和距离对了，从哪里开始走都一样。——译者注

> 1）它所指向的方向；
> 2）它希望在该方向上走多远的距离（也就是长度）。
> 在该游戏中描述重力的向量指向负 Y 方向（向下）。它具有很高的值（250），这意味着东西会很快下降。

14.1.2　准备 2D 场景

2D 游戏最重要的变化是使用正交摄像机。回忆第 9 章，我们曾讨论过这种摄像机的两种用途：长距离视角和 2D 游戏。我们在第 13 章制作月相模拟程序时，使用了正交摄像机来制作长距离空间场景。现在使用它制作 2D 游戏。

参考下面的代码，用"//"关闭与 PerspectiveCamera 相关的那两行（或者删除该行）并添加正交摄像机（OrthographicCamera）。

> ➤ // var aspectRatio = window.innerWidth / window.innerHeight;
> ➤ // var camera = new THREE.PerspectiveCamera(75, aspectRatio, 1, 10000);
> ➤ var w = window.innerWidth / 2;
> ➤ var h = window.innerHeight / 2;
> ➤ var camera = new THREE.OrthographicCamera(-w, w, h, -h, 1, 10000);
> camera.position.z = 500;
> scene.add(camera);

我们要做的另一个改变是蓝天。要更改整个场景的颜色，需要设置"清除"颜色为天蓝色。"清除"颜色是指当清除场景时，希望将画面设置为哪一种单色。

> var renderer = new THREE.WebGLRenderer({antialias: **true**});
> renderer.setSize(window.innerWidth, window.innerHeight);
> ➤ renderer.setClearColor('*skyblue*');
> document.body.appendChild(renderer.domElement);

做好这些准备工作之后，就可以开始编写本章的跳跃游戏。

14.2　构思游戏

在跟随本书艰难前行的过程中，你已经写了很多代码。有时你会发现，当回头查看以前写过的代码时，要想理解自己当时的想法很不容易。你不是第一个遇到这个问题的程序员，当然也不会是最后一个。幸运的是，你可以从前辈程序员的错误中吸取教训。

保持代码的组织结构清晰

编程本身已经很难，何苦用混乱的代码让它变得更难呢？对于一段比较短的代码来说，调整和优化其组织结构可能显得并不那么重要。但是代码总要一点一点变长。只有组织良好的代码才能在不断的生长过程中存活下来。至于什么样的代码才是组织良好的？这确实不是一个能够用几句话说清楚的问题。比如，尽量将独立的功能或者行为放到专门的函数里面，函数按照它们的调用顺序摆放等等，这些都是组织良好的代码的特征。

组织代码的最简单方法之一就是将其视为写作。当你写一篇文章时，从大纲开始构思会对后面的写作有帮助。有了大纲后，可以继续填写详细内容。

组织代码时，首先编写"大纲"，然后在其下面添加代码，是一个好主意。由于我们正在编程，所以大纲自然也是用代码编写的。在 START CODING 那一行下方输入以下代码，不要去掉"//"。

```
//var ground = addGround();
//var avatar = addAvatar();
//var scoreboard = addScoreboard();
```

虽然这个大纲并不包括游戏中的所有内容，但它还是包含了很多思路。地面（ground）将是游戏的场地，角色（avatar）是游戏中的玩家，记分牌（scoreboard）将显示得分以及一些有用的信息。

代码行开头的双斜线告诉 JavaScript 该行不是代码，而是一行注释。我们曾在 7.2.3 节首次学到它。注释仅适用于人类阅读，而 JavaScript 将忽略这些行。这是一件好事，因为我们尚未定义这些功能。

对于一行真正的代码，如果在它的最前面加上"//"，就会把它变成注释，从而让 JavaScript 不再执行它。为了便于理解，前面的章节中一直称之为"用'//'将代码关闭"。实际上，程序员们在工作中称这个做法为"将代码'注释掉'"。程序员有很多原因需要将代码注释掉。在这里，我们这样做是为了将对代码的构思写在程序中，而又不会导致错误。

接下来，我们将按照与代码大纲中相同的顺序定义这些函数。这样可以更轻松地找到代码。通过查看代码大纲，我们知道 addGround() 函数将在 addAvatar() 函数之前定义，然后是 addScoreboard()。找到代码的速度越快，就能越快地修复代码或添加代码。当你编写了很多代码时，这样的技巧可以真正帮助你避免出错。

在我们创建每个函数之后，将再次回到代码大纲删除 "//"，因为这时函数们已经准备好了，我们可以将大纲中的代码"取消注释"。

下面开始编写与此大纲相匹配的函数。

14.3　添加游戏场地

代码大纲中的第一个函数调用是 addGround()。在代码大纲的所有三行代码之后输入下面的代码。

```
function addGround() {
  var shape = new THREE.BoxGeometry(2*w, h, 10);
  var cover = new THREE.MeshBasicMaterial({color: 'lawngreen'});
  var ground = new Physijs.BoxMesh(shape, cover, 0);
  ground.position.y = -h/2;
  scene.add(ground);
  return ground;
}
```

地面是一个巨大的方块，与我们建造过的其他方块大同小异。唯一的不同之处是这个方块的网格体不再是 THREE.Mesh 而是 Physijs.BoxMesh，这是一个来自于 Physijs 程序库中的网格体。这个网格体除了具有旧的 THREE.Mesh 的全部功能之外，它可以像现实世界中的物体一样：相互摔倒并反弹。

在创建 Physijs 网格体时，除了几何体和材质之外，我们还可以传递第三个参数：物体的质量。可以粗略的理解为，质量让我们指出一个物体有多重或多轻。如果将质量设置为特殊数字 0，则表示形状永远不会移动。如果我们没有将地面的质量设置为 0，地面会像其他任何东西一样掉下来！

另外，Physijs 网格体与常规网格体还有一点不同之处：不同的形状具有不同的 Physijs 网格体，包括 Physijs.BoxMesh（方块网格体）、Physijs.CylinderMesh（圆柱网格体）、Physijs.ConeMesh（圆锥网格体）、Physijs.PlaneMesh（平面网格体）、Physijs.SphereMesh（球网格体），以及所有其他一些不太常用的形状，例如 Physijs.ConvexMesh（凸多面体网格体）等等。

输入完此函数后，在代码大纲中取消 addGround() 那一行的注释。

```
▶  var ground = addGround();
   //var avatar = addAvatar();
   //var scoreboard = addScoreboard();
```

如果一切正常，你应该看到背景中有蓝天和绿地，如图 14.2 所示。

图　14.2

14.4　添加简单角色

在 3D 编程中，可以通过两种方式制作简单的图形。这两种方式在这个游戏中都将使用：一种用于紫色水果怪物，另一种用于水果。我们用于紫色水果怪物的简单图形技术称为"精灵（Sprite）"。

在 addAvatar() 函数中，我们首先要创建一个不可见的，并且启用了物理计算的方块网格体。然后将精灵添加到这个网格体上。在 addGround() 函数后面添加下面代码。

```
function addAvatar() {
  var shape = new THREE.CubeGeometry(100, 100, 1);
  var cover = new THREE.MeshBasicMaterial({visible: false});
  var avatar = new Physijs.BoxMesh(shape, cover, 1);
  scene.add(avatar);

  var image = new THREE.TextureLoader().load("/images/monster.png");
  var material = new THREE.SpriteMaterial({map: image});
  var sprite = new THREE.Sprite(material);
  sprite.scale.set(100, 100, 1);
  avatar.add(sprite);

  avatar.setLinearFactor(new THREE.Vector3(1, 1, 0));
  avatar.setAngularFactor(new THREE.Vector3(0, 0, 0));

  return avatar;
}
```

精灵是一个总是面向摄像机的图形，这正是我们想要的 2D 角色。精灵在图形程序中非常高效，它可以让计算机更轻松地完成所需的计算，从而保持游戏运行流畅。

一开始，精灵只是一个 1×1 大小的图像块。为了能看到它，我们在 X 和 Y 方向上将它放大 100 倍。

addAvatar() 函数创建的方块网格体要做的所有工作包括：向下掉落、与水果碰撞、与地面碰撞。我们给它一个数值为 1 的小质量，因此用我们将要添加的控制可以很容易地推动它。它是不可见的，因为我们在其材料中设置了"visible: false"，但它仍然存在。我们将精灵添加到方块网格体上，以便能够看到角色的位置㊀。

addAvatar() 函数所做的最后一件事是设置"角度因子"和"线性因子"。这些因子表示一个物体可以在某方向上旋转或移动多少。在上面的代码中，角色的角度因子被设置为全 0，因此角色不会旋转。即使它从旋转的水果中反弹，也会一直平移运动。另外，角色的线性因子设置为"1, 1, 0"，此时角色可以在 X 和 Y 方向上移动，但不能在 Z 方向上移动。换句话说，我们告诉 3D 程序：即使正在创建一个三维形状，它也只会在两个维度上移动。

返回到代码大纲并为 addAvatar() 取消注释。

```
    var ground = addGround();
➤   var avatar = addAvatar();
    //var scoreboard = addScoreboard();
```

现在我们有了一个紫色水果怪物的角色……但它被困在地上。如图 14.3 所示。

图　14.3

14.4.1　重置位置

我们本可以在 addAvatar() 中为角色设定位置，但我们并没有这样做，而是仅仅将它添加到场景中。相反，我们将创建一个单独的函数来设定位置。为什

　　㊀ 这个不可见的网格体，与上一章学过的本地坐标，在本质上和功能上都是类似的。——译者注

么？因为我们希望重复使用它！

当我们在第 5 章中介绍函数时曾说，某些函数的意义在于讲述故事的一部分。在本章中，代码大纲中的那些函数就是这样：它们讲述了创建这个游戏时，各个方面的故事。

另一种函数的意义是一次又一次地被调用。让我们创建一个函数，负责将角色移动到它的起始位置。这个函数将在每次启动或重启游戏的时候被调用。在 addAvatar() 函数之后添加以下内容。

```
function reset() {
  avatar.__dirtyPosition = true;
  avatar.position.set(-0.6*w, 200, 0);
  avatar.setLinearVelocity(new THREE.Vector3(0, 250, 0));
}
```

__dirtyPosition 这个属性的名称是程序员之间的一个笑话。（dirty 是"很脏"的意思，position 是"位置"的意思。）我们在这里弄得一团糟，所以我们说它"很脏"。什么是混乱？由于角色是具有物理特性的，我们通常无法直接改变它的位置。虽然我们可以将它推到一个新的位置，但不可以立即将它从一个地方移动到另一个地方。但只要重置游戏，我们就可以做到这一点：立即改变角色的位置。因此将 __dirtyPosition 设置为 true 可让我们这样做。

> **__dirtyPosition 属性前面有两个下划线**
>
> 务必在 dirtyPosition 之前添加两个下划线。它不是 _dirtyPosition 而是 __dirtyPosition。如果只使用一个下划线，虽然看不到错误消息，但移动控制会不起作用。

我们将角色向左移动 60%：从窗口中心到左边缘的距离的 −0.6 倍。同时也将它移到地面上方 200 个单位处。最后设定角色的速度。我们使用向量来为它设置一个沿 Y 轴向上的，大小为 250 个单位的速度。

在代码大纲下面添加一个对 reset() 的调用。

```
var ground = addGround();
var avatar = addAvatar();
//var scoreboard = addScoreboard();
▶ reset();
```

这应该能够让游戏角色在屏幕左侧的地面上空盘旋，如图 14.4 所示。

图 14.4

在添加控制以便能移动角色之前,必须主动告诉物理程序库去模拟重力和碰撞。

14.4.2 主动物理模拟

正如在第 13 章中所做的那样,我们将游戏的逻辑代码,也就是物理模拟代码,放在一个名为 gameStep() 的函数中。将它添加到 reset() 函数下面。

```
function gameStep() {
  scene.simulate();
  setTimeout(gameStep, 1000/30);
}
gameStep();
```

不要忘记在函数定义后立即调用 gameStep()。如果代码输入正确,那么游戏角色就应该开始从地面向上小跳一下,然后再回到地面。我们现在正在游戏中模拟真实物理!

gameStep() 内的 setTimeout() 在等待 1 000/30 毫秒(大约 30 毫秒)后调用 gameStep()。 这将要求 Physijs 代码每 30 毫秒更新场景中所有内容的位置。听起来似乎很频繁,但这是经过长期实践得到的最佳平衡。计算机通常并不会因此而运行缓慢,而这足以让动画看起来很流畅。

接下来添加一些控制来移动紫果怪物。

14.4.3 运动控制

为了控制角色,我们使用 keydown 事件监听器。在 animate() 函数下面添加以下代码。

```
document.addEventListener("keydown", sendKeyDown);
function sendKeyDown(event) {
  var code = event.code;
```

```
    if (code == 'ArrowLeft') left();
    if (code == 'ArrowRight') right();
    if (code == 'ArrowUp') up();
    if (code == 'ArrowDown') down();
    if (code == 'Space') up();
    if (code == 'KeyR') reset();
}

function left()  { move(-100, 0); }
function right() { move(100,  0); }
function up()    { move(0, 250); }
function down()  { move(0, -50); }
function move(x, y) {
  if (x > 0) avatar.scale.x = 1;
  if (x < 0) avatar.scale.x = -1;
  var dir = new THREE.Vector3(x, y, 0);
  avatar.applyCentralImpulse(dir);
}
```

sendKeyDown() 事件监听器没什么特别的。被调用的 left()、right()、up() 和 down() 函数也非常简单。它们调用 move() 函数并提供不动的移动量，以便让角色在 X 和 Y 方向上移动。

move() 函数有点不同。当角色在 X 方向上移动时，前两行代码通过设置角色的 X 比例使紫色水果怪物的图像水平反转。这会使它看起来更像是在朝某个方向移动。

move() 函数的最后两行将角色推向正确的方向。首先，我们计算方向。例如，当按下左箭头键时，将调用 left() 函数。left() 函数调用 move(-100,0)，它告诉 move 将 x 设置为 -100，y 设置为 0。然后将 dir 值设置为指向（-100,0,0）的向量，也就是一个向左 100 个单位长度的向量。然后带着这个向量去调用 applyCentralImpulse() 函数。这个函数在物体的中心位置施加一个冲量[1]，由此物体便开始运动。

完成上面代码，便可以试一试隐藏代码并向上，下，左，右移动角色。

14.5　添加评分

代码大纲中还有最后一项工作等待完成：添加记分牌。在 addAvatar() 函数下面和 reset() 函数上面添加下面代码。

---

[1] 你很可能还没有在学校里学到冲量这个物理概念，可以暂且理解为 applyCentralImpulse() 函数在物体的身上推了一下。——译者注

```
function addScoreboard() {
  var scoreboard = new Scoreboard();
  scoreboard.score();
  scoreboard.help(
    "Use arrow keys to move and the space bar to jump. " +
    "Don't let the fruit get past you!!!"
  );
  return scoreboard;
}
```

这类似于在第 11 章中使用的记分牌，所以代码应该看起来很熟悉。最后在代码大纲中取消 addScoreboard() 函数的注释。

```
  var ground = addGround();
  var avatar = addAvatar();
▶ var scoreboard = addScoreboard();
  reset();
```

你现在应该看到一个显示为 0 分的记分牌，如图 14.5 所示。

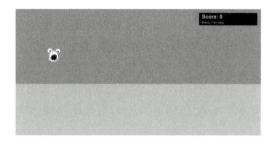

图　14.5

14.6　游戏玩法

到此，我们已经完成了代码大纲，并且拥有了 2D 游戏的基础知识。在我们的游戏中有游戏场地、角色（包括控制），以及一种显示得分的方法。为了让游戏变得有趣，还需要做更多的工作。接下来将添加游戏玩法。我们将抛出一些水果并挑战玩家，让游戏角色尽可能多地吃水果，但不能碰到地面。

14.6.1　发射水果

首先，创建水果，在 reset() 的后面添加下面的函数。

```
function makeFruit() {
  var shape = new THREE.SphereGeometry(40, 16, 24);
  var cover = new THREE.MeshBasicMaterial({visible: false});
  var fruit = new Physijs.SphereMesh(shape, cover);
  fruit.position.set(w, 40, 0);
  scene.add(fruit);

  var image = new THREE.TextureLoader().load("/images/fruit.png");
  cover = new THREE.MeshBasicMaterial({map: image, transparent: true});
  shape = new THREE.PlaneGeometry(80, 80);
  var picturePlane = new THREE.Mesh(shape, cover);
  fruit.add(picturePlane);

  fruit.setAngularFactor(new THREE.Vector3(0, 0, 1));
  fruit.setLinearFactor(new THREE.Vector3(1, 1, 0));
  fruit.isFruit = true;

  return fruit;
}
```

这个函数有些长，不过你应该对它并不陌生。函数首先创建了一个球体作为水果的物理"替身"。与游戏角色一样，我们使这个球体不可见。为了在球体上启用物理计算，我们创建了一个 Physijs.SphereMesh 类型的球体。在将它添加到场景之前，我们将它放置在游戏场地的最右上方。

我们使用第二种方式为水果添加简单的 2D 图形。(第一种方式是一种称为"精灵"的特殊技术。)加载图像后，将它交给基本材质并添加到简单的平面几何体上。水果不能像角色一样使用精灵，因为当水果的球体旋转时图像需要跟着旋转。

再次设置角度和线性因子，使水果只能二维移动但可以旋转。在角度因子的三个数值中，只有 Z 轴的数值为 1，而 X 和 Y 轴都是 0，这意味着水果将能够像时钟的指针一样在二维平面上旋转。

函数返回水果之前，我们设置了一个 isFruit 属性。当程序发现游戏角色与某物体发生了碰撞时，将基于这个属性来判断发生碰撞的是地面还是水果。

确保正确输入所有代码，然后在函数的后面添加对 makeFruit() 的调用。现在你应该可以在屏幕的右边看到水果，JavaScript 控制台中也应该没有错误。现在调用 makeFruit() 的目的只是为了快速检查一下输入的代码是否完全正确。如果一切正常，删除对 makeFruit() 的调用。

接下来，我们需要抛出水果。在 makeFruit() 函数定义上面添加 launchFruit() 函数。(launchFruit 是"抛出水果"的意思。)

```
function launchFruit() {
  var speed = 500 + (10 * Math.random() * scoreboard.getScore());
  var fruit = makeFruit();
  fruit.setLinearVelocity(new THREE.Vector3(-speed, 0, 0));
  fruit.setAngularVelocity(new THREE.Vector3(0, 0, 10));
}
```

launchFruit() 函数首先使用刚刚编写的 makeFruit() 函数制作水果。然后为水果滚动计算出一个速度（speed）值。该值为基本速度值 500 再加上一些额外速度。随着分数越来越大，额外速度值也越来越大。玩家玩的时间越长，水果的滚动速度就越快，因此游戏也就越难。

计算得到速度后，使用 setLinearVelocity() 函数为水果设置速度。运动需要从右到左，因此我们将速度值的负数设置到 X 方向上。最后再使用 setAngularVelocity() 函数给水果加一点点旋转。

我们仍然需要调用此函数。因此，在 launchFruit() 函数下面添加两个调用。

```
launchFruit();
setInterval(launchFruit, 3*1000);
```

第一次调用 launchFruit() 会立即抛出一个水果。接下来，使用 setInterval() 每 3 秒调用一次 launchFruit()。我们在前面已经使用过 setTimeout() 函数，它能够延迟一段时间后调用一次指定的函数。而 setInterval() 函数具有类似的功能，不同之处是它会以一定的间隔时间，不停地调用指定的函数。

完成上面这些代码后，游戏里就会不断出现很多水果了。我们甚至可以使用键盘去控制角色碰撞和反弹水果。接下来，需要让角色在碰到水果时得分。

14.6.2 吃水果和显示分数

现在翻到代码的底部，在 move() 函数下面，将下面的代码添加到你的程序中。这段代码为游戏角色添加碰撞事件监听函数。

```
avatar.addEventListener('collision', sendCollision);
function sendCollision(object) {
  if (object.isFruit) {
    scoreboard.addPoints(10);
    avatar.setLinearVelocity(new THREE.Vector3(0, 250, 0));
    scene.remove(object);
  }
}
```

这看起来很像用来接收键盘消息的 keydown 事件监听程序。不同之处是，这里监听和处理的是游戏角色与其他物体碰撞的消息，而不是键盘消息。

如果角色与水果相撞，会在记分牌上加 10 分，同时让角色略微抬起一些，然后从屏幕上移除水果（因为紫果怪物吃了水果）。

现在隐藏代码并试一试！

14.6.3 游戏结束

我们已经拥有了这个游戏所需的大部分元素，除了一个：游戏失败的情况。让我们添加代码，以便当紫色水果怪物接触地面时游戏结束。

当游戏结束时，需要用一种方法来告诉代码的各个部分停止工作——至少在游戏重新开始之前停止工作。我们将使用 gameOver 变量。首先，将它添加到代码大纲上方。

```
➤   var gameOver = false;

    var ground = addGround();
    var avatar = addAvatar();
    var scoreboard = addScoreboard();

    reset();
```

游戏不会在一开始就结束，因此先将 gameOver 设置为 false。

游戏结束的情形之一是当角色碰到了地面。所以在代码底部的 sendCollision() 函数中，添加第二个碰撞检查，如下所示。

```
      avatar.addEventListener('collision', sendCollision);
      function sendCollision(object) {
➤       if (gameOver) return;

        if (object.isFruit) {
          scoreboard.addPoints(10);
          avatar.setLinearVelocity(new THREE.Vector3(0, 250, 0));
          scene.remove(object);
        }
➤       if (object == ground) {
➤         gameOver = true;
➤         scoreboard.message(
➤             紫色水果怪物掉到地上了！
➤             按 R 键重新开始游戏。
➤         );
➤       }
      }
```

如果角色碰到的物体是地面，则游戏结束。我们还会在记分牌上显示提示消息。注意，如果游戏结束，则该函数立刻返回，因为游戏结束时没有理由再检查碰撞！

不过当游戏结束时，我们还没有阻止水果动画，因此画面中的水果还在滚动。下面让我们修改 animate() 函数。

再次回到 animate() 函数里，让我们添加一个检查：在执行任何动画代码之前，如果 gameOver 变量为"真"，表示游戏已经结束，这时函数立即返回。

```
var clock = new THREE.Clock();
function animate() {
➤   if (gameOver) return;
    requestAnimationFrame(animate);
    var t = clock.getElapsedTime();

    // Animation code goes here...
    renderer.render(scene, camera);
}
animate();
```

并且在 launchFruit() 函数中也要执行相同的检查。

```
function launchFruit() {
➤   if (gameOver) return;
    var speed = 500 + (10 * Math.random() * scoreboard.getScore());
    var fruit = makeFruit();
    fruit.setLinearVelocity(new THREE.Vector3(-speed, 0, 0));
    fruit.setAngularVelocity(new THREE.Vector3(0, 0, 10));
}
```

最后还要将 reset() 函数进行升级。

```
function reset() {
    avatar.__dirtyPosition = true;
    avatar.position.set(-0.6*w, 200, 0);
    avatar.setLinearVelocity(new THREE.Vector3(0, 250, 0));

    scoreboard.score(0);
    scoreboard.message('');

➤   var last = scene.children.length - 1;
➤   for (var i=last; i>=0; i--) {
➤     var obj = scene.children[i];
➤     if (obj.isFruit) scene.remove(obj);
➤   }
➤ 
```

```
    if (gameOver) {
        gameOver = false;
        animate();
    }
}
```

我们在这里添加了两件事：删除场景中的旧水果，并重新开始游戏。

为了删除水果，我们用一个循环语句去检查所有已经添加到场景中的物体。在循环语句中，只要发现物体是水果就将它从场景中删除。这样，当游戏重新开始时，不会留下任何旧果子。

注意，在 JavaScript 程序中，要想从列表中删除内容，必须从最后一个元素开始向后退着检查。否则可能会跳过那些不想跳过的内容。场景中的事物列表可能是：

0：水果 #1
1：水果 #2
2：地面

如果我们从 0 开始循环，第一次将找到列表位置 0 上的元素，因为"水果 # 1"是水果，所以将它从场景中删除。然后，列表会变成这样：

0：水果 #2
1：地面

下一次循环，由于已经检查过第 0 号元素了，因此会继续检查第 1 号元素。此时的第 1 号元素是"地面"不是水果，所以不删除它。之后循环将停止，因为列表中没有更多元素了。

可是等等！好像"水果 # 2"被我们跳过了！通过删除列表开头的内容，列表中的其他内容会向上移动一格。当再次循环时，我们已经跳过了一个旧的水果。

然而反向检查和删除就没有这个问题。我们不是从列表中的第一项开始并且每次都增加 i 变量，而是从最后一项开始并在每次循环后减少 i。反向查找时将看到向下面这样的列表：

2：地面
1：水果 #2
0：水果 #1

当 i 为 2 时，我们不做任何事情，因为地面不是水果。当 i 是 1 时，我们删除"水果 # 2"，列表将变为：

1：地面

0：水果 #1

然后，在下一次循环中，i 将为 0，我们将找到"水果 # 1"并将它删除，最终剩下的列表将变为：

0：地面

列表中只有地面，没有水果，这是我们想要的结果。这段代码提示我们从 JavaScript 列表中删除内容需要小心。

最后，我们还要在 reset() 函数中做的另一件事：重新开始游戏。这个相对简单得多，只需要 gameOver 设置为 false 并重新启动 animate() 函数。到此，紫色水果怪物游戏就完成了。

14.7 改进

恭喜！你已经从零开始写了另一款游戏。这是一个有趣和具有挑战性的游戏，但是仍然有一些可以改进的地方。下面是一些建议：

- 添加紫果怪物不喜欢的东西，让它不小心吃到的时候减分。提示：/image/rotten_banana.png 图片也可用！
- 如果太多的水果越过紫色水果怪物，就停止游戏。提示：创建一个 checkMissedFruit() 函数（checkMissedFruit 是"检查丢掉的水果"的意思）。该函数在 launchFruit() 的最开头调用，它需要检查场景中的所有水果，统计 Y 位置太低的水果的数量。如果这个数字太高就宣告游戏结束。这是你自己的代码，所以尽可能让游戏变得更好！

14.8 完整代码

完整代码可在书后附录 A 中的"代码：紫色水果怪物游戏"一节里查看。

14.9 下一步我们做什么

本章我们制作的游戏令人印象深刻。在接下来的章节中，我们将继续练习在本章中学习过的物理模拟程序，并深入讨论 gameStep() 函数。因为这个函数在本章中并不复杂。

不过，在进入下一章之前，让我来问问你，你最高能在紫色水果怪物游戏里得多少分？

第15章
倾斜板子游戏

学完本章，你将做到：
- 建立一个完整的3D迷你游戏。
- 了解如何构建复杂的3D游戏作品。
- 创造出像火一样酷炫的粒子效果。
- 在游戏中将形状、材质、灯光光和物理结合在一起。

制作这样一个 3D 游戏，游戏中有一个球落在空间中的小板子上。玩家需要使用方向键来倾斜板子，最终使球落入板子中心的一个小洞中，而不会从边缘掉落。如图 15.1 所示。

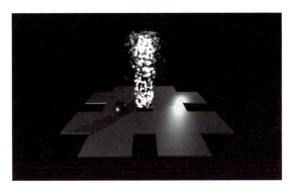

图 15.1

我们将使用第 12 章中学到的一些技能使游戏画面尽量漂亮，并且还将使用第 14 章中学到的知识来为游戏添加物理模拟，以便让球落下以及来回滑动。此外，我们需要很多形状并移动它们，所以也需要本书前半部分的很多技能。

注意，这个游戏要做很多事情，需要输入大量的代码。为了节省时间，将不再谈论前面章节中介绍过的概念和方法。如果你还没有完成那些前面的章节，尽量把它们先完成，否则编写这个游戏可能会令人沮丧！

15.1 让我们开始吧

在 3DE 编辑器中创建一个新项目。在"TEMPLATE"列表中选择"3D starter project (with Physics)"，并将此项目命名为"Tilt-a-Board"。

15.1.1 重力和其他设置

在前一章制作紫色水果怪物游戏的时候，为了让物理模拟在游戏中工作，需要在"START CODING ON THE NEXT LINE"注释之前的代码中做一些工作。如果不启用物理效果，物体就不会掉落、滚动、反弹、滑动或做任何类似现实世界的事情。

在这个项目中，我们选择了一个不同的模板，其中包含物理模拟所需的一切设置，因此你不需要再做额外工作。仔细检查你刚刚创建的"Tilt-a-Board"

项目中的物理代码。

```
<body></body>
<script src="/three.js"></script>
❶
<script src="/physi.js"></script>
<script>
  // Physics settings
❷ Physijs.scripts.ammo = '/ammo.js';
❸ Physijs.scripts.worker = '/physijs_worker.js';

  // The "scene" is where stuff in our game will happen:
❹ var scene = new Physijs.Scene();
❺ scene.setGravity(new THREE.Vector3( 0, -100, 0 ));
  var flat = {flatShading: true};
  var light = new THREE.AmbientLight('white', 0.8);
  scene.add(light);
```

❶ 加载物理程序库。

❷ 告诉物理库程序库去哪里加载检测碰撞程序。

❸ 告诉物理库程序库去哪里加载后台运行的"工人"代码。

❹ 创建一个支持物理模拟场景：Physijs.scene。

❺ 启用重力模拟。

15.1.2 灯光、相机、阴影

此游戏中的大部分光线都来自可投射阴影的点光源。因此，我们将代码顶部的环境光亮度从 0.8 调整为 0.2。

```
var light = new THREE.AmbientLight('white', 0.2);
```

为了获得这个游戏的最佳视角，我们希望相机在游戏板上方稍微向后的位置，并低头看着场景的中心⊖。此外，还需要在渲染器中启用阴影，就像第 12 章中所做的那样。在 START CODING 那行的上方添加以下设置代码。

```
camera.position.set(0, 100, 200);
camera.lookAt(new THREE.Vector3(0, 0, 0));
renderer.shadowMap.enabled = true;
```

设置到此完成，开始在"START CODING ON THE NEXT LINE"后面编

⊖ 有点像运动场中观众席上的位置。——译者注

写代码。

15.2 构思游戏

除了灯光，这个游戏将有一个球、一个游戏板和一个目标。从以下代码大纲开始，(包括双斜杠)。

```
//var lights = addLights();
//var ball = addBall();
//var board = addBoard();
//var goal = addGoal();
```

与第 14 章中的方法类似，在输入完函数代码之后取消注释这些函数调用。

15.2.1 添加灯光

在做任何其他事情之前，先为场景添加一些灯光。

在注释掉的代码大纲下面，添加 addLights() 的以下函数定义代码：

```
function addLights() {
  var lights = new THREE.Object3D();

  var light1 = new THREE.PointLight('white', 0.4);
  light1.position.set(50, 50, -100);
  light1.castShadow = true;
  lights.add(light1);
  var light2 = new THREE.PointLight('white', 0.5);
  light2.position.set(-50, 50, 175);
  light2.castShadow = true;
  lights.add(light2);

  scene.add(lights);
  return lights;
}
```

上面的代码添加了两个点光源。我们在第 12 章中学习过点光源，它们的特性与灯光泡相似。这两个光源被组合在同一个 3D 对象"lights"中 (lights 是"灯光"的意思)，然后直接将组合对象添加到场景中并从函数返回。两盏灯光都会投下阴影。

现在我们已经添加了函数定义，取消注释代码大纲中对 addLights() 的调用。

```
➤   var lights = addLights();
    //var ball = addBall();
    //var board = addBoard();
    //var goal = addGoal();
```

15.2.2　添加游戏球

在 addLights() 的函数定义下添加 addBall() 函数。

```
function addBall() {
  var shape = new THREE.SphereGeometry(10, 25, 21);
  var cover = new THREE.MeshPhongMaterial({color: 'red'});
  cover.specular.setRGB(0.6, 0.6, 0.6);

  var ball = new Physijs.SphereMesh(shape, cover);
  ball.castShadow = true;

  scene.add(ball);
  return ball;
}
```

此功能将一个具有物理效果的红色球添加到场景中。我们给它一点镜面光泽，并让它投射阴影。

完成该功能后，在代码大纲中取消注释对 addBall() 的调用。

```
    var lights = addLights();
➤   var ball = addBall();
    //var board = addBoard();
    //var goal = addGoal();
```

由于球已经启用了物理效果，因此它在场景中出现后便开始下落，最后永远无法再看到，如图 15.2 所示。

图　15.2

为了解决这个问题，需要添加一个游戏板接住球。

15.2.3　添加游戏板

在 addBall() 函数之后添加 addBoard() 函数。（警告：这里需要大量输入代码。）

```
function addBoard() {
  var cover = new THREE.MeshPhongMaterial({color: 'gold'});
  cover.specular.setRGB(0.9, 0.9, 0.9);

  var shape = new THREE.CubeGeometry(50, 2, 200);
  var beam1 = new Physijs.BoxMesh(shape, cover, 0);
  beam1.position.set(-37, 0, 0);
  beam1.receiveShadow = true;

  var beam2 = new Physijs.BoxMesh(shape, cover, 0);
  beam2.position.set(75, 0, 0);
  beam2.receiveShadow = true;
  beam1.add(beam2);

  shape = new THREE.CubeGeometry(200, 2, 50);
  var beam3 = new Physijs.BoxMesh(shape, cover, 0);
  beam3.position.set(40, 0, -40);
  beam3.receiveShadow = true;
  beam1.add(beam3);

  var beam4 = new Physijs.BoxMesh(shape, cover, 0);
  beam4.position.set(40, 0, 40);
  beam4.receiveShadow = true;
  beam1.add(beam4);

  beam1.rotation.set(0.1, 0, 0);
  scene.add(beam1);
  return beam1;
}
```

我们创造了四个条形板子并将它们组合在一起以制作中间带有空洞的游戏板。如图 15.3 所示。最后，我们将板子倾斜一点（以便让球滚动）并将其添加到场景中。注意，我们为每个条形板子启用了阴影功能，以便球能够在它们的表面投下阴影。

在这段代码里有一件事值得注意：在创建每个 BoxMeshes 时，都有一个 0。

```
var beam1 = new Physijs.BoxMesh(shape, cover, 0);
```

正如我们在第 14 章中所看到的，0 告诉物理程序库这块板子不会移动。如果没有 0，游戏板就像球一样下落。

图 15.3

现在可以取消注释代码大纲中对 addBoard() 的调用了。

```
var lights = addLights();
var ball = addBall();
➤ var board = addBoard();
//var goal = addGoal();
```

现在，球应该可以落在游戏板的中间了。

但这是不对的，因为游戏的目标是让球先掉落在游戏板的边缘然后通过玩家的操作，最终落入游戏板中间的小洞。所以在继续制作别的特性之前，先重置球的初始位置。

15.2.4 重置游戏

当游戏开始或重新开始时，游戏板应略微倾斜，并且球应该落在最左边的条形板子的边缘。在 addBoard() 函数下添加以下 reset() 函数：

```
function reset() {
  ball.__dirtyPosition = true;
  ball.__dirtyRotation = true;
  ball.position.set(-33, 200, -65);
  ball.setLinearVelocity(new THREE.Vector3(0, 0, 0));
  ball.setAngularVelocity(new THREE.Vector3(0, 0, 0));

  board.__dirtyRotation = true;
  board.rotation.set(0.1, 0, 0);
}
```

不要忘记 dirtyPosition 和 dirtyRotation 之前的两个下划线！

在 14.4.1 节，我们首次在重置位置时使用了"脏"位置。我们在这里同时使用 __dirtyPosition 和 __dirtyRotation，因此可以改变球的位置和旋转。

在代码大纲下面的 reset() 函数中添加一个调用。

```
var lights = addLights();
var ball = addBall();
var board = addBoard();
//var goal = addGoal();
reset();
```

现在我们已经完成了代码大纲中的灯光光、游戏球和游戏板。并且在游戏开始时，将球摆放到了一个合适的起始位置。这样，球应该从游戏板的边缘开始下落并被板子接住，而不是直接掉进中间的洞里。

接下来需要在 gameStep() 函数中对游戏结束的情况进行检测。如果发现游戏已经结束，则调用 reset() 函数。

```
function gameStep() {
    if (ball.position.y < -500) reset();
    // Update physics 60 times a second so that motion is smooth
    setTimeout(gameStep, 1000/60);
}
```

代码中的 if 语句检查球是否真的落到了板子下面。如果球的 Y 位置低于 −500，那么说明球已经掉下去了，游戏可以重新开始了。

完成上面的所有代码后，你的程序应该可以产生如图 15.4 所示的画面。

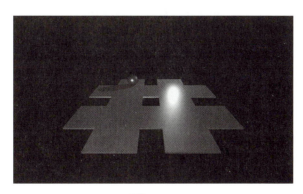

图　15.4

好的，我们有了球和游戏板以及开始或重新开始游戏的方法。下面该为游戏板添加键盘控制了。

15.2.5 添加游戏控制

我们将在代码的最底部添加游戏控制。在 gameStep() 函数下面添加以下"keydown"时间监听函数和 sendKeyDown() 函数，并调用 gameStep()：

```
document.addEventListener("keydown", sendKeyDown);
function sendKeyDown(event){
  var code = event.code;
  if (code == 'ArrowLeft') left();
  if (code == 'ArrowRight') right();
  if (code == 'ArrowUp') up();
  if (code == 'ArrowDown') down();
}
```

到目前为止，我们已经熟悉了使用 JavaScript 键盘事件来控制游戏。在这里，我们调用的功能是向左、向右、向上和向下倾斜游戏板。接下来，我们将在 sendKeyDown() 函数之后添加这些函数定义。

```
function left()  { tilt('z',  0.02); }
function right() { tilt('z', -0.02); }
function up()    { tilt('x', -0.02); }
function down()  { tilt('x',  0.02); }
function tilt(dir, amount) {
  board.__dirtyRotation = true;
  board.rotation[dir] = board.rotation[dir] + amount;
}
```

left()、right()、up() 和 down() 函数非常容易理解。它们都不长，所以可以把整个函数定义放在一行！而被这 4 个函数所调用的 tilt() 函数则可能略微有一点难懂。（tilt 是"倾斜"的意思。）

我们已经在 reset() 函数里见到过使用 __dirtyRotation 的情形，所以在这里也必须设置它，否则板子就不会移动。还记得我们在 addBoard() 中将 0 添加到 BoxMesh 吗？那个 0 表示本子不会移动或旋转……除非我们设置一个脏属性。

在 tilt() 函数里，board.rotation[dir] 这个用法有一些玄妙。当调用 left() 函数时，它会调用 tilt()，并将 dir 参数设置为 'z'。由于 dir 是 'z'，设置 board.rotation[dir] 相等于设置 board.rotation ['z']。这是新用法！我们已经看过像 board.rotation.z 这样的做法，但从未见过在方括号里面放一个字符串的用法。记住方括号的这种做法，因为它非常强大和实用。

好吧，事实证明 board.rotation ['z'] 与 board.rotation.z 的作用相同。JavaScript

将两者视为更改 rotation 的 z 属性。使用这个技巧，我们只编写一行代码就可以更新 tilt() 中的所有不同方向。

```
board.rotation[dir] = board.rotation[dir] + amount;
```

如果没有这样的技巧，我们可能不得不使用四种不同的 if 语句。所以懒惰的程序员喜欢这个技巧！

试试游戏板吧！你应该可以使用箭头键向左、向右、向上和向下倾斜板子了。你做出如图 15.5 所示的游戏了吗？

你甚至可以让球通过板子中心的孔，但由于还没有写游戏规则代码，所以即使你做到了，暂时也没有什么特别的反应。那么接下来就添加游戏玩法代码吧。

图 15.5

15.2.6 添加游戏目标

为了保持代码的有序性，我们继续按照调用它们的顺序来定义函数。所以将 addGoal() 函数放在 addBoard() 和 reset() 两个函数之间。（addGoal 是"添加目标"的意思。）

```
function addGoal() {
  shape = new THREE.CubeGeometry(100, 2, 100);
  cover = new THREE.MeshNormalMaterial({wireframe: true});
  var goal = new Physijs.BoxMesh(shape, cover,  0);
  goal.position.y = -50;
  scene.add(goal);

  return goal;
}
```

游戏目标实际上只是一个放在游戏板下面的小盒子。在我们添加碰撞事件侦听器之前，这不会有任何特殊作用。

线框

你可能已经注意到，我们在创建目标时将 wireframe（线框）属性设置为 true。线框模式让我们可以看到没有材质包裹的几何体。它是观察形状和绘制平面的有用工具，就像我们在这里

> 所做的那样。
>
> 通常你应该从已经完成的游戏代码中删除线框属性（你也可以连"{ }"一起删除）。在这个游戏中，更有意义的做法是将"{ }"内的 wireframe : true 改为 visible : false，这样玩家就无法看到目标。

在我们进行碰撞检测以便判断玩家是否胜利之前，先添加另一个函数来创建"目标灯光"。这个灯光将做两件事：突出游戏的目标并在玩家胜利时闪烁。

在 reset() 函数下添加 addGoalLight() 函数。

```
var goalLight1, goalLight2;
function addGoalLight(){
  var shape = new THREE.CylinderGeometry(20, 20, 1000);

  var cover =   new THREE.MeshPhongMaterial({
    emissive: 'white',
    opacity: 0.15,
    transparent: true,
    color: 'black'
  });
  goalLight1 = new THREE.Mesh(shape, cover);
  scene.add(goalLight1);

  var cover2 =   new THREE.MeshPhongMaterial({
    visible: false,
    emissive: 'red',
    opacity: 0.4,
    transparent: true,
    color: 'black'
  });
  goalLight2 = new THREE.Mesh(shape, cover2);
  scene.add(goalLight2);
}
```

这个函数有点奇怪。它不会在场景中添加能照亮别人的光源，相反，它添加了两个假灯光，而不是一个灯光。

记住，我们正在使用目标灯光来突出玩家的目标。这看起来有点像聚光灯。为了让它看起来更像一个聚光灯，我们将其标记为半透明并设置一定量的透明度。透明意味着我们可以透视它。透明度决定了透视的容易程度：一个接近 0 的数字，比如 0.15，相当于几乎完全透明。

对于第二个目标灯光，我们重复使用相同的形状，但使用略有不同的材质。它仍然是透明的，但是透明度为 0.4，因此不像第一盏灯光那么透亮。此灯光将发出红色而不是白色的光。最重要的是，我们使用 visible：false 使这个材质不可见。

一次只能看到其中一个目标灯光。为了看到这一点，将这个函数添加到代码大纲中：

```
var lights = addLights();
var ball = addBall();
var board = addBoard();
var goal = addGoal();

reset();
➤ addGoalLight();
```

现在你应该能看到比较透明的白色目标灯光，如图 15.6 所示。

第一个白色目标灯光在游戏的一开始就是可见的。当玩家获胜时，

图　15.6

我们会在白色和红色灯光之间来回切换。首先，切换为红色的可见，白色的不可见。半秒钟后，切换为白色的可见，红色的不可见。要实现这一点，在 addGoalLight() 下面添加 win() 函数：

```
function win(flashCount) {
  if (!flashCount) flashCount = 0;

  goalLight1.material.visible = !goalLight1.material.visible;
  goalLight2.material.visible = !goalLight1.material.visible;

  flashCount++;
  if (flashCount > 10) {
    reset();
    return;
  }
  setTimeout(win, 500, flashCount);
}
```

这是一个有趣的小函数！第一行代码检查是否使用参数调用 win()。如果未设置 flashCount，则将其设置为 0。

下一行更改第一个目标灯光材质上的可见属性。为此，代码中使用布尔值中的布尔"非"运算符。我们曾在 7.3.2 节中学过这个运算符。如果 visible 属性

为 true（真），则 visible 可更新为"not"true（"不"真）也就是 false（假）。如果 visible 属性为 false，则 visible 更新为 true。

下一行取目标灯光 1 的可见属性的值，并将目标灯光 2 的可见属性设置为该值相反的值。因此，如果目标灯光 1 可见，则目标灯光 2 将是不可见的。如果目标灯光 1 不可见，则可以看到目标灯光 2。很酷，对吗？但等等，乐趣并不止于此！

接下来，我们将闪光次数增加一次。如果闪烁次数超过 10 次，则重置游戏并返回 win() 函数。

如果闪烁次数仍然小于 10，则跳过这个 if 语句并移动到 setTimeout()。我们告诉 setTimeout() 在等待半秒（500 毫秒）后调用这个相同的 win() 函数。另外，我们也将 flashCount 的值传递给 win()。

换句话说，我们写了 win() 函数，并让它不断调用自己。每次调用 win() 时，它都会通过切换哪个目标灯光可见来模拟闪烁的灯光。它会在每半秒的时候切换一次，并且使 flashCount 值加 1。理解这一点可能有些难度，但这确实是函数强大的另一个证明。

在我们完成目标之前，还有一件事要补充。在 win() 函数之后，向目标添加一个事件侦听器。

```
goal.addEventListener('collision', win);
```

当球与目标盒子碰撞时，这会调用 win()。

现在已经添加好了游戏目标。你应该能够隐藏代码并使用键盘上的方向键来倾斜板，直到球落入中心的洞内。

如果目标没有闪烁，检查 JavaScript 控制台。你也可以尝试在代码大纲下方添加对 win() 的调用。这将调用 win() 而无须倾斜游戏板。然后，你可以在 JavaScript 控制台中查看错误，并尝试在 addGoalLight() 或 win() 函数中修复它。只需记住在完成调试后从代码大纲中删除对 win() 的调用。因为我们不想让玩家还没有玩就直接获胜。

15.2.7 就这样了

现在你应该已经拥有了一个功能齐全的倾斜板子游戏。使用箭头键来控制板子的倾斜度控制小球调入中心的洞中并得分。

15.3 进阶代码 1：添加背景

我们可以利用第 13 章中实现的星空背景给这个迷你游戏带来太空的感觉。在 win() 函数定义和碰撞事件监听器下面，添加以下代码：

```
function addBackground() {
  var cover = new THREE.PointsMaterial({color: 'white', size: 2});
  var shape = new THREE.Geometry();

  var distance = 500;
  for (var i = 0; i < 2000; i++) {
    var ra = 2 * Math.PI * Math.random();
    var dec = 2 * Math.PI * Math.random();

    var point = new THREE.Vector3();
    point.x = distance * Math.cos(dec) * Math.cos(ra);
    point.y = distance * Math.sin(dec);
    point.z = distance * Math.cos(dec) * Math.sin(ra);

    shape.vertices.push(point);
  }
  var stars = new THREE.Points(shape, cover);
  scene.add(stars);
}
```

完成后，可以在代码大纲中添加对 addBackground() 函数的调用。

```
  var lights = addLights();
  var ball = addBall();
  var board = addBoard();
  var goal = addGoal();

  reset();
  addGoalLight();
▶ addBackground();
```

星空背景非常酷。实际上使用"点"还能创建出更惊人的东西……

15.4 进阶代码 2：制造火

所有现代计算机都是极其复杂的系统。几乎所有这些都有一个专门用于处理图形的部分：图形处理单元（或称 GPU）。任何时候，只要程序员能够合理地让 GPU 完成一些工作，就一定是一种胜利，因为它释放了中央处理单元（或称 CPU），以执行让 CPU 做更多的事情，比如游戏逻辑。

GPU 拥有很多高深莫测的秘技，其中之一叫"粒子着色器"，它可以在场景中画很多特殊的点。普通的点，比如我们在星空中使用的点，并不适用于粒子着色器。我们需要一种新的点。但首先，必须加载一个新的程序库。

```
<body></body>
<script src="/three.js"></script>
<script src="/physi.js"></script>
➤ <script src="/spe.js"></script>
```

接下来，我们完全替换 addGoalLight() 函数。添加一个"粒子发射器"来取代前面的那个双色目标灯光。

```
var fire, goalFire;
function addGoalLight(){
  var material = new THREE.TextureLoader().load('/textures/spe/star.png');
  fire = new SPE.Group({texture: {value: material}});
  goalFire = new SPE.Emitter({particleCount: 1000, maxAge: {value: 4}});
  fire.addEmitter(goalFire);

  scene.add(fire.mesh);

  goalFire.velocity.value = new THREE.Vector3(0, 75, 0);
  goalFire.velocity.spread = new THREE.Vector3(10, 7.5, 5);
  goalFire.acceleration.value = new THREE.Vector3(0, -15, 0);
  goalFire.position.spread = new THREE.Vector3(25, 0, 0);
  goalFire.size.value = 25;
  goalFire.size.spread = 10;
  goalFire.color.value = [new THREE.Color('white'), new THREE.Color('red')];
  goalFire.disable();
}
```

此粒子着色器开始为禁用状态。我们将在玩家胜利时启用它，但首先在这里快速描述此函数中的各种属性。

此函数首先加载一个火花图像，用于构成火焰效果。然后将图像添加到分组变量 fire 中。接下来，构建 goalFire "发射器"，它将发射或抛出 1000 个火焰粒子，每个粒子在消失之前将存在 4 秒钟。然后将发射器也添加到 fire 变量中，并将分组添加到场景中。最后我们为发射器的粒子设置了一些属性，包括：

❏ 它们在 Y 方向的加速度。
❏ 每个粒子的速度变化范围。
❏ 粒子被拉回的速度有多快。
❏ 如何展开火焰的底部。
❏ 粒子有多大。
❏ 粒子的尺寸变化范围。

最后一个属性表示粒子将从白色开始，并以红色结束。

粒子着色器需要定期更新。刚好我们可以在 animate() 函数中做这件事。

```
    var clock = new THREE.Clock();
    function animate() {
      requestAnimationFrame(animate);
      renderer.render(scene, camera);
➤     var dt = clock.getDelta();
➤
➤     fire.tick(dt);
      lights.rotation.y = lights.rotation.y + dt/2;
    }
    animate();
```

你也可以为场景中的灯光设置动画，如最后一行所示，但这取决于你！

若想确认所有内容都已正确输入，返回 addGoalLight() 函数。将该函数的最后一行更改为 goalFire.enable()。如果一切正常，你应该在游戏板中间看到火焰。如果能看到火焰说明一切都很顺利，别忘了把刚才修改的最后一行代码改回来，我们只希望在玩家获胜后点火。

粒子有很多属性。理解它们的最好方法是花些时间玩一玩这些属性。如果将 spread 属性更改为全 0，会发生什么？如果更改加速度值会发生什么？如添加其他颜色会发生什么？你能做出比这更好的火焰吗？

在 addGoalLight() 结束时禁用火，因为我们需要在玩家胜利时再启用它。参考下面代码更改 win() 函数。

```
    function win(flashCount) {
      if (!flashCount) flashCount = 0;
➤     goalFire.enable();
      flashCount++;
      if (flashCount > 10) {
        reset();
➤       goalFire.disable();
        return;
      }
      setTimeout(win, 500, flashCount);
    }
    goal.addEventListener('collision', win);
```

这将删除切换两个假目标灯光的代码。它会在第一次调用时启用 goalFire 发射器，也就是当球首次与目标发生碰撞时。然后，当 win() 函数被调用足够次数时，我们再次禁用火，直到下一次玩家赢得游戏。

这很酷。也许你的火焰更好。记住，酷炫的游戏无法取代游戏玩法的乐趣。现在，游戏很容易获胜。你能让它变得更难吗？

15.5 挑战

为了使游戏更难，尝试让左侧的条形板子更长，或者尝试在后面添加另一个横着的条形板子，然后让球落在后面的新条形板子边缘。

也可以尝试添加第 11 章中的记分牌，如果玩家无法在一定时间内完成游戏，则算做失败。

你能想到其他改进游戏的方法吗？发挥创意！

15.6 完整代码

完整代码可在书后附录 A 中的"代码：倾斜板子游戏"一节里查看。

15.7 下一步我们做什么

这是目前我们做得最漂亮的游戏。这个游戏将学过的所有新旧技能都融合到了一起，包括几何形体、材质、灯光、阴影、键盘控制、物理效果模拟、星空背景以及用粒子着色器实现的火焰效果。倾斜板子游戏很有趣，玩起来很酷。虽然写代码花了很多时间，但很值得。

接下来将介绍 JavaScript 的一个新概念：对象。虽然我们一直在使用它，但从未仔细了解。一旦我们掌握了这项技能，就能够创建一些更加漂亮的游戏。

第 16 章

了解 JavaScript 对象

学完本章，你将做到：
- 了解一些关键字的含义。
- 定义自己的对象。
- 看到 JavaScript 做得最糟糕的事情。

到目前为止，我们取得了一些不可思议的进展。我们制作了可以在屏幕上走动并撞到障碍物的 3D 游戏角色，建立了月球运动的动画模型，还尝试了使用新技能来编写非常酷的 2D 游戏。

事实上，我们取得了如此大的进步，已经达到了 JavaScript 的技能极限。当然，我的意思是说，至少在没有引入新内容的情况下，确实是这样的。所以，是时候学一些新东西了。重新考虑一下前面制作的第一个游戏角色。我们现在已经可以制作一个单人游戏了，但如果玩家想和别人一起玩怎么办？

如果同时在屏幕上显示两个角色，我们如何将所有这些手，脚和身体添加到屏幕上而不相互干扰？如何让每个角色独立行动？如何为每个角色分配不同的颜色和形状⊖？

如果试图用目前所知的方式完成所有这些功能，事情的复杂程度很快就会失控。能够完美解决这个问题的答案是：JavaScript 对象。所以是时候了解对象了，看看我们可以用它来做什么。

> **这是一个具有挑战性的章节**
>
> 本章中有许多新概念。先总体浏览一遍本章的内容，然后再回过头来细读，这可能更有帮助。

16.1　让我们开始吧

在 3DE 编辑器中创建一个新项目。在"TEMPLATE"列表中选择"Empty Project"（空项目），并将此项目命名为"JavaScript Objects"。

本章不会渲染图形。相反，我们将在程序中创建对象并在 JavaScript 控制台中查看它们。所以一定要打开 JavaScript 控制台。（在 PC 计算机的键盘上按 Ctrl+Shift+J，或者在苹果计算机的键盘上按 ⌘+Option+J，可以打开 JavaScript 控制台。）

⊖ 这是一些非常好的问题，建议读者在继续阅读之前，翻到书后附录 A，找到"代码：水果狩猎"那一节，重新看一看那个游戏的完整代码，然后结合代码想一想刚才的 3 个问题。你不必真的编程去解决那些问题，只要在脑子里构思一下就可以。——译者注

16.2 简单的对象

我们可以在真实或虚拟世界中触摸或谈论的任何事物都可以在计算机编程中描述：角色、汽车、树、书、电影。任何东西。当程序员谈论计算机世界中的事物时，会将这些东西称为"对象"。我们来看看电影吧。我想我们都同意星球大战是有史以来最伟大的电影，对吧？

好吧，让我们将星球大战描述为一个 JavaScript 对象。首先，请将下面的代码添加到"Your code goes here"那一行的后面。

```
var bestMovie = {
  title: 'Star Wars',
  year: 1977,
};
```

嘿，等等，这不就是个映射表吗？我们不是已经在 7.3.7 节学过了吗？答案是：是的！但它也可以不仅仅个映射表。

> **映射表中最后一个条目之后的逗号**
>
> 在映射表中，在最后一个条目之后写一个逗号会很有帮助。虽然这不是必需的，而且确实看起来多余，但这样做是为了方便以后添加新条目。如果没有逗号，添加其他条目时很容易因为忘记在旧条目后面添加逗号从而破坏整个映射表。如果已经有了这个逗号，那么就不必担心忘记它了！

在 JavaScript 中，"映射表"有一个奇怪的别名，叫"对象字面量"。这两者之间没有区别，所以大多数时候我们只称它们：映射表。当我们想要吹牛的时候，可以称它们：对象字面量。但是请你注意了：除了吹牛之外，当我们把它们变成真正的"对象"之后，就不能再称为映射表或者对象字面量，而只能称他们为对象了。

那么你肯定要问：映射表或者对象字面量，与真正的对象之间，有什么区别呢？

看一看下面代码中的映射表 bestMovie，其中，title 和 year 是两个键（数据的名字），分别指向两个简单的值，一个是文字，另一个是数字。此外，我们在第七章学习 JavaScript 基础知识时所接触到的其他东西，例如列表等，也同样都是对象字面值。因为它们存储的内容都是简单的值：文字、数字、布尔值等。

```
var bestMovie = {
  title: 'Star Wars',
  year: 1977,
  stars: ['Mark Hamill', 'Harrison Ford', 'Carrie Fisher'],
};
```

但是，当我们令映射表中的键指向函数时，映射表就变成真正的对象了！下面的代码，你能找到哪个数据是函数吗？

```
var bestMovie = {
  title: 'Star Wars',
  year: 1977,
  stars: ['Mark Hamill', 'Harrison Ford', 'Carrie Fisher'],
  logMe: function() {
    console.log(this.title + ', starring: ' + this.stars);
  },
};
```

那太厉害了。logMe 指向一个没有名称的函数！或者可以理解为 logMe 就是它的函数名。（logMe 是"在控制台输出自己"的意思。）函数内部有两个引用。这里到底发生了什么？

回答这个问题的最好方法是调用一下 logMe 函数，看看会发生什么！在前面编写游戏的时候，我们可没少调用函数，但是这个写在对象里的函数，你知道怎么调用吗？

信不信由你，其实你已经知道如何调用这样的函数，而且你已经调用过很多次了！我们从第 1 章开始就调用了这样的函数，当时用 scene.add(ball) 将物体添加到场景中，或者用 position.set(-250,250,-250) 设置位置。add() 和 set() 其实就是对象里的函数，因为 scene 和 position 就是对象！

类似的，对于 bestMovie 中的 logMe() 函数来说，调用它的方式就是：bestMovie.logMe()。在 bestMovie 的"}"的下一行添加以下代码。

```
bestMovie.logMe();
```

在 JavaScript 控制台中，你应该看到以下消息："Star Wars, starring: Mark Hamill, Harrison Ford, Carrie Fisher"（星球大战，主演：Mark Hamill、Harrison Ford、Carrie Fisher）。

这看起来蛮简单明了的，对吧？为了实现这一点，JavaScript 对对象函数做了两件事：

1）它让我们通过键来调用一个函数。在 bestMovie 里，函数的键是 logMe。

需要调用该函数时,我们可以将其写为 logMe()[⊖]。

2)函数内部使用了"this"变量。我们并没有创建过这个变量,JavaScript 为此做了一些非常特别的工作。

"this"变量是 JavaScript 中最强大的东西之一。它有许多用途,我们用它来指代当前对象。无论何时创建一个对象,JavaScript 都会自动将其定义为当前对象,这就是 this.title 和 this.stars 在 logMe() 中工作的原因。

"this"变量只能在对象函数中使用

"this"变量很特别。JavaScript 只允许在对象函数中使用它。在任何其他地方使用它都会出错误。

除了在对象函数中访问简单值之外,甚至可以在一个对象函数中调用另一个对象函数。下面更改一下 logMe(),使它自己不创建字符串,而是在另一个对象函数 about() 中获取该字符串。代码如下所示。

```
var bestMovie = {
  title: 'Star Wars',
  year: 1977,
  stars: ['Mark Hamill', 'Harrison Ford', 'Carrie Fisher'],
  logMe: function() {
➤   var me = this.about();
➤   console.log(me);
  },
➤ about: function() {
➤   return this.title + ', starring: ' + this.stars;
➤ },
};
bestMovie.logMe();
```

上面的代码中,about() 函数会使用 bestMovie 中的简单值构建一个字符串,而 logMe() 函数则通过调用 about() 函数来获取该字符串。访问对象中的简单值与调用对象方法都需要使用"this"变量。

⊖ 当你通过 bestMovie.logMe() 来调用 logMe() 函数时,"."左边的就是当前对象,因此 bestMovie 就是此次调用的当前对象。前面我们使用过很多次 add() 函数将一个物体添加到另一个上面,假设调用 add() 函数两次:body.add(leftHand); scene.add(body);,则前一次调用 add() 函数时,body 是当前对象。而后一次调用 add() 函数时,scene 是当前对象。——译者注

16.3 属性和方法

作为程序员，有一件事情一直令我们感到不愉快，那就是很多编程术语不够直白，听起来令人迷惑，比如：变量、字符串、键、列表、函数。尤其是你刚刚学到的"映射表"和"对象字面量"：两个名字指的是同一样东西，却没有一个名字通俗易懂。

不过更糟是，我们要再一次遇到类似情况了！

在谈论对象时，程序员通常不说"键"或"函数"。相反，称它们为"属性"和"方法"。

你可能觉得其实使用哪个名字并不重要，但这样想其实不太对。这里至少有三个原因能够说明名字的重要性：

1）这些名称更好地描述了如何将它们用于对象。

2）这些名字（尤其是"对象"、"属性"和"方法"）在很多其他编程语言中都通用，因此熟悉它们能够帮你很好地学习其他编程语言。

3）从现在开始将使用这些名字来称呼这些东西！因此熟悉并记住它们能够帮你更好地理解本书后面的内容。

我们在 bestMovie（最佳电影）变量上访问 title（电影名）、year（年代）或 starts（主演），就像是在询问最佳电影的不同属性或特征。所以 bestMovie.year 是最佳电影的一个属性。而 bestMovie.stars 是同一件事的另一个属性。

与询问一个对象的属性不同的是，调用对象函数更像是要求对象去做一件事。比如调用 bestMovie.logMe() 时，它会将对象的一些信息输出到 JavaScript 控制台上。而调用 bestMovie.about() 则是在要求 bestMovie 使用自己所携带的数据来描述自己。

但愿你能很好地理解上面介绍的一些名字，因为在下一节将使用它们。

16.4 复制对象

在现实生活中，当你想复制一个很酷的想法或者仿制一个有趣的设备时，你会首先复制它所有的一切，然后在这里或那里修改一些东西，以便使它更好。而正在被你复制的东西便成为了新成果的原型。JavaScript 也使用类似的方式处理复制对象。

要描述另一部电影，我们可以使用 Object.create() 复制原型 bestMovie 对象。代码如下所示。

```
var greatMovie = Object.create(bestMovie);
greatMovie.logMe();
// => Star Wars, starring: Mark Hamill,Harrison Ford,Carrie Fisher
```

Object.create() 将创建一个新对象，并使它具有与之前创建的原型对象相同的属性和方法。所以在上面的代码中，新的对象 greatMovie（伟大的电影），与原型对象 bestMovie 具有相同的电影 title 和 starts。而且它同样也有 logMe() 和 about() 方法。

下面的代码使新对象引用一部 3D 程序员喜爱的电影：玩具总动员。

```
greatMovie.title = 'Toy Story';
greatMovie.year = 1995;
greatMovie.stars = ['Tom Hanks', 'Tim Allen'];
```

这会更改新的 greatMovie 对象的 title、years 和 starts 属性。对象编程美妙之处在于调用 greatMovie 的 logMe() 方法会产生与调用 bestMovie 的 logMe() 方法不同的效果。

```
greatMovie.logMe();
// => Toy Story, starring: Tom Hanks,Tim Allen
```

调用 greatMovie 的 logMe() 方法后，在 JavaScript 控制台中，我们会看到有关玩具总动员（Toy Story）的信息。

而调用 bestMovielogMe() 方法会发生什么？

```
bestMovie.logMe();
// => Star Wars, starring: Mark Hamill,Harrison Ford,Carrie Fisher
```

在 JavaScript 控制台中，我们可以看到有关星球大战的信息。

可以看出，greatMovie 与其复制的原型 bestMovie 是不同的对象。它们现在具有完全不同的属性。但是它们仍然具有相同的 logMe() 和 about() 方法。因为我们并没有在 greatMovie 中更改它们，所以即便使用相同的方法，它们也会产生不同的结果。

调用这些相同的方法会产生不同的结果，是因为我们在 about() 方法中使用了 this.title 和 this.stars，而"this"指代当前对象。由于当前对象一次是 greatMovie，另一次是 bestMovie，因此导致两次调用产生的结果不同。

```
about: function() {
  return this.title + ', starring: ' + this.stars;
},
```

需要注意的是，修改新的 greatMovie 对象的属性不会影响 bestMovie 对象。bestMovie 的所有属性都保持不变，其 logMe() 方法仍然显示原始结果。

复制 bestMovie 产生新的 favoriteMovie 对象，并将它的属性修改为自己喜欢的电影。你能创建一个 logFullTitle() 方法，在括号中显示电影名称，并在后面跟着年份吗？它应该在 JavaScript 控制台中看起来像"星球大战（1977）"这样的信息。确保它对原型对象以及新对象都适用。

这些关于原型和原型对象的讨论不仅仅是为了花哨。事实上，原型的概念在 JavaScript 中非常重要，它可以回答自本书第 1 章以来，你可能很早就注意到的东西：在输入的代码中，经常看到一个指令"new"。（new 是"新"的意思。）这个指令到底是什么意思？

16.5 构建新对象

我们现在不但知道 JavaScript 中的对象是什么，而且还看到了一个对象是如何成为一个原型对象，并作为创建类似对象的模板。但是，像这样创建新对象可能非常烦琐且容易出错。考虑一下：如果忘记在 greatMovie 上分配年份属性，那么该对象将认为玩具总动员是在 1977 年制作的。除非以不同的方式复制对象，否则它会复制原始（bestMovie）对象的所有属性，包括年份，1977 年！

在 JavaScript 中创建对象的另一种方法是使用简单的函数。就是在第 5 章学习的简单函数。在简单函数中创建对象并没有什么特别之处。

因为方便辨认，程序员通常会将能够创建新对象的函数的名称的首字母大写。例如，创建电影对象的函数可以称为 Movie()。

```
function Movie(title, stars) {
  this.title = title;
  this.stars = stars;
  this.year = (new Date()).getFullYear();
}
```

这只是一个普通的函数，它使用 function 关键字，函数名为 Movie，并且有一个参数列表（例如电影名称和电影中的主演名单列表）。

但是，在此函数定义中执行的操作与一般函数不同。我们不是执行计算或更改值，而是设置新创建的对象的属性。它将参数中的 title 设置到新对象的 this.title 上，并将参数中的主演名单设置到新对象的 this.stars 上，甚至也为 this.year 设置恰当的值。

除了上面这些之外，这个函数没什么特别之处。那么它是如何创建对象的呢？是什么使它成为对象创建者而不是常规函数？

答案是在本书第 1 章中看到的内容：new 关键字。我们不像常规函数那样调用 Movie()。它是一个对象构造函数（是的，程序员真的很喜欢花哨的名字）。因此，我们通过在构造函数名称前放置 new 来构造新对象。

```
var kungFuMovie = new Movie('Kung Fu Panda', ['Jack Black', 'Angelina Jolie']);
```

新 Movie 中的 Movie() 是定义的构造函数。它需要两个参数：title（功夫熊猫）和一个 stars 列表变量（Jack Black 和 Angelina Jolie）。

由于我们已经在构造函数中对属性进行了赋值，因此可以像访问其他的对象一样访问这些属性。

```
console.log(kungFuMovie.title);
// => Kung Fu Panda
console.log(kungFuMovie.stars);
// => ['Jack Black', 'Angelina Jolie']
console.log(kungFuMovie.year);
// => 2018
```

你可能会注意到功夫熊猫电影的年份是错误的：它出现在 2008 年，而不是 2018 年。这是因为我们的构造函数只知道将年份属性设置为当前年份。

如果你愿意接受挑战，试着更改构造函数，使其获得第三个参数：years（年份）。如果将 years 作为第三个参数给出，那么将在构造函数内被用于设置 this.year。

现在我们知道 3D JavaScript 程序库的创建者如何编写他们的代码，这样我们就可以编写如下代码。

```
var shape = new THREE.SphereGeometry(100);
var cover = new THREE.MeshNormalMaterial();
var ball = new THREE.Mesh(shape, cover);
```

SphereGeometry、MeshNormalMaterial 和 Mesh 都是 Three.js 程序库中的构

造函数。

一个谜团得到解决,但仍有另一个:如果使用构造函数来构建对象,如何为这些对象创建方法?如何为 Movie 对象定义 logMe() 方法?

答案就是为什么在前一节中强调了"原型"这个词。为了让由 Movie() 构造函数创建的对象具有 logMe() 方法,需要在构造函数的原型上定义方法。也就是说,对于原型 Movie,我们希望 logMe() 方法如下所示:

```
Movie.prototype.logMe = function() {
  console.log(this.title + ', starring: ' + this.stars);
};
```

有了这个方法,就可以调用 kungFuMovie 的 logMe() 函数了。

```
kungFuMovie.logMe();
// => Kung Fu Panda, starring: Jack Black,Angelina Jolie
```

JavaScript 对象可以有任意多的方法,比如 logMe(),但最好保持它们的数量很少。如果你发现自己编写的方法超过 12 个,那么可能是时候创建第二个对象了。

16.6　JavaScript 中最糟糕的事情:失去了这个

JavaScript 是一种很棒的编程语言。但在某些情况下,不太好的事情也会发生。这里有一个显露 JavaScript 缺点的典型例子。

考虑使用 setTimeout() 延迟调用函数。书中已经多次这样做了。在第 11 章中,我们使用 setTimeout() 在两秒钟的延迟后摇动宝藏树。代码如下所示。

```
setTimeout(shakeTreasureTree, 2*1000);
```

在 2 秒(2 000 毫秒)之后,setTimeout() 调用 shakeTreasureTree() 函数。我们也曾多次用这种方式调用 gameStep() 函数。

```
setTimeout(gameStep, 1000/30);
```

如果尝试使用 logMe() 方法执行此操作会发生什么?

```
setTimeout(kungFuMovie.logMe, 500);
```

试试这个,看看会发生什么。

我们期待的是，在延迟半秒之后，可以在 JavaScript 控制台中查看消息显示："Kung Fu Panda, starring: Jack Black, Angelina Jolie."

然而，实际看到的是这样的信息："undefined, starring: undefined."，啊？！

如果用 bestMovie 尝试这个会发生什么？

```
setTimeout(bestMovie.logMe, 500);
```

我们会在 JavaScript 控制台中看到错误信息，类似于："this.about is not a function."。

到底发生了什么？

听起来很疯狂，JavaScript 已经忘记了这是什么！当使用 setTimeout() 调用 logMe() 时，JavaScript 将其视为普通函数来调用，而不是当作对象 kungFuMovie 或 bestMovie 的方法来调用。

当它试图为 kungFuMovie 调用 logMe() 方法时，JavaScript 知道该方法是我们在 Movie 的原型上定义的方法。

```
Movie.prototype.logMe = function() {
  console.log(this.title + ', starring: ' + this.stars);
};
```

但当前对象不再是 kungFuMovie。因此，当 setTimeout() 运行它时，this.title 和 this.stars 都是未定义的。这就是为什么会得到消息，"undefined, starring: undefined."。

当 setTimeout() 尝试在 bestMovie 上调用 logMe() 时，JavaScript 也忘记了这是什么。JavaScript 甚至不记得我们向 bestMovie() 添加了一个 about() 方法，因此我们收到一条错误消息 "this.about is not a function."。

JavaScript 忘记当前对象这个问题是 JavaScript 编程中最困难的部分之一。多年来一直困扰着编写 JavaScript 程序的人。

令人高兴的是，一旦我们知道问题是什么，就会有一个简单的解决方案。用 bind() 方法提醒 JavaScript 应该是什么。

```
setTimeout(kungFuMovie.logMe.bind(kungFuMovie), 500);
setTimeout(bestMovie.logMe.bind(bestMovie), 500);
```

是的，两次写 kungFuMovie 或 bestMovie 来调用方法是非常奇怪的，但实际上这已经是用 JavaScript 编程最糟糕的事情，但它其实也没有那么糟。另外，我们只需要在使用 setTimeout() 之类的东西时这样做，这其中也包括在下一章中讲到的碰撞方法。

如果你 bestMovie 绑定到 kungFu Movie.logMein 会发生什么？如果你 bind（kungFuMovie）到 bestMovie.logMe 会发生什么？（bind 是"绑定"的意思。）

16.7 挑战

这是一个艰难的篇章。如果想要确保自己了解如何向原型添加方法，一定要尝试一下。

你能在 Movie.prototype 上定义一个 about() 函数，让它从 bestMovie 返回与 about() 相同的信息吗？然后让 logMe() 记录 this.about() 的结果。

如果你可以做到这一点，那么你就可以很好地使用对象了！

16.8 完整代码

完整代码可在书后附录 A 中的"代码：了解 JavaScript 对象"一节里查看。

16.9 下一步我们做什么

使用对象进行编程不是一件容易事。如果你理解了本章的所有内容，那么你的编程方式一定比我第一次学习编程时的方式要好。如果你并不能把本章的一切都弄明白，不要担心。我们将在接下来的几个游戏中反复使用这些知识，帮助你在实践中理解。

在用对象编写一两个游戏之后，重新阅读本章可能会有所帮助。随着编写的游戏变得越来越复杂，你将越来越需要依靠对象来帮助自己组织代码。

第17章

项目

预备，稳定，发射

学完本章，你将做到：
- 制作一个需要技巧和机会的有趣游戏。
- 更好地了解如何使用 JavaScript 对象来创建游戏。
- 编写代码呈现更酷的图形和物理效果。

在本章中，我们将创建一个新游戏，运用之前学到的几乎所有新技能，其中包括：碰撞、物理、灯光、材质甚至 JavaScript 对象。

我们将创造一个漂亮的迷你游戏。完成后，它应该如图 17.1 所示。要知道，最好的游戏需要玩家结合运气和技巧来取得胜利。这个游戏就是如此。我们给这个游戏取名为"预备，稳定，发射"。

图　17.1

JavaScript 对象 ...... 很奇怪

我在第 16 章中说过，我希望在这里再次重申：JavaScript 对象可能令人感到困惑。它们有时甚至难倒了经验丰富的 JavaScript 程序员，所以如果你无法完全理解全部内容，不要沮丧。完成本章，你就会明白更多东西。然后可以回过头去重读上一章中关于 JavaScript 对象的知识。

以下是本章游戏的三个重要部分：

1）发射器

2）篮筐

3）风

发射器将球抛向空中，试图让它们进入篮筐得分。在游戏期间风将不断变化，给玩家操作发射器带来挑战。

我们会将下面这些重要部分做成 javaScript 对象：

1）发射器对象将知道如何向左或向右移动以及如何发射球。

2）篮筐对象将等待球碰撞并得分。

3）风对象将随时间改变方向和速度。

此外，这三个对象都知道如何将自己绘制在场景中。

那就让我们开始吧！

17.1 让我们开始吧

首先在 3DE 代码编辑器中创建一个新项目。在"TEMPLATE"中选择"3D starter project (with Physics)"项目基础代码（这次甚至需要修改基础代码），并将其命名为"Ready，Steady，Launch"。

你可能已经猜到了，此模板包含了在第 14 章中手动添加的大部分物理程序库相关的代码。

但仍需要在"START CODING"行之前进行一些更改。首先，我们仍然希望在游戏中显示得分，因此需要包含"scoreboard.js"程序库。在第 3 行之后、<script> 标记之前插入一个新行，并添加以下 <script> 标记。

```
<script src="/scoreboard.js"></script>
```

接下来调整摄像机，使其位置高一点，以便能够俯视场景中心。为此，在将摄像机添加到场景的代码之前，将下面程序中的新代码输入到你的程序中。

```
    camera.position.z = 500;
►   camera.position.y = 200;
►   camera.lookAt(new THREE.Vector3(0,0,0));
    scene.add(camera);
```

由于我们尚未在场景中添加任何内容，因此目前不会产生明显的变化。但它肯定会帮助玩家更好地观察游戏画面。

下面将发射器添加到游戏中。

17.2 发射器

发射器是一个箭头，指向球将要发射的方向。在"START CODING ON THE NEXT LINE"行下方输入下面的代码，添加发射器箭头。

```
var direction = new THREE.Vector3(0, 1, 0);
var position = new THREE.Vector3(0, -100, 250);
```

```
  var length = 100;
  this.arrow = new THREE.ArrowHelper(
    direction,
    position,
    length,
    'yellow'
  );
  scene.add(this.arrow);
```

我们使用"箭头助手"来绘制发射器。将来你可能会用一个动画弹弓或类似的东西替换它，但目前对于该游戏来说，箭头就足够了。箭头需要设定一个指向的方向（垂直向上）、一个位置（稍微下沉一些，并从中心向后一点），还需要设置长度和颜色。使用了这些值的箭头被添加到场景中后，看起来如图 17.2 所示。

图 17.2

发射器需要我们做很多事情：画出箭头，实现左右移动，实现拉紧蓄力，然后发射球。这么多功能通常会导致代码混乱。因此，我们将构建一个名为 Launcher 的 JavaScript 对象来控制所有这些功能。

在刚添加的箭头代码上方添加 Launcher 构造函数。

```
function Launcher() {
  this.angle = 0;
  this.power = 0;
  this.draw();
}
```

发射器将具有两个属性：一个是其指向的角度，另一个是发射的力量。当构造发射器对象时，Launcher 对象会自动设置这些属性并在屏幕上绘制自己。

draw() 方法需要将箭头添加到屏幕。因此，我们需要将前面输入的用于创建箭头的代码转换为 draw() 方法。回到创建箭头的代码那里，然后将下面的代码中，第一行和最后一行标有黑色三角的代码添加你的程序中。这两行代码应该把创建箭头的代码夹在中间。

```
▶ Launcher.prototype.draw = function() {
    var direction = new THREE.Vector3(0, 1, 0);
    var position = new THREE.Vector3(0, -100, 250);
    var length = 100;
    this.arrow = new THREE.ArrowHelper(
      direction,
```

```
      position,
      length,
      'yellow'
    );
    scene.add(this.arrow);
▶  };
```

像以上代码中那样，将 draw() 函数的内部代码整体向右移动两个字母的位置，这样便于阅读⊖。

按照以上代码修改程序之后，箭头会暂时消失，这是因为当把创建箭头的代码放到了对象里面之后，需要用"new"命令创建对象才能让它的内部代码工作。在这里，内部代码包括构造函数和 draw() 函数。现在，每当创建一个新的发射器对象时，都会调用 draw() 方法中的代码向场景添加一个新箭头，下面来试着创建一个。

```
var launcher = new Launcher();
```

有了上面的代码，箭头应该回来了。如果没有，按照第 2 章所讲的调试技巧查找错误。

我们正在小心翼翼地修改代码，一次改动一小部分。在第 13 章中修改代码时也是如此：一次不要改太多，这样更容易注意到在哪里犯了错误。

一个发射器需要做的不仅仅是绘制自己，所以继续为发射器添加代码。为此，先在"new Launcher"那一行上方添加一些空行，然后继续添加代码。

Launcher 需要一种将其角度转换为向量的方法，因为有了向量才能知道方向。箭头的绘制和球的发射都需要这个向量。在 draw() 方法下面添加 vector() 方法。

```
Launcher.prototype.vector = function() {
  return new THREE.Vector3(
    Math.sin(this.angle),
    Math.cos(this.angle),
    0
  );
};
```

然后继续在 vector() 方法下面添加一个 moveLeft() 方法。

⊖ 这种将函数内部代码整体向右移动两个字母的做法实际上是每一个程序员都遵守的规则。我们称之为"缩进"。——译者注

```
Launcher.prototype.moveLeft = function(){
  this.angle = this.angle - Math.PI / 100;
  this.arrow.setDirection(this.vector());
};
```

这会将发射器的方向稍微向左偏转一点,同时也会调整屏幕上的箭头绘制。在添加 moveRight() 方法之前,先测试一下 moveLeft() 以确保一切准确无误。

来到代码的最底部,在 gameStep() 函数下面和结束标签"</script>"上面,为按键添加一个事件监听器。

```
document.addEventListener('keydown', sendKeyDown);
function sendKeyDown(event) {
  var code = event.code;
  if (code == 'ArrowLeft') launcher.moveLeft();
}
```

现在隐藏代码并试一试。按左方向键 ←,看看发射器的箭头是否向左偏转。如果没有,检查 JavaScript 控制台!如果一切正常,再次显示代码,并继续修改程序。

继续在 keydown 事件监听器里添加一个 if 语句来处理右方向键 →。

```
    document.addEventListener('keydown', sendKeyDown);
    function sendKeyDown(event) {
      var code = event.code;
      if (code == 'ArrowLeft') launcher.moveLeft();
►   if (code == 'ArrowRight') launcher.moveRight();
    }
```

然后回到 moveLeft() 方法的下面,添加 moveRight()。

```
Launcher.prototype.moveRight = function(){
  this.angle = this.angle + Math.PI / 100;
  this.arrow.setDirection(this.vector());
};
```

完成后再次隐藏代码,并测试右方向键是否能让箭头向右偏转。如果一切显示都正常,那么现在是时候玩些有趣的东西了:启动发射器并发射球。

以下代码向发射器对象中添加了 powerUp() 方法,每次调用它能够将当前发射功率加 5(最大为 100)。同时它还能调整箭头长度以显示将使用多少功率。

```
Launcher.prototype.powerUp = function(){
  if (this.power >= 100) return;
  this.power = this.power + 5;
```

```
    this.arrow.setLength(this.power);
};
```

下面终于该添加发射球的代码了！

```
Launcher.prototype.launch = function(){
  var shape = new THREE.SphereGeometry(10);
  var material = new THREE.MeshPhongMaterial({color: 'yellow'});
  var ball = new Physijs.SphereMesh(shape, material, 1);
  ball.name = 'Game Ball';
  ball.position.set(0,0,300);
  scene.add(ball);

  var speedVector = new THREE.Vector3(
    2.5 * this.power * this.vector().x,
    2.5 * this.power * this.vector().y,
    -80
  );
  ball.setLinearVelocity(speedVector);

  this.power = 0;
  this.arrow.setLength(100);
};
```

该方法的前半部分创建了一个重量为 1 的球。它将球添加到发射器箭头附近的场景中，然后计算速度向量并使用它来设置球的速度：快慢和方向。有了速度，球就会在物理模拟程序的作用下飞出去了。发射完后，功率和箭头长度会被恢复为原始值。

要使发射器工作，需要回到 keydown 事件监听器继续添加代码，使玩家按下向下的方向键 ↓（并按住它）时，持续为发射器蓄力。

```
    document.addEventListener('keydown', sendKeyDown);
    function sendKeyDown(event) {
      var code = event.code;
      if (code == 'ArrowLeft') launcher.moveLeft();
      if (code == 'ArrowRight') launcher.moveRight();
➤     if (code == 'ArrowDown') launcher.powerUp();
    }
```

我们希望在玩家完成蓄力并抬起下方向键的那一刻，球将发射出去。而 keydown 事件监听器只能接收按键被按下的事件，因此还需要添加一个新的 keyup 事件监听器。

```
    document.addEventListener('keyup', sendKeyUp);
    function sendKeyUp(event){
```

```
    var code = event.code;
    if (code == 'ArrowDown') launcher.launch();
}
```

有了新事件监听器代码，当玩家松开向下方向键时，发射器应该能够发射出一个球。隐藏代码并试试看吧！

17.3 记分牌

我们想在这个迷你游戏中显示得分，所以需要添加一个记分牌。在创建新 Launcher() 的行下方，添加下面常规的记分牌代码：

```
var scoreboard = new Scoreboard();
scoreboard.countdown(60);
scoreboard.score(0);
scoreboard.help(
  使用左右方向键调整发射方向。
  按住下方向键不放给发射器蓄力。
  松开下方向键发射。
  小心有风！！！
);
scoreboard.onTimeExpired(timeExpired);
function timeExpired() {
  scoreboard.message("Game Over!");
}
```

如果你急于重新编码，可以暂时跳过帮助文本[注]。只是不要忘记稍后添加它，这是一个必要的良好习惯，虽然现在你是一个人开发这个游戏，但可以预见，随着你编程能力的增强以及游戏复杂程度的不断提升，团队合作不可避免。及时添加帮助文本，可以使其他和你共同合作开发游戏的程序员能够及时地了解游戏的规则。

17.4 篮子和目标

现在已经可以发射球了，但还没有办法得分。本节将创建一个 Basket（篮筐）对象，当它被球击中时玩家会加分。下面先从篮筐的代码开始。它的代码比

[注] "帮助文本"是指写在"scoreboard.help(...)"之间的那一段文字（图文翻译的文字）。它的目的只是告诉玩家游戏规则，因此即使不输入它，游戏也能正常运行。如果不想输入它，可以暂时用"scoreboard.help('...')"代替。——译者注

Launcher 多一些，但我们尽量减少每一步的修改量。

我们将在 Launcher 的原型代码下面添加 Basket 的原型代码。因此，在 Launcher.prototype.launch 的右大括号下面添加几个空行，然后添加 Basket 构造函数。

```
function Basket(size, points) {
  this.size = size;
  this.points = points;
  this.height = 100/Math.log10(size);
  var r = Math.random;
  this.color = new THREE.Color(r(), r(), r());

  this.draw();
}
```

这个构造函数有两个参数：篮筐的大小和分值。在构造函数中，这两个值被分别被保存在 this.size 和 this.points 上。然后它还要计算篮筐的高度，并为篮子分配一个随机颜色。最后，构造函数会调用自己的 draw() 方法向场景中添加篮筐。

篮筐高度的计算需要一点有趣的数学知识。我们希望小篮筐的位置比大篮筐高一些。除法差不多可以满足我们的要求。比如，如果让篮筐的高度等于 100 除以其大小，则会得到以下高度：

❑ 如果篮筐大小尺寸为 10（小篮筐），高度将是 100÷10 = 10
❑ 如果篮筐尺寸为 100（大篮筐），高度将是 100÷100 = 1

但是我们不希望高度之间有那么大的差别。小篮筐应该比大篮筐只高一点点，而不是高高在上。况且 1 这个高度值实在太小了。

幸好"对数"函数能够呈现出较小的变化。具体来说，可以使用基数为 10 的对数函数：Math.log10()。当为基数为 10 的对数函数输入括号中的数字时，可以得到如下结果值：

❑ Math.log10(10) 是 1；
❑ Math.log10(40) 是 1.602；
❑ Math.log10(100) 是 2；
❑ Math.log10(10000) 是 4；

对于 10 的整倍数，它返回 1 之后的 0 的数量。对于其他数字，基数 10 的对数介于中间的某个值。

就是为什么将高度设置为 100 除以尺寸的对数，而不是除以尺寸本身。对于尺寸为 10 和 100 的篮筐，将得到如下高度值：

❑ 对于尺寸 10（小篮筐），高度为 100÷log10（10）= 100÷1 = 100
❑ 对于尺寸 100（大篮筐），高度为 100÷log10（100）= 100÷2 = 50

除了这个以 10 为基数的对数函数之外，还有其他基数的对数函数。而且对数还有其他用途，并不只是减少变化。所以当你在数学课上学到对数时要特别注意！这对于你今后的编程非常重要。

构造函数完成后，在 Basket 构造函数的正下方添加 draw() 方法。

```
Basket.prototype.draw = function() {
  var cover = new THREE.MeshPhongMaterial({
    color: this.color,
    shininess: 50,
    specular: 'white'
  });
  var shape = new THREE.CubeGeometry(this.size, 1, this.size);
  var goal = new Physijs.BoxMesh(shape, cover, 0);
  goal.position.y = this.height / 100;
  scene.add(goal);
}
```

在 draw() 方法中先创建具有随机颜色的闪亮材质。然后再创建一个立方体，其厚度（y 值）为 1，长和宽（x 和 z 值）为 this.size。物理网格体只需要一个很小的厚度（比如 1）即可。最后将它添加到场景中。

现在赶紧构建一个 Basket 对象，以确保你输入的代码到目前为止一切正确。在记分牌代码下面添加以下内容。

```
var goal1 = new Basket(200, 10);
```

如果所有代码都正确，应该能够在场景中心看到一个方形平台。它的面积为 200 乘以 200，分值为 10 点。你甚至可以尝试发射几个球试一试。虽然还没有添加记分牌代码，但是仍然可以击中目标。如果它不起作用……检查 JavaScript 控制台。

在完成篮筐之前，为场景添加第二个篮筐。

```
  var goal1 = new Basket(200, 10);
▶ var goal2 = new Basket(40, 100);
```

如果能够击中这个较小的篮筐，将能够得 100 分！

回到在 Basket.prototype.draw() 方法中，为篮筐添加 4 个竖起来的边，使它们看起来更像个篮筐。这需要很多代码，但是好在我们应该已经熟悉它们了。

```
Basket.prototype.draw = function() {
  var cover = new THREE.MeshPhongMaterial({
    color: this.color,
```

```
      shininess: 50,
      specular: 'white'
    });
    var shape = new THREE.CubeGeometry(this.size, 1, this.size);
    var goal = new Physijs.BoxMesh(shape, cover, 0);
    goal.position.y = this.height / 100;
    scene.add(goal);
➤   var halfSize = this.size/2;
➤   var halfHeight = this.height/2;
➤
➤   shape = new THREE.CubeGeometry(this.size, this.height, 1);
➤   var side1 = new Physijs.BoxMesh(shape, cover, 0);
➤   side1.position.set(0, halfHeight, halfSize);
➤   scene.add(side1);
➤
➤   var side2 = new Physijs.BoxMesh(shape, cover, 0);
➤   side2.position.set(0, halfHeight, -halfSize);
➤   scene.add(side2);
➤
➤   shape = new THREE.CubeGeometry(1, this.height, this.size);
➤   var side3 = new Physijs.BoxMesh(shape, cover, 0);
➤   side3.position.set(halfSize, halfHeight, 0);
➤   scene.add(side3);
➤
➤   var side4 = new Physijs.BoxMesh(shape, cover, 0);
➤   side4.position.set(-halfSize, halfHeight, 0);
➤   scene.add(side4);
➤
➤   this.waitForScore(goal);
    };
```

不要忘记最后一行代码！最后一行代码将暂时破坏我们的程序，但无论如何先添加它。上面的代码在你给篮筐添加完所有边后，将调用 waitForScore() 方法。（waitForScore 是"等待得分"的意思。）这个方法目前还不存在，接下来将添加该方法，以便最终得分！

```
Basket.prototype.waitForScore = function(goal){
  goal.addEventListener('collision', this.score.bind(this));
};
```

然后，当球与篮筐碰撞时，调用 score() 方法（我们将在下面添加）。如果你眼尖，应该会注意到我们将它绑定到了 score() 方法。在第 16 章中我们曾说过，这是 JavaScript 的一个缺陷。如果不调用 bind(this)，碰撞检测程序会调用 score() 方法，但会忘记"this"。而没有"this"，score() 方法就无法知道当前状态下，球碰撞篮筐时能得多少分！

这里要做的最后一件事是定义 score() 方法。

```
Basket.prototype.score = function(ball){
  if (scoreboard.getTimeRemaining() == 0) return;
  scoreboard.addPoints(this.points);
  scene.remove(ball);
};
```

上面的代码首先检查游戏是否还有剩余时间。如果没有则直接从方法返回而不做任何事。否则，会向记分牌添加球在碰撞此篮筐时应得的分值。最后从场景中移除球，以确保球反弹起来再次碰到篮筐时，不会被重复计算得分。

哇哦！我们敲了相当多的代码，但如果所有代码都输入正确，你应该能得到一个相当有挑战性的游戏。

17.5 风

现在我们已经熟悉了这些 JavaScript 对象，下面尝试一次性输入 Wind（风）对象。还是从构造函数开始，可以把它的代码放在所有关于篮子对象的代码下面。Wind() 构造函数将调用 draw() 方法在场景上绘制风并调用 change() 方法更改它。将下面的代码输入到你的程序中。

```
function Wind() {
  this.draw();
  this.change();
}
```

和本章中所有其他对象的构造函数类似，风对象的其他方法也应该放在其构造函数后面。继续添加下面的 draw() 方法代码，它将再次使用箭头助手。

```
Wind.prototype.draw = function(){
  var dir = new THREE.Vector3(1, 0, 0);
  var start = new THREE.Vector3(0, 200, 250);
  this.arrow = new THREE.ArrowHelper(dir, start, 1, 'lightblue');
  scene.add(this.arrow);
};
```

箭头被置于 200 个单位的高处，并且距中心向前 250 个单位。箭头的颜色被设置为浅蓝色，这让人更容易联想到风。

下面的 change() 方法将使用 Math.random() 来改变风的方向（左边为 –1，右边为 1）和强度。继续输入下面的代码。

```
Wind.prototype.change = function(){
  if (Math.random() < 0.5) this.direction = -1;
  else this.direction = 1;
  this.strength = 20*Math.random();

  this.arrow.setLength(5 * this.strength);
  this.arrow.setDirection(this.vector());

  setTimeout(this.change.bind(this), 10000);
};
```

当每一次被调用时，上面的 change() 方法将用新的长度和方向更新屏幕上的箭头，以便提示玩家风向和风的大小有所改变。最后，change() 方法会使用 setTimeout() 设置计时器，使自己在 10 秒之后再次被调用。我们曾在第 11 章中初次看到过 setTimeout()。

注意，在调用 setTimeout() 时必须再一次将"this"绑定到 change() 方法，否则 JavaScript 就无法改变 Wind 对象中的值了。

需要为 Wind 对象添加的最后一个方法是下面代码中的 vector()。它返回一个以 (x, y, z) 格式描述的风。

```
Wind.prototype.vector = function(){
  var x = this.direction * this.strength;
  return new THREE.Vector3(x, 0, 0);
};
```

现在可以为游戏添加风效果了。在创建记分牌和两个篮筐的代码下方，将下面的代码添加到你的程序中。

```
var wind = new Wind();
```

这样就差不多完成了。现在，风的箭头应该出现在游戏中的画面中，并且它应该每 10 秒更换一次风向和强度。但对于已经发射的球来说，我们仍然需要写代码让风来影响它们。

为此，首先需要获得游戏中所有球的列表。在刚刚添加的风的代码下面继续添加 allBalls() 函数。（allBalls 是"所有球"的意思。）

```
function allBalls() {
  var balls = [];
  for (var i=0; i<scene.children.length; i++) {
```

```
      if (scene.children[i].name.startsWith('Game Ball')) {
        balls.push(scene.children[i]);
      }
    }
    return balls;
}
```

这个循环会搜索场景中的所有物体，并挑出其中的球。因为我们曾经在发射球的函数 Launcher.prototype.launch() 中使用"Game Ball"命名了球。因此在循环检查每个对象时，看看它们的名称是否以"Game Ball"开头就可以知道是不是球。如果是，则将这个对象添加到球列表中。最后在 allBalls() 执行完毕后，返回该列表。

最后，在 gameStep() 函数中，我们遍历游戏中的所有球并向每个球的中心施加一个力。按照下面的代码修改你的 gameStep() 函数。

```
    function gameStep() {
      scene.simulate();
➤     var balls = allBalls();
➤     for (var i=0; i<balls.length; i++) {
➤       balls[i].applyCentralForce(wind.vector());
➤       if (balls[i].position.y < -100) scene.remove(balls[i]);
➤     }
    }
    // Update physics 60 times a second so that motion is smooth
    setTimeout(gameStep, 1000/60);
}
```

在上面代码中还有一个特殊的检查，用来删除任何落在篮下的球，因为我们没有理由继续跟踪它们，毕竟风不会对已经落在地上的球产生什么影响。

就是这样！这一章你一定很辛苦，因为做了很多工作，但如果一切都正确，你应该获得了一个漂亮的小游戏。如果有任何问题，不要忘记检查 JavaScript 控制台。

这是一款有趣的、具有挑战性的游戏。试试看你是否可以突破 500 分！

好游戏和精彩游戏之间的区别在于细节。因此，使用你已经学过的编程知识，来丰富和完善你的代码，这样会使细节更加完美，程序看起来也更真实。比如添加更多的灯，或者添加阴影，也可以让玩家在完成后按 R 键重新开始游戏。

17.6 完整代码

完整代码可在书后附录 A 中的"代码：预备，稳定，发射"一节里查看。

17.7 下一步我们做什么

恭喜！这个章节可不简单，所以只要你能完成代码就已经做得很好了。

从现在开始，你已经在一点一点地把学过的知识组装在一起。到现在为止，你可能已经可以熟悉地使用 JavaScript 编程，甚至用起来更加顺手。虽然你现在还难以从零开始独自编写一个复杂的游戏，但是你已经越来越接近一个真正的程序员了。

但愿物理、灯光、材质和物体等概念在你的脑海中开始变得有越来越意义。下一章让我们继续巩固这些知识吧！

第18章
CHAPTER 18

项目
双人游戏

学完本章，你将做到：
- 制作一个双人游戏。
- 更好地理解为什么对象在编程中如此重要。
- 开始了解在线多人游戏中涉及的内容。

多人游戏很难制作。但是既然我们已经做了很多艰难的事情，现在不如挑战一下多人游戏！

在本章中，我们将把上一章的"预备，稳定，发射"游戏变成一个双人游戏，它应该如图 18.1 所示。

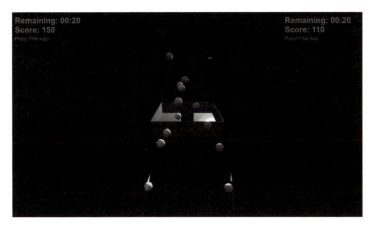

图 18.1

目前，我们还不能把这个游戏做成在线的多人游戏。我们先从双人游戏入手。虽然两位游戏玩家都将使用同一台电脑和键盘进行操作，但这个游戏依旧会非常有趣，你甚至可以尝试将对手的球击出天空！并且你可以试想一下，有朝一日是否能将它升级为在线游戏。

对于原来的"预备，稳定，发射"游戏，需要做出以下几个方面的重大改变：

1）需要两个发射器而不是一个。

2）每个发射器都需要有自己的记分牌。

3）篮子需要将积分添加到正确的记分牌。

在这样做时，要特别注意对象是如何使这一切成为可能的。

18.1 让我们开始吧

首先创建"预备，稳定，发射"的程序副本，并命名为"Ready, Steady, Launch 2"。

这是一件从第 4 章以来我们一直不断提醒的事情：一旦你已经编写了一份能够正确工作的代码，务必保存副本（备份）。你可能认为下一个将要做的修改会很小，不可能破坏整个程序。所以觉得没必要每次都这样做。但是要知道，在编程时，各种糟糕的事情都很容易发生。当发生意外时，备份就像黄金一样宝贵。你可以随时调取旧程序的备份，删除出了问题的新代码，然后重新开始。

18.2　两个发射器

第 17 章中创建了 Launcher 对象。有了它，实际就已经为创建两个发射器做好了准备。多了一个发射器后，虽然一开始它们会使程序运行起来有点不太正常，但是没关系，编写程序有时候跟生活没什么两样，你必须先打破些什么，然后才能以新的方式让事情重新走上正轨。

如果你在上一章中写的代码与书中的顺序相同，则代码应该从 Launcher 的构造函数开始，然后是 Launcher 原型上的方法。接着是 Basket 构造函数，后面跟着它的方法。最后是 Wind 构造函数及其方法。

在 Wind 的方法之后，有一行代码用于创建一个发射器：

```
var launcher = new Launcher();
```

如果找不到代码，请使用搜索功能

3DE 中的 Ctrl+F 或 ⌘+F 可以打开查找功能。键入希望寻找的一些字符，3DE 将带你到包含这些字符的行。假如要寻找创建的发射器的代码，尝试搜索"new Laun"。

找到创建发射器的代码后，先将发射器重命名为 launcher1，然后编码让发射器位于屏幕的左侧。然后再添加第二个发射器，让它位于右侧。代码如下所示。

```
var launcher1 = new Launcher('left');
var launcher2 = new Launcher('right');
```

上面的修改看起来很小。然而它确实破坏了程序的其他部分。如果隐藏代码并尝试运行一下游戏就会发现，你无法用方向键移动发射器和发射球，并且 JavaScript 控制台会显示如下错误："launcher is undefined."。

这是因为如下所示的键盘事件监听代码（应该位于代码的最底部）仍然试图移动旧的发射器（launcher）。

```
document.addEventListener('keydown', sendKeyDown);
function sendKeyDown(event) {
  var code = event.code;
  if (code == 'ArrowLeft') launcher.moveLeft();
  if (code == 'ArrowRight') launcher.moveRight();
  if (code == 'ArrowDown') launcher.powerUp();
  if (code == 'KeyR') reset();
}
```

我们需要将 launcher 更改为 launcher1 和 launcher2，还必须添加键盘控制，以便玩家可以移动它们。大多数键盘的中间行按键，在左侧以字母"A"、"S"和"D"开头，在右侧以字母"J"、"K"和"L"结尾。这种键盘的布局如图 18.2 所示。我们应该让两个玩家都通过中间行按键来控制和使用发射器，而不能让一个玩家使用方向键另一个玩家按其他按键。

图　18.2

对于发射器 1，使用 A、S 和 D 键代替左、下和右方向键。对于发射器 2，则使用 J、K 和 L 来代替方向键。要做到这一点，按照下面的代码更改你的"keydown"监听器。

```
document.addEventListener('keydown', sendKeyDown);
function sendKeyDown(event) {
  var code = event.code;
▶ if (code == 'KeyA') launcher1.moveLeft();
▶ if (code == 'KeyD') launcher1.moveRight();
▶ if (code == 'KeyS') launcher1.powerUp();
▶
▶ if (code == 'KeyJ') launcher2.moveLeft();
▶ if (code == 'KeyL') launcher2.moveRight();
▶ if (code == 'KeyK') launcher2.powerUp();

  if (code == 'KeyR') reset();
}
```

别忘了还有"keyup"监听器。

```
document.addEventListener('keyup', sendKeyUp);
function sendKeyUp(event){
  var code = event.code;
  if (code == 'KeyS') launcher1.launch();
  if (code == 'KeyK') launcher2.launch();
}
```

进行这些更改后,游戏画面看起来应该没有变化。但是如果隐藏代码并试玩游戏,你就会发现键盘控制已经改变了。方向键不再起作用,但你可以使用 A / D 键移动其中一个发射器,也可以使用 J / L 键移动另一个。实际上游戏画面应该如图 18.3 所示,现在已经可以由两个人分别控制两个发射器了!

图　18.3

务必尝试一下操作游戏,并确保 JavaScript 控制台中没有错误信息。要知道,及时修改一个刚刚犯下的错误,要比把整个工作都做完再回过头检查和修改所有错误容易得多。

小修改更容易成功

添加功能时,保持随即进行小步骤修改,并不断检查是否发生意外或者错误。

接下来,给两个发射器移动一下位置。在创建发射器时,已经用以下代码分别告诉发射器需要在左侧或者右侧。

```
var launcher1 = new Launcher('left');
var launcher2 = new Launcher('right');
```

但发射器对象并不知道这意味着什么。必须通过代码让它们知道"左"和"右"的不同。

找到 Launcher 构造函数（如果找不到，可以用前面讲过的搜索功能）。现在构造函数并不对发送给它的"左"或"右"信息做任何事情。

```
function Launcher() {
  this.angle = 0;
  this.power = 0;
  this.draw();
}
```

为了让 Launcher 知道该怎么做，按照下面的代码修改程序。

```
► function Launcher(location) {
►   this.location = location;
►   this.color = 'yellow';
►   if (location == 'right') this.color = 'lightblue';
    this.angle = 0;
    this.power = 0;
    this.draw();
  }
```

第一行中的 location（位置）参数告诉构造函数需要一个参数，我们将其命名为"location"以便记住它的功能是设置发射器的位置。然后将颜色设置为黄色（这是发射器和球在单人游戏版本中的颜色）。最后，如果发射器位于屏幕右侧，将颜色设置为浅蓝色。

在进行这些代码更改后，游戏应该看起来完全一样。要真正看到差异，需要将不同的发射器放在不同的位置，并为发射器和球设置不同的颜色。

按照下面的代码修改 draw() 方法，以便移动箭头并更改颜色。

```
    Launcher.prototype.draw = function() {
      var direction = new THREE.Vector3(0, 1, 0);
►     var x = 0;
►     if (this.location == 'left') x = -100;
►     if (this.location == 'right') x = 100;
►     var position = new THREE.Vector3( x, -100, 250 );
      var length = 100;
      this.arrow = new THREE.ArrowHelper(
        direction,
        position,
        length,
►       this.color
```

```
    );
    scene.add(this.arrow);
};
```

接下来按照下面的代码修改 launch 方法，以便从不同的位置发射不同颜色的球。

```
Launcher.prototype.launch = function(){
    var shape = new THREE.SphereGeometry(10);
➤   var material = new THREE.MeshPhongMaterial({color: this.color});
    var ball = new Physijs.SphereMesh(shape, material, 1);
    ball.name = 'Game Ball';
➤   var p = this.arrow.position;
➤   ball.position.set(p.x, p.y, p.z);
    scene.add(ball);

    var speedVector = new THREE.Vector3(
      2.5 * this.power * this.vector().x,
      2.5 * this.power * this.vector().y,
      -80
    );
    ball.setLinearVelocity(speedVector);

    this.power = 0;
    this.arrow.setLength(100);
};
```

如果一切正确，现在游戏中应该可以在两个不同的位置看到两个发射器，由两组不同的按键控制，并且有两种不同的颜色！如图 18.4 所示。

图 18.4

棒极了。从一个玩家改为两个玩家可不是一件小事，但是在 Launcher 对象，以及小步骤修改程序的帮助下，一切进行得很顺利。

但是别忘了，即使现在游戏已经可以由两名玩家共同控制，却仍然只有一个记分牌。所以，还得为每个玩家创建他们自己的记分牌。

18.3　两个记分牌

令人高兴的是，记分牌也是一个对象，这样更容易添加两个记分牌！在创建 launcher1 和 launcher2 对象的代码下面应该能找到创建单个记分牌的代码。它类似于下面的代码：

```
var scoreboard = new Scoreboard();
scoreboard.countdown(60);
scoreboard.score(0);
scoreboard.help(
  'Use right and left arrow keys to point the launcher. ' +
  'Press and hold the down arrow key to power up the launcher. ' +
  'Let go of the down arrow key to launch. ' +
  'Watch out for the wind!!!'
);
scoreboard.onTimeExpired(timeExpired);
function timeExpired() {
  scoreboard.message("Game Over!");
}
```

上面的代码为整个游戏创建了一个记分牌。但这还不够，每个发射器都要有一个自己的记分牌。为此，需仔细地剪切并粘贴这些代码。在 3DE 编辑器中选中上面的代码（从"var scoreboard"一行开始，一直到"var scoreboard"后面的"}"），并从当前位置剪切（Ctrl+X 或 ⌘+X）。然后找到第二个发射器的 launch() 函数，并将光标移动到该函数后面，粘贴（Ctrl+V 或 ⌘+V）前面剪切的记分牌代码。

接下来，需要把粘贴得到的记分牌代码变成发射器对象的内部代码。将下面代码中第一行和最后一行带有黑色箭头的代码添加到记分牌代码的前面和后面。这样一来，原来的记分牌代码就变成了 Launcher 对象原型的 keepScore 方法。花一些时间来调整代码缩进，否则将来再次看到它时，会影响理解。好了，这个新的 keepScore 方法应如下所示。

```
▶ Launcher.prototype.keepScore = function(){
    var scoreboard = new Scoreboard();
```

```
    scoreboard.countdown(60);
    scoreboard.score(0);
    scoreboard.help(
      'Use right and left arrow keys to point the launcher. ' +
      'Press and hold the down arrow key to power up the launcher. ' +
      'Let go of the down arrow key to launch. ' +
      'Watch out for the wind!!!'
    );
    scoreboard.onTimeExpired(timeExpired);
    function timeExpired() {
      scoreboard.message("Game Over!");
    }
➤ };
```

进行修改后，记分牌会消失，不仅如此，篮子和发射器也都消失了。检查 JavaScript 控制台，可以看到"scoreboard is not defined（记分牌未定义）"错误。那是因为之前我们让 animate() 和 gameStep() 函数通过记分牌来控制游戏时间。目前这两个函数仍然需要通过记分牌来知道时间是否用完了，以及现在是否应该停止游戏。但刚才的操作使记分牌代码变成了发射器对象的内部代码，这使得 animate() 和 gameStep() 函数无法再像从前那样通过记分牌来得知游戏时间是否已经用完。所以现在必须想个办法让它们知道。

最简单的方法是让 keepScore() 方法将它创建的记分牌保存在 launcher 对象的属性中。

```
    Launcher.prototype.keepScore = function(){
      var scoreboard = new Scoreboard();
      scoreboard.countdown(60);
      scoreboard.score(0);
      scoreboard.help(
        'Use right and left arrow keys to point the launcher. ' +
        'Press and hold the down arrow key to power up the launcher. ' +
        'Let go of the down arrow key to launch. ' +
        'Watch out for the wind!!!'
      );
      scoreboard.onTimeExpired(timeExpired);
      function timeExpired() {
        scoreboard.message("Game Over!");
      }
➤     this.scoreboard = scoreboard;
    };
```

然后，在 Launcher 构造函数中，调用 keepScore() 方法。

```
function Launcher(location) {
  this.location = location;
  this.color = 'yellow';
  if (location == 'right') this.color = 'lightblue';
  this.angle = 0;
  this.power = 0;
  this.draw();
➤  this.keepScore();
}
```

最后,在创建 launcher1 和 launcher2 的代码之后,添加一个新的记分牌变量,该变量来自其中一个发射器的记分牌属性。

```
   var launcher1 = new Launcher('left');
   var launcher2 = new Launcher('right');
➤  var scoreboard = launcher1.scoreboard;
```

修改完成后,游戏应该恢复如初。篮子再次出现在屏幕中间。画面下方有两个发射器。但只能看到一个记分牌。

虽然只能看到一个记分牌,但实际上有两个,只不过它们叠在一起了。接下来,需要将每个发射器的记分牌摆放在恰当的位置。到目前为止,两个记分牌都位于场景的右上方。但记分牌构造函数可以存在于四个不同的位置:'topleft'、'topright'、'bottomleft' 和 'bottomright'。

由于 Launcher 的位置属性已经保持"左"或"右",可以将其与"top"结合使用以获得记分牌的正确位置。按照下面的代码修改 keepScore() 方法。

```
Launcher.prototype.keepScore = function(){
➤  var scoreboard = new Scoreboard('top' + this.location);
   scoreboard.countdown(60);
   scoreboard.score(0);
   scoreboard.help(
     'Use right and left arrow keys to point the launcher. ' +
     'Press and hold the down arrow key to power up the launcher. ' +
     'Let go of the down arrow key to launch. ' +
     'Watch out for the wind!!!'
   );
   scoreboard.onTimeExpired(timeExpired);
   function timeExpired() {
     scoreboard.message("Game Over!");
   }
   this.scoreboard = scoreboard;
};
```

现在应该能看到两个独立的记分牌了，每个发射器的上方有一个。如图 18-5 所示。

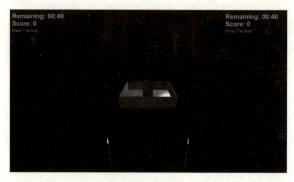

图 18.5

这看起来不错，但游戏还没有完成。虽然现在有了两个记分牌，但只有一个能够为游戏计分。接下来更新篮子的代码，以便让两个记分牌分别接收对应的发射器传来的游戏分数。

18.4　让篮子更新正确的记分牌

第 17 章中，定义了篮子在得分发生时所做的事情，如下所示：

```
Basket.prototype.score = function(ball){
  if (scoreboard.getTimeRemaining() == 0) return;
  scoreboard.addPoints(this.points);
  scene.remove(ball);
};
```

篮子对象的 score() 方法知道哪个球落入了其中，也知道记分牌在哪里。ball（球）是该方法的一个参数，而 scoreboard（记分牌）则是在 launcher（现在已被改为 launcher1 和 launcher2）之后定义的。

现在不能再使用那个记分牌了。篮子需要知道当球入篮时应该为哪个记分牌增加分数。但是如果篮子仅仅知道有球入篮，它又如何知道该给谁加分呢？

这个问题的答案是：在球被发射时，将记分牌对象附加到球上。根据下面的代码在 Launcher 原型的 launch() 方法中进行修改。

```
Launcher.prototype.launch = function(){
  var shape = new THREE.SphereGeometry(10);
```

```
      var material = new THREE.MeshPhongMaterial({color: this.color});
      var ball = new Physijs.SphereMesh(shape, material, 1);
      ball.name = 'Game Ball';
➤     ball.scoreboard = this.scoreboard;
      var p = this.arrow.position;
      ball.position.set(p.x, p.y, p.z);
      scene.add(ball);

      var speedVector = new THREE.Vector3(
        2.5 * this.power * this.vector().x,
        2.5 * this.power * this.vector().y,
        -80
      );
      ball.setLinearVelocity(speedVector);

      this.power = 0;
      this.arrow.setLength(100);
    };
```

这个变化很小，但是很重要。launch() 方法可以发射球，而球可能会击中篮子，这里在球上添加了一个新的记分牌属性，而且将 this.scoreboard 设置给 ball.scoreboard 属性。由于 launch() 方法执行时是在某一个 Launcher 对象里面，因此 this.scoreboard 与在 keepScore() 中创建的记分牌相同。这样，球现在知道在击中篮子时哪个记分牌应该获得分数了。

因此，在 Basket 的 score() 方法中，只要将记分牌变量设置为 ball.scoreboard，则 score() 中原有的代码就可以将分数添加到正确的记分牌上面了。

```
    Basket.prototype.score = function(ball){
➤     var scoreboard = ball.scoreboard;
      if (scoreboard.getTimeRemaining() == 0) return;
      scoreboard.addPoints(this.points);
      scene.remove(ball);
    };
```

现在，当一个球进入一个篮子时，篮子会告诉这个球的记分牌增加分数！到现在为止，游戏已经接近完成了。然而仍有两个小错误，需要做其他工作之前修复。

18.5 共享键盘

第一个错误与发射器蓄力有关。如果玩家 #1 先按住 S 键，则发射器正常蓄力。但是，如果此时玩家 #2 按下 K 键，则玩家 #1 的蓄力便停止了[⊖]。

发生此错误是因为只有一个键盘，且键盘期望只有一个人按下并按住键。如果在文字处理器中按住 S 键，你的文档中会出现一堆 S，键盘会重复 S 字母。如果你按住 S 键然后同时按住 K 键，计算机会认为你现在需要将一堆 K 添加到文档中，然后切换到重复 K 键。

为了让两个人共享键盘时能够正常工作，需要让 JavaScript 重复代替键盘重复。我们在第 14 章中学习过 JavaScript 重复，即 "interval"。在这里需要使用两个 interval，每个玩家一个。按下蓄力键时，启动对应的间隔。为此，根据下面的代码修改 keydown 监听器代码。

❶ `var powerUp1;`
▶ `var powerUp2;`
❷ `function powerUpLauncher1(){ launcher1.powerUp(); }`
▶ `function powerUpLauncher2(){ launcher2.powerUp(); }`

```
document.addEventListener('keydown', sendKeyDown);
function sendKeyDown(event) {
```
❸   `if (event.repeat) return;`

```
  var code = event.code;
  if (code == 'KeyA') launcher1.moveLeft();
  if (code == 'KeyD') launcher1.moveRight();
```
▶   `if (code == 'KeyS') {`
❹   `clearInterval(powerUp1);`
❺   `powerUp1 = setInterval(powerUpLauncher1, 20);`
▶   `}`

```
  if (code == 'KeyJ') launcher2.moveLeft();
  if (code == 'KeyL') launcher2.moveRight();
```
▶   `if (code == 'KeyK') {`
▶   `clearInterval(powerUp2);`
▶   `powerUp2 = setInterval(powerUpLauncher2, 20);`
▶   `}`

```
  if (code == 'KeyR') reset();
}
```

现在玩家 #1 和玩家 #2 具有相同的蓄力能力了。仔细观察玩家 #1 的蓄力代码，可以看到：

⊖ 你可以自己试一下。隐藏代码后，按住 S 键不放并保持一段时间，再松开手时球会以很高的速度飞出去。但是如果按住 S 键后，马上再按住 K 键，并且两个键同时保持一段时间。这时再松手时，我们期待的结果是两个球都高速飞出去，而实际上只有 K 键的球符合预期。
——译者注

❶ 用于保存 interval 的变量。
❷ 被 interval 用来使发射器 1 蓄力的函数。
❸ 由于不再使用键盘重复，这行代码用来忽略键盘重复事件。
❹ 停止当前正在进行的 JavaScript 重复。（JavaScript 重复会在按键抬起的事件中被停止。这里只是为了以防万一。）
❺ 为发射器 1 的蓄力启动 interval。每 20 毫秒运行一次 powerUpLauncher1() 函数，也就是每秒 50 次，这应该能够给发射器快速蓄力。

上面的修改更正了两个玩家无法同时蓄力的错误，但还需要修改一下按键抬起时的发射代码。按照下面的代码修改你的程序。

```
document.addEventListener('keyup', sendKeyUp);
function sendKeyUp(event){
  var code = event.code;
➤ if (code == 'KeyS') {
➤   launcher1.launch();
➤   clearInterval(powerUp1);
➤ }
➤ if (code == 'KeyK') {
    launcher2.launch();
    clearInterval(powerUp2);
➤ }
}
```

按键抬起时发射球的功能没有变，只是需要在发射球之后，将 interval 关闭，以便为下一次发射球做好准备。现在，玩家 #1 和玩家 #2 可以使用同一个键盘同时蓄力和发射了。

18.6　游戏重新开始

最后一个错误在 reset() 函数中。那就是只重置了玩家 #1 的记分牌。

```
function reset() {
  if (scoreboard.getTimeRemaining() > 0) return;
➤ scoreboard.score(0);
➤ scoreboard.countdown(60);

  var balls = allBalls();
  for (var i=0; i<balls.length; i++) {
    scene.remove(balls[i]);
  }
  animate();
```

```
    gameStep();
  }
```

需要将两个玩家的记分牌都进行重置：他们的得分和倒计时 60 秒都需要重置。所以用 Ctrl+X 或 ⌘+X 剪切这两行。

将它们粘贴到 Launcher 的最后一个方法 keepScore() 的下面，并且在 Basket() 构造函数之上。然后按照下面的代码修改你的程序。

▶ ```
  Launcher.prototype.reset = function(){
▶   var scoreboard = this.scoreboard;
▶   if (scoreboard.getTimeRemaining() > 0) return;
    scoreboard.score(0);
    scoreboard.countdown(60);
▶ };
```

现在玩家 #1 和玩家 #2 的发射器和记分牌都会被重置了。

回到 reset() 函数。在那里，在两个发射器上调用 reset() 方法。

```
  function reset() {
    if (scoreboard.getTimeRemaining() > 0) return;
▶   launcher1.reset();
▶   launcher2.reset();
  var balls = allBalls();
  for (var i=0; i<balls.length; i++) {
    scene.remove(balls[i]);
  }
  animate();
  gameStep();
}
```

至此游戏已经完成了！

记分牌的帮助信息仍然告诉玩家使用方向键。你可以更改消息，以便显示新按键吗？你能在两个不同的记分牌上显示不同的信息吗？
```

18.7 完整代码

完整代码可在书后附录 A 中的"代码：预备，稳定，发射"一节里查看。

18.8 下一步我们做什么

本章内容很多。但是，如果你仔细回顾一下，会感觉其实并没有做那么多改变。本章使用了一些对象技巧，特别是让篮子在正确的记分牌上加分。大多数情况下，将发射器和记分牌作为对象，会使得从一个玩家切换到两个玩家变得容易。

可见，即使是一个简单的多人游戏，也需要付出很多努力去实现。当想把它变成在线多人游戏时，事情将变得更加困难，这就是为什么不在本书中介绍它们。但是你现在已经花了很多时间编写多人游戏，并且了解了它们的工作方式。继续努力，总有一天你能创建出令人难以置信的多人游戏！

第19章

CHAPTER 19

项目

河道漂流

> 学完本章，你将做到：
> - 了解如何将形状扭曲成某种完全不同的东西。
> - 随心所欲地设计一个具有粗糙或平滑地形的世界。
> - 完成另一个有趣的 3D 游戏。

本章的最终目标是要构建一个河道漂流游戏,玩家需要沿着湍急的河流驾驶木筏,尽可能地躲避障碍物并获得奖金。游戏草图如图19.1所示:

这一章你会觉得非常难。除了要应用前面学到的所有技能,还要学习很多新东西。所以,这也是将本章作为全书最后一个游戏项目的原因所在。

准备好了吗?这将是一次头脑风暴,让我们开始吧!

19.1 让我们开始吧

首先,在3DE代码编辑器中创建一个新项目。使用"3D starter project (with Physics)"模板并将新项目命名为"River Rafter"。

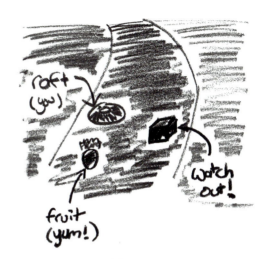

图 19.1

在代码最开始的部分,引入3个新的程序库来更好地完成工作。

```
<body></body>
<script src="/three.js"></script>
<script src="/physi.js"></script>
▶ <script src="/controls/OrbitControls.js"></script>
▶ <script src="/scoreboard.js"></script>
▶ <script src="/noise.js"></script>
```

在新引入的3个程序库中,OrbitControls.js是一种摄像机位置的轨道控制功能,我们曾在第12章使用过它。它使我们可以环绕场景进行观察。scoreboard.js是记分牌代码,我们现在已经非常熟悉它了。noise.js是噪音生成器代码,我们将利用它在场景中创建一些非常酷的几何形体。下面看一看它们是怎么工作的。首先,需要在3DE编辑器自动添加的代码中,将重力参数从−100降为−10,这可以使木筏在河边慢慢移动。按照下面的代码修改你的程序。

```
var scene = new Physijs.Scene();
▶ scene.setGravity(new THREE.Vector3( 0, -10, 0 ));
```

在这个游戏中需要阴影,所以先按照下面的代码,将环境光强度降为0.2。

➤   `var light = new THREE.AmbientLight('white', 0.2);`
     `scene.add(light);`

输入下面的代码,以便在上面环境光代码的下方,添加有向光源来模拟日光。

```
var sunlight = new THREE.DirectionalLight('white', 0.8);
sunlight.position.set(4, 6, 0);
sunlight.castShadow = true;
scene.add(sunlight);
var d = 10;
sunlight.shadow.camera.left = -d;
sunlight.shadow.camera.right = d;
sunlight.shadow.camera.top = d;
sunlight.shadow.camera.bottom = -d;
```

为了更好地观察场景,需要稍微更改一下摄像机的设置。按照下面代码修改你的程序。

     `var aspectRatio = window.innerWidth / window.innerHeight;`
➤   `var camera = new THREE.PerspectiveCamera(75, aspectRatio, 0.1, 100);`
➤   `camera.position.set(-8, 8, 8);`
     `scene.add(camera);`

摄像机的最后两个参数被更改为 0.1 和 100,它们决定了可以看到的场景中最近和最远的距离。这个游戏中最近为 0.1 个单位,最远为 100 个单位。最后还分别将摄像机向左、上、后都移动了 8 个单位。

由于这个游戏的场景设置是在白天的户外,所以还得做一片蓝天。用第 14 章中学过的渲染器(renderer)将 "clear" 颜色设置为天蓝色,这样就可以更改整个场景的颜色。同时不要忘记,需要在渲染器上做的另一个修改是为场景启用阴影。因为正常情况下,晴天的户外肯定会有阳光照射出影子的。这样做可以让游戏看起来更加真实。按照下面的代码修改你的程序。

     `var renderer = new THREE.WebGLRenderer({antialias: true});`
➤   `renderer.setClearColor('skyblue');`
➤   `renderer.shadowMap.enabled = true;`
     `renderer.setSize(window.innerWidth, window.innerHeight);`
     `document.body.appendChild(renderer.domElement);`

最后从程序库中添加轨道控制。把它添加在 "START CODING" 行之上即可。

`new THREE.OrbitControls(camera, renderer.domElement);`

轨道控制不是游戏所必须的，现在添加它是因为一会儿在创建河流的时候，轨道控制可以帮助我们更好地观察正在创建的场景，这也就意味着在它的使命完成之后要将它删除。你需要记住的是，这种控制让我们可以点击并拖动场景，使用鼠标或触摸板来进行放大和缩小，并且通过方向键来实现上下左右移动。

这就是在 START CODING 那一行之前需要做的一切修改。只要现在场景是天蓝色的，并且 JavaScript 控制台中没有错误，就说明一切正常，可以开始继续编写剩余的代码了！

19.2 推拉形状

在 3D 编程中，改变物体的形状比你想象得要容易。

如果你想要证实这一点，可以在"START CODING"一行的下方输入下面的代码。这段代码定义了一个名为 addGround() 的函数，并且调用该函数。

```
var ground = addGround();

function addGround() {
  var faces = 99;
  var shape = new THREE.PlaneGeometry(10, 20, faces, faces);

  var _cover = new THREE.MeshPhongMaterial({color: 'green', shininess: 0});
  var cover = Physijs.createMaterial(_cover, 0.8, 0.1);

  var mesh = new Physijs.HeightfieldMesh(shape, cover, 0);
  mesh.rotation.set(-0.475 * Math.PI, 0, 0);
  mesh.receiveShadow = true;
  mesh.castShadow = true;

  scene.add(mesh);
  return mesh;
}
```

输入代码后，如果 JavaScript 控制台显示没有错误，则可以看到如图 19.2 所示的场景。在场景中间有一个平坦的绿色广场。

上面的代码中包含了一些新代码，有一些代码你会觉得陌生，但是其中大部分应该很熟悉。上面的代码创建了一个像平板一样的矩形，以及一个绿色的单色材质，并将它们组合成一个物理网格体，然后平放在场景中。

现在，在 addGround() 函数内部创建几何体的代码下方，添加下面的代码。

```
    var shape = new THREE.PlaneGeometry(10, 20, faces, faces);
▶   shape.vertices[50].z = 5;
```

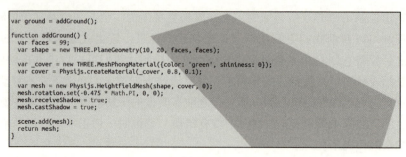

图 19.2

输入该代码后,会看到平面发生了如图 19.3 所示的变化。

图 19.3

哇!神奇吗?现在尝试输入下面的代码。

```
var shape = new THREE.PlaneGeometry(10, 20, faces, faces);
shape.vertices[50].z = 5;
➤ shape.vertices[50 + 100].z = 5;
➤ shape.vertices[50 + 10*100].z = 5;
➤ shape.vertices[50 + 50*100].z = 5;
```

又变化了!如图 19.4 所示。

图 19.4

如果将其中一个 z 值设置为负数时会发生什么？如果加一行代码设置 shape.vertices[50].x 为某个值会发生什么？当你在方括号内尝试填写其他的数字时会发生什么？疯狂地玩你的代码吧，不用担心，最后会删除它们，以便你找回原来的代码。

像这样改变网格体通常可以为计算机游戏创建一些更为复杂的形状。游戏设计人员经常在专用的应用程序中设计一些看起来非常复杂的网格体，但对于他们来说这其实并不复杂，只需点几下鼠标即可完成。游戏设计人员将这些复杂的形状加载到游戏中，就可以得到精彩的游戏场景。考虑到即使在 3DE 中也可以做很多事情，所以在本书中，我们将只在 3DE 中编程，暂时不会去学习专用的设计软件。接下来仔细看看上面那段代码，理解一下它是如何让平板长出刺来的？

这里发生了什么

如果你只想敲代码，可以直接翻到 19.4 节。但如果不那么着急，还是仔细研究一下，因为这部分有一些非常重要的东西！

这段代码看起来非常类似于以前写过的创建平板的代码。但是事实上二者有一些重要区别。

回到第 1 章，我们曾使用新学的函数 THREE.PlaneGeometry(100,100) 创建了一个 X 和 Y 值均为 100 的平面。而这次的程序使用了下面的代码，制作了一个 X 尺寸为 10，Y 尺寸为 20 的平面。

```
var faces = 99;
var shape = new THREE.PlaneGeometry(10, 20, faces, faces);
```

除了 10 和 20，还用 faces（小平面）变量将 X 和 Y 方向的"小平面"的数量设置为 99，告诉 3D 代码在 X 和 Y 方向上，用 99 个较小的正方形来拼接整个大矩形平面。也就是说，这个平面不是一个巨大的矩形，而是由两个方向上的 99 个矩形组成的。进行数学计算可知，99 乘以 99 可以得到 9801 个正方形。对于简单的平面而言，这样做很不明智，但我们将充分利用这些矩形，或者至少是它们的角落，来实现一些新奇的效果。

这些小方块在 3D 编程中很重要，所以在这里我们要仔细讨论。其实以前是见识过它们的。它们就是第 1 章中创建简单形状时用的那种"方块"。还记得吗？当用它们编程时，它们是矩形，但计算机不喜欢矩形，而喜欢三角形。所以，计算机将每一个"方块"分成两个三角形。为了看到这一点，可以在材质中启用"线框图"。

```
var _cover = new THREE.MeshPhongMaterial({
    color: 'green',
    shininess: 0,
➤   wireframe: true
});
var cover = Physijs.createMaterial(_cover, 0.8, 0.1);
```

你可以将所有代码都放在一行显示。为了能更清晰地看明白，本书将它们分成 5 行较短的代码。另外，需要提示的是务必在 0 之后添加逗号以获得 shininess（光泽）和 wireframe（线框）设置。

线框图隐藏了材质，但仍会显示用于构建形状的面。如图 19.5 所示。

如果使用鼠标上的触摸板或滚轮放大，你会看到如图 19.6 所示的矩形，数千个矩形中的每一个"方块"都被分成了三角形。

图　19.5

图　19.6

对于这个游戏来说，知道计算机使用三角形并不是非常重要，重要的是知道计算机更喜欢三角形。

小平面和三角形很重要，但它们的角落更为重要。地面有数千个矩形面，它们彼此相邻。这些矩形共享边缘和角落。将其中四个共享角向上提起 5 个单位（回想一下，每个角落相邻。其他两个在第 10 行和第 50 行），如图 19.7 所示。

这些共享角在 3D 编程中称为顶点。当向上拉顶点 vertices[50] 时，共享该角落的两个面随之而起。面会翘曲，以便它们保持与平面的其余部分连接。

图 19.7

你可以在此时删除线框设置。来看看这段代码的其余部分。注意，这要分两步创建物理材质。

```
var _cover = new THREE.MeshPhongMaterial({color: 'green', shininess: 0});
var cover = Physijs.createMaterial(_cover, 0.8, 0.1);
```

首先，创建了一个普通的 Phong 材质。为了使它看起来像草地，将光泽设置为 0，同时将它分配给临时的 _cover 变量。开头的下划线是一个标记，表明这个变量只会被简单使用一下。事实上，它仅用于创建物理材质的下一行。

我们在所有其他项目中使用了常规的 Phong 材质。但这里还通过设置两个数值，给材质设置了摩擦和弹性。这两个值都是介于 0.0 和 1.0 之间的数字。这里设定了 0.8 的高摩擦力，这意味着其他物体很难滑过这种地面材质。还设定了 0.1 的低弹性，这意味着物体与它碰撞时几乎不会从中反弹。

addGround() 函数中的另一个新概念是一种称为"高度场"的网格体。

```
var mesh = new Physijs.HeightfieldMesh(shape, cover, 0);
mesh.rotation.set(-0.475 * Math.PI, 0, 0);
mesh.receiveShadow = true;
mesh.castShadow = true;
```

当使用通过弯曲或变形得到的几何体时，可以使用"高度场"的网格体。弯曲或变形将在 19.3 节中学习，目前你只需要知道，这正是我们需要的网格体。

另外你需要注意的是，我们并没有完全旋转地面。如果将围绕 X 轴的旋转设置为 -0.5 * Math.PI，那么地面将是完全平坦的；如果将其偏移到 -0.475 * Math.PI，那么地面将略微倾斜。假设地面呈现略微倾斜的状态，那么当在光滑的水中添加滑溜溜的木筏时，木筏就会滑下来，这有点像在河道里漂流！

19.3 崎岖的地形

在实际生活中，地面很少是完全平坦的。在图形中，称崎岖地形为"噪声"，这就是在本章开始时引入噪声程序库的原因。

在 addGround() 函数内部，删除拉起顶点的线条。然后按照下面的代码，用一个循环处理平面中每个顶点。

```
var faces = 99;
var shape = new THREE.PlaneGeometry(10, 20, faces, faces);
➤ var numVertices = shape.vertices.length;
➤ var noiseMaker = new SimplexNoise();
➤ for (var i=0; i<numVertices; i++) {
➤   var vertex = shape.vertices[i];
➤   var noise = 0.25 * noiseMaker.noise(vertex.x, vertex.y);
➤   vertex.z = noise;
➤ }
```

为了呈现出更加真实的崎岖地形效果，我们不会将 Z 方向上的每个顶点拉起相同的量，而是通过噪声来决定每个顶点拉起的量。噪声由 noise.js 程序库来计算。结果如图 19.8 所示。

图 19.8

看起来在地面的边缘凹凸不平，但中间很平坦。为了让它更有趣，在噪声循环之后添加以下两行代码。

```
shape.computeFaceNormals();
shape.computeVertexNormals();
```

添加完上面的代码，应该如图 19.9 所示。

图 19.9

这样看起来就酷多了！

事实上，每次推拉顶点之后都需要调用 shape 的这两个方法去重新计算法线⊖。3D 代码跟踪了大量的信息，可以快速真实地呈现场景。但它无法跟踪普通更改，不过它提供了一种方法，可以让 3D 代码知道我们何时执行了推拉顶点这样的操作。

被重新计算的法线是小平面和它们的角所指向的方向。法线是照明，着色和阴影的必备数据。你暂时不必担心法线的具体工作方式，只需要知道，通过调用 computeFaceNormals() 和 computeVertexNormals() 方式可以要求 3D 形体去重新计算法线。

我们可以扭曲形状使它们看起来很酷。但这是一个河流漂流游戏，如果通过一次拉下一个点的方式在这个平面上制造一条河，需要很长时间。所以，下面来看看有什么方法能让河流建造得更快一点。

19.4 挖一条河

当拉起顶点 vertices[50] 时，实际上是在拉起平面顶部边缘正中间⊖的顶点。当选取位置 50 + 100、50 + 10 × 100、50 + 50 × 100 时，会拉起一条直线上的顶点。下面的代码是一个示例，不需要输入到你的程序中。

```
var faces = 99;
var shape = new THREE.PlaneGeometry(10, 20, faces, faces);
shape.vertices[50].z = 5;
shape.vertices[50 + 100].z = 5;
shape.vertices[50 + 10*100].z = 5;
shape.vertices[50 + 50*100].z = 5;
```

已知平面的一行上有 99 个矩形，这意味着有 100 个顶点，包括 99 个左上

⊖ 法线是一个几何学名词，大部分人在高中甚至大学时才会学到，但是它的基本概念并不难理解。想象一下，当你在手里拿着一张扑克牌并慢慢地旋转手腕，你会观察到牌的正面随着手腕的旋转在空间中移动。它可以正对着你，也可以对着房顶的灯或者窗外等。你可以轻松地用眼观察得知这张扑克牌的正面正在对着哪里，但是遗憾的是计算机不能。它需要以一种"数据"的方式来"感知"牌的朝向。我们在第 14 章学过向量的概念，知道向量是长短和方向的信息组合。所以如果用某种办法将长短信息从一个向量里去除，那么它就只有方向信息了对吗？你可能已经想到了，这时的向量不是刚好可以用来告诉计算机，一张扑克牌的正面正在对着哪里吗？没错，这个只含有方向信息，用来告诉计算机一个平面正在朝向哪里的向量，就是法线。——译者注

⊖ "顶部边缘正中间"指的是矩形平面最远一条边的正中间。——译者注

角顶点和末端的右上角顶点。这里面有一个程序员们经常使用的规律：知道任意一行上的任意一个顶点，在 vertices[] 列表里都有一个固定位置，那么，如果将这个位置加 100，则能够直接找到相邻的下一行上，处于前一个顶点正下方的顶点。

在 for 循环中可以利用这一规律。让循环从 50 开始而不是从 0 开始，每次通过循环增加 100 而不是加 1。如果你想象不出来到底怎么做也没关系。看一看下面的代码，然后将它添加到你的 addGround() 函数中，在噪声循环下方调用 shapeFaceNormals() 和 computeVertexNormals() 的前面。

```
for (var j=50; j<numVertices; j+=100) {
  shape.vertices[j].z = -1;
}
```

程序员的习惯经常显得非常奇怪。比如函数中的第一个循环通常使用 i 变量，第二个使用 j（第三个使用 k）。因为用 i 来向地面添加噪音，用 j 来找到地平面中间的顶点。这会使 100 个顶点中每一个都下拉 –1。如果你点击并拖动场景，地面应该如图 19.10 所示。

图 19.10

但是，河流应该像曲线一样来回穿过地面，而不是像上图那样。所以，还得将河流进行相应的修改。对于 3D 程序员来说，"来回"就意味着正弦函数或者余弦函数！所以，我们将学习使用正弦函数将河流变成曲线。前面的程序，使用变量 j 来标记需要下拉的顶点，现在改为使用变量 j 加上正弦函数来标记需要下拉的顶点。

按照下面的代码更改 for 循环：

```
    for (var j=50; j<numVertices; j+=100) {
➤     var curve = 20 * Math.sin(7*Math.PI * j/numVertices);
➤     var riverCenter = j + Math.floor(curve);
➤
➤     shape.vertices[riverCenter].z = -1;
    }
```

这段代码应该将让河流看起来如图 19.11 所示。

图 19.11

正弦函数内的 7 * Math.PI 表示河流将来回缠绕三次以上。将 Math.sin() 结果乘以 20 表示距河流中心有多远，得到的数字便是河流的曲线。

顶点列表仅适用于 50 或 100 之类的整数，但曲线的值总是有一个小数，如 50.1443。所以需要一个删除小数点后的所有内容的函数，这正是 Math.floor() 的功能。假设 j 是 1 050，而由正弦函数计算出来的曲线部分可能是 14.893。这将使 riverCenter 成为 1050 + Math.floor（14.893）= 1050 + 14，从而得到 1 064，所以下拉顶点数 1 064。通过一系列这样的循环计算工作，便可得到漂亮的正弦曲线河流。

更改一下数字。比如将 20 更改为 50，将 7 更改为 5，20 * Math.PI 会是什么样的？2*Math.PI 呢？这些数字控制曲线的大小和曲线的数量。什么样的河流游戏效果最好？我认为 7 * Math.PI 看起来最好，你觉得呢？

现在已经有了一条弯曲的河流，但它太窄了，不足以让一艘木筏自由漂流。因此需要让河床再宽一点。你可以这样做：在循环内部，对于每一行，我们下拉中心点及其两侧 10 个顶点。同时，在目前的循环内部，再添加另一个从 −20 开始到 20 结束的循环。将下面的代码输入到你的程序中。

```
for (var j=50; j<numVertices; j+=100) {
  var curve = 20 * Math.sin(7*Math.PI * j/numVertices);
  var riverCenter = j + Math.floor(curve);
➤  for (var k=-20; k<20; k++) {
➤    shape.vertices[riverCenter + k].z = -1;
➤  }
}
```

有了上面这些代码，就会得到如图 19.12 所示的一条宽阔弯曲的河流。

图 19.12

很酷，对吗？

还有两个与河流有关的事情需要注意。首先，需要一种方法来记住河流的中心点在哪里。先添加下面代码中的新代码。

```
function addGround() {
  var faces = 99;
  var shape = new THREE.PlaneGeometry(10, 20, faces, faces);
  var riverPoints = [];
  var numVertices = shape.vertices.length;
  var noiseMaker = new SimplexNoise();
  for (var i=0; i<numVertices; i++) {
    var vertex = shape.vertices[i];
    var noise = 0.25 * noiseMaker.noise(vertex.x, vertex.y);
    vertex.z = noise;
  }
  for (var j=50; j<numVertices; j+=100) {
    var curve = 20 * Math.sin(7*Math.PI * j/numVertices);
    var riverCenter = j + Math.floor(curve);
    riverPoints.push(shape.vertices[riverCenter]);

    for (var k=-20; k<20; k++) {
      shape.vertices[riverCenter + k].z = -1;
    }
  }
  shape.computeFaceNormals();
  shape.computeVertexNormals();

  var _cover = new THREE.MeshPhongMaterial({color: 'green', shininess: 0});
  var cover = Physijs.createMaterial(_cover, 0.8, 0.1);

  var mesh = new Physijs.HeightfieldMesh(shape, cover, 0);
  mesh.rotation.set(-0.475 * Math.PI, 0, 0);
```

```
    mesh.receiveShadow = true;
    mesh.castShadow = true;
➤   mesh.riverPoints = riverPoints;

    scene.add(mesh);
    return mesh;
  }
```

在计算每一行的时候，会先计算出这一行上的中心点，然后再向左右两侧扩展。我们可以利用这个时机将中心点保存在列表中。在创建网格体后，将该列表添加到 riverPoints 属性下的网格中。

第二，还需要在河流中创建水。暂时回到代码的前面，找到调用 addGround() 函数的那一行，添加对 addWater() 函数的调用。代码如下所示。

```
    var ground = addGround();
➤   var water = addWater();
```

添加之后场景会暂时变为空白，因为 addWater() 函数还不存在。接下来找到 addGround() 函数的最后一个"}"。它的下面应该是 animate() 函数的开始。在它们之间插入一个空行并输入下面的代码。

```
  function addWater() {
    var shape = new THREE.CubeGeometry(10, 20, 1);
    var _cover = new THREE.MeshPhongMaterial({color: 'blue'});
    var cover = Physijs.createMaterial(_cover, 0, 0.6);

    var mesh = new Physijs.ConvexMesh(shape, cover, 0);
    mesh.rotation.set(-0.475 * Math.PI, 0, 0);
    mesh.position.y = -0.8;
    mesh.receiveShadow = true;
    scene.add(mesh);

    return mesh;
  }
```

好了，再没什么新鲜的了。跟生成地面一样，这里为水也创建了平板几何形体、蓝色的材质以及物理网格体，并且给它设定了 0 摩擦（非常滑）和 0.6 弹力（比地面弹性大一些）。

看，这下我们的河里有水了！喜欢如图 19.13 所示的画面吗？

到现在为止已经做了大量的工作，工作量是前面几章没法比的。好在游戏的其余部分我们已经很熟悉了，比如记分牌、键盘控制等，我们会一一搞定它们。接下来添加记分牌。

图 19.13

19.5 记分牌

在前面已经添加了对 addGround() 和 addWater() 函数的调用。现在继续添加对 addScoreboard() 函数的调用。

```
var ground = addGround();
var water = addWater();
▶ var scoreboard = addScoreboard();
```

上一节添加了对 addWater() 的调用之后,紧接着添加了 addWater() 函数本身。现在需要添加 addScoreboard() 函数本身。将下面的代码添加到你的程序中。

```
function addScoreboard() {
  var scoreboard = new Scoreboard();
  scoreboard.score(0);
  scoreboard.timer();
  scoreboard.help(
    'left / right arrow keys to turn. ' +
    'space bar to move forward. ' +
    'R to restart.'
  );
  return scoreboard;
}
```

现在有了河流和记分牌,该在河里添加木筏了。

19.6 建造木筏

想一想,以前用过的甜甜圈形状似乎可以很好地用于木筏。那么,继续添加对 addRaft() 函数的调用吧。

```
    var ground = addGround();
    var water = addWater();
    var scoreboard = addScoreboard();
➤   var raft = addRaft();
```

同样，现在还没有 addRaft() 函数。在 addScoreboard() 函数的最后一个 "}" 之后添加下面代码。

```
function addRaft() {
  var shape = new THREE.TorusGeometry(0.1, 0.05, 8, 20);
  var _cover = new THREE.MeshPhongMaterial({visible: false});
  var cover = Physijs.createMaterial(_cover, 0.4, 0.6);
  var mesh = new Physijs.ConvexMesh(shape, cover, 0.25);
  mesh.rotation.x = -Math.PI/2;

  cover = new THREE.MeshPhongMaterial({color: 'orange'});
  var tube = new THREE.Mesh(shape, cover);
  tube.position.z = -0.08;
  tube.castShadow = true;
  mesh.add(tube);
  mesh.tube = tube;

  shape = new THREE.SphereGeometry(0.02);
  cover = new THREE.MeshBasicMaterial({color: 'white'});
  var rudder = new THREE.Mesh(shape, cover);
  rudder.position.set(0.15, 0, 0);
  tube.add(rudder);

  scene.add(mesh);
  mesh.setAngularFactor(new THREE.Vector3(0, 0, 0));
  return mesh;
}
```

这是一个很大的函数，但它里面的所有东西以前都见过。我们为木筏创造了物理网格体，使它有点滑（0.4）和有点弹性（0.6）。将网格体重量设置为 0.25。最后，将它旋转平放。

网格本身是不可见的。这里仅将它用作标记[⊖]。为了看到木筏，我们创建了一个橙色的环形管子，它被添加到网格中。同时，为了知道木筏正在面向哪个方向，还添加了一个"舵"。以上工作完成后，设置网格体的角度因子，使其无法旋转。我们将在网格体内旋转管子，但网格体本身始终面向相同的方向。

⊖ 这就是在第 13 章学过的"本地坐标"的概念。——译者注

此时木筏已被添加到场景中，但它不在河的起点，下面进行更改，使它出现在河的起点。

19.7 重置游戏

地面、水、记分牌和木筏是这个游戏中不可或缺的重要部分。都已经创建完成了。现在需要添加一个功能，以使游戏能够复位到一个合适的起点。

```
var ground = addGround();
var water = addWater();
var scoreboard = addScoreboard();
var raft = addRaft();
▶ reset();
```

在 addRaft() 下面，添加 reset() 函数。

```
function reset() {
  camera.position.set(0,-1,2);
  camera.lookAt(new THREE.Vector3(0, 0, 0));
  raft.add(camera);

  scoreboard.message('');
  scoreboard.resetTimer();
  scoreboard.score(0);

  raft.__dirtyPosition = true;
  raft.position.set(0.75, 2, -9.6);
  raft.setLinearVelocity(new THREE.Vector3(0, 0, 0));
}
```

不要忘记 __dirtyPosition 以两个下划线字符开头！

有了它，游戏开始时应该如图 19.14 所示。

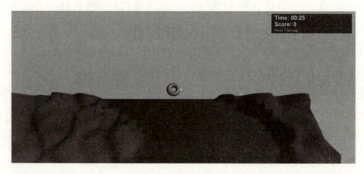

图　19.14

上面的代码首先将摄像机移近场景，并将其添加到木筏上。然后重置记分牌的分数和计时器。最后，将木筏移动到起跑线。由于河道是弯曲的，所以需要将它稍微向左移动；又由于河流的倾斜度，所以需要将它稍微向上移动，然后再向后移动，直到移动到河流的起点。

这个函数中的代码适用于启动游戏和重新开始游戏。每次被调用时，都必须使用 setLinearVelocity() 将木筏的速度设置为 0。如果不这样的话，在比赛中途重新开始比赛的玩家将在起跑线全速重新开始。

现在，你的程序中应该会有一个木筏沿着河流移动，摄像机一直在对着它拍摄。当然，没有控制功能是不行的，下面添加这一功能。

19.8　键盘控制

在准备好为场景添加键盘控制之前，首先需要删除轨道控制。因为留着轨道控制器，当方向键按下时会同时移动木筏和摄像机，这将使画面看起来非常混乱。因此，删除或注释掉 START CODING 行上方的轨道控制。

```
// new THREE.OrbitControls(camera, renderer.domElement);
```

现在添加键盘控制。将它们添加到代码的最底部，在最终的 </ script> 标记之上。

```
document.addEventListener('keydown', sendKeyDown);
function sendKeyDown(event) {
  var code = event.code;
  if (code == 'ArrowLeft') rotateRaft(1);
  if (code == 'ArrowRight') rotateRaft(-1);
  if (code == 'ArrowDown') pushRaft();
  if (code == 'Space') pushRaft();
  if (code == 'KeyR') reset();
}

function rotateRaft(direction) {
  raft.tube.rotation.z = raft.tube.rotation.z + direction * Math.PI/10;
}

function pushRaft() {
  var angle = raft.tube.rotation.z;
  var force = new THREE.Vector3(Math.cos(angle), 0, -Math.sin(angle));
  raft.applyCentralForce(force);
}
```

书中已经多次用到键盘监听器代码，所以你对 document.addEventListener() 应该已经很熟悉了。

rotateRaft() 函数负责旋转木筏，但是不用担心会破坏物理模拟，因为旋转的不是物理网格体。还记得吗，当初为木筏创建了不可见的物理网格体，然后将与物理模拟无关的甜甜圈形体放置在物理网格体内。所以，旋转木筏的时候并不会破坏物理模拟。

最后，pushRaft() 函数使用 applyCentralForce() 推木筏，就像在第 17 章中用风推动球那样。

至此，一个非常酷的游戏的基本部分完成了！通过键盘上的左右箭头键，可以使木筏转动，而空格键将向它面朝的方向推进木筏。

我们可以为这个游戏添加更多的得分点。下面从终点线开始，然后使用一些可选的方法来为游戏添加得分。

19.9 终点线

木筏顺着河流将最终到达终点线。然后它会从河的边缘掉下去并一直下落。这时可以让游戏暂停一会儿，以便玩家可以花点时间查看他们的分数，然后再重新开始。在以下四个地方进行更改：代码大纲、reset()、animate() 和 gameStep() 函数。

先从代码大纲开始。在调用 reset() 函数之前，为 gameOver 变量添加一行代码。

```
▶ var gameOver;
  var ground = addGround();
  var water = addWater();
  var scoreboard = addScoreboard();
  var raft = addRaft();
  reset();
```

其他函数将使用该变量来决定是否需要动画或更新游戏。关于何时声明变量，JavaScript 有比较严格的规定。经验法则是：变量需要在使用之前被声明。gameOver 变量将用于 reset()、animate() 和 gameStep()，因此在调用它们之前先进行声明。

在 reset() 函数结束时第一次设置 gameOver。每当游戏开始时，reset() 将 gameOver 设置为 false（假），表示此时游戏还没有结束。

```
    function reset() {
      camera.position.set(0,-1,2);
      camera.lookAt(new THREE.Vector3(0, 0, 0));
      raft.add(camera);

      scoreboard.message('');
      scoreboard.resetTimer();
      scoreboard.score(0);

      raft.__dirtyPosition = true;
      raft.position.set(0.75, 2, -9.6);
      raft.setLinearVelocity(new THREE.Vector3(0, 0, 0));
➤     gameOver = false;
➤     animate();
➤     scene.onSimulationResume();
➤     gameStep();
    }
```

重新启动游戏后，启动动画并通过调用 animate() 和 gameStep() 来启动游戏。我们还在场景上调用 onSimulationResume() 方法，该方法将在暂停后重置物理代码。

接下来告诉 animate() 函数，游戏结束时不必播放场景动画。也就是说，如果 gameOver 设置为 true（真），那么在更新摄像机或渲染场景之前退出 animate() 函数。代码如下所示。

```
    function animate() {
➤     if (gameOver) return;
      requestAnimationFrame(animate);
      renderer.render(scene, camera);
    }
➤   // animate();
```

因为在 reset() 函数中启动了 animate()，所以在这里就不需要调用它了。所以注释或删除它。

我们在 gameStep() 函数中做了类似的事情。如果游戏结束，那么立即退出该函数而不做任何常规步骤。如果游戏尚未结束，会检查是否应该结束。

```
    function gameStep() {
➤     if (gameOver) return;
➤     checkForGameOver();
      scene.simulate();
      // Update physics 60 times a second so that motion is smooth
      setTimeout(gameStep, 1000/60);
    }
➤   // gameStep();
```

同样，由于在 reset() 函数内部启动了 gameStep()，因此可以注释掉或删除位于函数定义之后的 gameStep() 调用。

checkForGameOver() 函数是新的，还没有输入。可以将它放在 gameStep() 函数之后。将下面的代码输入到你的程序中。

```
function checkForGameOver() {
  if (raft.position.z > 9.8) {
    gameOver = true;
    scoreboard.stopTimer();
    scoreboard.message("You made it!");
  }
  if (scoreboard.getTime() > 60) {
    gameOver = true;
    scoreboard.stopTimer();
    scoreboard.message("Time's up. Too slow :(");
  }
}
```

为了使游戏能够正常结束，需要检查木筏的 Z 位置是否大于 9.8。因为这是非常接近 10.0 的河边。如果木筏达到 9.8，就设定了 gameOver 为 true 并更新记分牌。同时，还在这里添加了一个 slowpokes 检查。

有了这样的设置，游戏应该能够在河流的尽头暂停，并显示玩家完成了比赛 "You made it!"，以及所花费的时间。如下面图 19.15 所示。

图　19.15

19.10　进阶代码：保持分数

这已经是一个令人印象深刻的游戏了。它看起来很酷，而且很有挑战性。但是如果你想挑战一下自己，为游戏增加一点有趣的东西，这里有一些额外的功能可以添加。

19.10.1 基于时间的评分

我们给游戏设定一个这样的得分标准：玩家越快完成则得分越高，如果玩家能很快完成游戏，则会获得相应的奖励积分。为了实现这一效果，可以通过在 checkForGameOver() 中添加另一个检查来实现这一功能。

```
function checkForGameOver() {
  if (raft.position.z > 9.8) {
      gameOver = true;
      scoreboard.stopTimer();
      scoreboard.message("You made it!");
  }
  if (scoreboard.getTime() > 60) {
      gameOver = true;
      scoreboard.stopTimer();
      scoreboard.message("Time's up. Too slow :(");
  }
➤    if (gameOver) {
➤       var score = Math.floor(61-scoreboard.getTime());
➤       scoreboard.addPoints(score);
➤
➤       if (scoreboard.getTime() < 40) scoreboard.addPoints(100);
➤       if (scoreboard.getTime() < 30) scoreboard.addPoints(200);
➤       if (scoreboard.getTime() < 20) scoreboard.addPoints(500);
➤    }
}
```

首先检查一下游戏是否结束。如果木筏达到 9.8 的位置或者时间用完了，就将 gameOver 设置为 true。当发生这种情况时，就可以计算得分了。

首先，用 61 减去时间。因为希望结果是一个整数，所以在这里再次使用 floor() 函数。例如，如果在 29.9 秒内完成，那么得分应为 Math.floor(61−29.9)，这与 Math.floor(31.1) 相同，即 31 分。

接下来，添加奖励积分：

❏ 如果玩家在不到 40 秒的时间内完成，则额外获得 100 分。

❏ 如果玩家在不到 30 秒的时间内完成，那么除了额外获得上一条的 100 分之外，再多给 200 分奖励。

❏ 如果玩家在不到 20 秒的时间内完成，那么将获得 100 分、200 分，以及额外的 500 分，总共赢得 800 分。

你可以做到吗？如图 19.16 所示。

图 19.16

19.10.2 蓄能点数

我们想在河里添加一些水果，作为蓄能奖励。如果木筏碰到它们，便会获得奖励。但是实现蓄能奖励比你想象得要难得多。因为将水果网格体添加到河流或地面的网格体上行不通的，不得不将水果直接添加到场景中。但实现这一目的这并不容易，因为河流是倾斜的。

如果将水果的网格体添加到河流的网格体上，虽然可以监听木筏与河流的碰撞事件，但是很难区分木筏是与河流碰撞，还是与水果碰撞。从而导致碰撞检测无法在木筏与水果碰撞时发挥作用。产生这一问题的原因在于，对于代码而言，当将水果的网格体添加到河流的网格体上时，水果不再是单独的网格体。它变成了河流的一部分，这就是问题所在。你可能会想，能否监听水果上的碰撞事件呢？显然是行不通的，因为没有单独的水果碰撞事件。

我们需要将水果直接添加到场景中。这样，它作为一个单独的网格与它自己的碰撞事件保持一致。但是应该使用什么坐标呢？别忘了，河流是倾斜的。从侧面看，可以看到地面认为顶部中间坐标位于（0,0,-10），但场景认为坐标位于（0,4.5,-9.7）。它们的位置关系如图 19.17 所示。

在 riverPoints 属性的帮助下，我们很容易知道河道的中心在哪里。但是需要将它们从地面坐标转换为场景坐标。

通过数学方法实现这一目的并不太难，只是要使用更多的正弦和余弦函数。显然我们不必自己做数学，只需将 3D 代码从"本地"河流坐标转换为"世界"场景坐标即可。

我们需要在重置游戏的代码中添加一些东西。由于大部分工作需要在

reset() 函数中和之后进行，因此，可以在 reset() 中添加对 resetPowerUps() 的调用。代码如下所示。

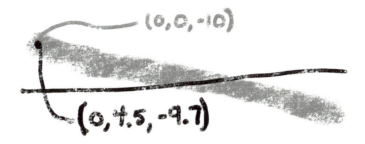

图 19.17

```
function reset() {
    resetPowerUps();

    camera.position.set(0,-1,2);
    camera.lookAt(new THREE.Vector3(0, 0, 0));
    raft.add(camera);

    scoreboard.message('');
    scoreboard.resetTimer();
    scoreboard.score(0);

    raft.__dirtyPosition = true;
    raft.position.set(0.75, 2, -9.6);
    raft.setLinearVelocity(new THREE.Vector3(0, 0, 0));

    gameOver = false;
    animate();
    scene.onSimulationResume();
    gameStep();
}
```

这会暂时令游戏停止工作，因为 resetPowerUps() 函数还没有定义。接下来，输入下面的代码添加 resetPowerUps() 函数。

```
function resetPowerUps() {
    var random20 = 20 + Math.floor(10*Math.random());
    var p20 = ground.riverPoints[random20];
    addPowerUp(p20);

    var random70 = 70 + Math.floor(10*Math.random());
    var p70 = ground.riverPoints[random70];
    addPowerUp(p70);
}
```

修改没有结束，因为 resetPowerUps() 需要调用另一个新函数 addPowerUp()。稍后补充这个新函数，首先要确保理解 resetPowerUps() 内部的情况。

在那里，我们创建两个随机数，并使用它们来获得沿河的两个点。这里总共有 100 个河流点。我们想在第 20 和第 70 河流点附近放一些水果。这些水果在每场比赛的位置应该是不同的，这样可以最大限度地保持比赛的挑战性。riverPoints 属性是一个列表，因此找到一个带有整数的点，就像在挖河时使用顶点属性一样，再次使用 Math.floor() 来获得随机整数。这样，p20 和 p70 将是河流点 20（接近开始）和点 70（接近结束）附近的随机河流点。

将这些随机河流点传递给新的 addPowerUp() 函数。在 resetPowerUps() 下面添加它。

```
function addPowerUp(riverPoint) {
  ground.updateMatrixWorld();
  var x = riverPoint.x + 4 * (Math.random() - 0.5);
  var y = riverPoint.y;
  var z = -0.5;
  var p = new THREE.Vector3(x, y, z);
  ground.localToWorld(p);

  var shape = new THREE.SphereGeometry(0.25, 25, 18);
  var cover = new THREE.MeshNormalMaterial();
  var mesh = new Physijs.SphereMesh(shape, cover, 0);
  mesh.position.copy(p);
  mesh.powerUp = true;
  scene.add(mesh);

  mesh.addEventListener('collision', function() {
    for (var i=0; i<scene.children.length; i++) {
      var obj = scene.children[i];
      if (obj == mesh) scene.remove(obj);
    }
    scoreboard.addPoints(200);
    scoreboard.message('Yum!');
    setTimeout(function() {scoreboard.clearMessage();}, 5*1000);
  });

  return mesh;
}
```

对于 addPowerUp() 函数来说，除了函数开头的部分比较陌生之外，其他部分我们都见过，应该已经比较熟悉了。它的功能就是将 X-Y-Z 位置从沿地面的点转换为场景坐标。在 3D 编程术语中，将其称之为从本地坐标转换为世界坐标。

为了确保准确地从本地坐标转换为世界坐标，最好调用 updateMatrixWorld()。它能确保各种坐标值都是最新且准确的。在完成转换之后，从河流点复制 X 和 Y 坐标，并在 X 坐标上添加一个随机数，将水果移到河边，使游戏变得更具挑战性。最后，用 –0.5 作为 Z 坐标将水果放入水中。

有了 X-Y-Z 三个数值之后，我们用它们创建一个点坐标变量 p。一旦有了 p 坐标，就可以通过 localToWorld() 方法将地面坐标转换为世界场景坐标。做完这些之后，编程工作就又可以回到我们熟悉的领域了。

现在，创建一个球体形状和一个封面，并使用它们来构建一个可物理化的网格。这个网格不会移动，因此它的质量为 0。然后使用 copy() 方法将网格的位置设置为与 p 坐标相同，将 p 的坐标复制到网格的位置。由于这些坐标是场景坐标，可以将网格直接添加到场景中。

另外需要注意的两个问题是 powerUp 属性和碰撞检测。当游戏重置时，powerUp 属性用于从场景中移除蓄能奖励水果。我们还添加了碰撞事件处理程序。当木筏与蓄能水果发生碰撞时，将从场景中移除水果并向记分牌加分。

在这里，我们将使用未命名的函数。还记得曾在第 16 章中使用了未命名的函数来创建方法吗？在这样的事件处理程序中直接使用未命名的函数可能看起来有些混乱，但它确实可以正常工作。当检测到碰撞时，未命名的函数()内的代码将从场景中删除对象并记分牌加分。我们还在记分牌上设置了一个 "Yum！" 消息，在五秒钟之后用一个简单的匿名函数将它清除。

最后一件事是在游戏重置时清理水果。出于这个原因，我们将 powerUp 属性添加到了水果中。每当 reset() 函数调用刚添加的 resetPowerUps() 函数时，我们将通过场景的 "children" 查看哪个对象具有这种属性。

在 resetPowerUps() 的开头添加对 removeOldPowerUps() 的调用。代码如下所示。

```
function resetPowerUps() {
▶   removeOldPowerUps();

    var random20 = 20 + Math.floor(10*Math.random());
    var p20 = ground.riverPoints[random20];
    addPowerUp(p20);

    var random70 = 70 + Math.floor(10*Math.random());
    var p70 = ground.riverPoints[random70];
    addPowerUp(p70);
}
```

然后在 addPowerUp() 的最后一个大括号下面添加 removeOldPowerUps() 函数。代码如下所示。

```
function removeOldPowerUps() {
  var last = scene.children.length - 1;
  for (var i=last; i>=0; i--) {
    var obj = scene.children[i];
    if (obj.powerUp) scene.remove(obj);
  }
}
```

这与在第 14 章中所做的工作是相同的，从场景中的最后一个子对象开始移动到第一个子对象，这样就不会跳过对象。

这样，有两个水果可以帮助你在玩游戏时疯狂得分。你甚至可以击败我的高分。如图 19.18 所示。

图　19.18

19.11　完整代码

完整代码可在书后附录 A 中的"代码：河道漂流"一节里查看。

19.12　下一步我们做什么

本章的代码非常多，但它们都很有价值。我们将许多技能应用于物理、灯光和材质；通过拉动形状顶点并将本地坐标转换为世界坐标，甚至还看到了 3D

编程里的一些新技能。

像其他游戏一样，不要认为这个游戏到这里就结束了。你还可以添加很多东西。比如还可以加入一些减分的障碍物，添加一些跳跃，像在第 18 章中所做的那样，让它成为一个双人游戏，或者让河道更长。同时，你可以尝试添加摄像机控制，这样就可以切换到木筏视角，而不是只能从上方观察场景。还有，你可以试试用纹理图像会不会让游戏看起来更好看。再或者，当木筏加速或游戏结束时，你可以试着让游戏发出声音。或许你已经有了一个我甚至无法想象的好主意！

在本书最后一章中，讲解如何把游戏项目放到网上。

第20章

将代码放到网上

 学完本章，你将做到：
- 更好地了解构成网站的组件。
- 了解搭建自己的网站所需的技术。
- 知道如何将项目放在网站上与他人分享。

JavaScript 是互联网的语言。你访问的每个网站或移动网站都以各种各样的方式使用着 JavaScript。因此，最后这一章将简要介绍一下互联网网站的工作原理以及它们如何依赖 JavaScript。

这里不作详细介绍，只需能够开始制作自己的 JavaScript 页面即可。最简单的方式是挑选一个自己的项目并把它放在网站上。这需要对编写的代码进行一些更改，但与本书中介绍的其他内容相比，这个修改很简单。

首先，快速一下了解 Web 和移动浏览器的工作原理。

20.1 无所不能的浏览器

首先，假设这是强大的浏览器，如图 20.1 所示。

当告诉浏览器想要浏览的网站时，它会通过互联网向一个被称之为 Web 服务器的计算机发送请求，如图 20.2 所示。

图 20.1　　　　　　　　图 20.2

要访问正确的服务器，浏览器必须在互联网上查找 Web 服务器的网络地址。浏览器使用域名服务（DNS）来执行该查找。当访问 www.code3Dgames.com 时，DNS 回复网址为 151.101.1.195。该网络地址（有时称为 Internet 协议或 IP 地址）是浏览器通过 Internet 发送 Web 请求所需的全部内容。

> **Web 服务器必须在 Internet 上公开可用**
> 记住，持有网站的机器必须是公开的，可以在互联网上被找到。你在家中使用的机器几乎从未公开过。即使互联网上的其他人知道你计算机的网络地址，他们仍然无法访问它，因为

> 它不是公开的 – 它隐藏在你家的网络后面。
>
> 　　不幸的是，这意味着你通常需要支付一点钱，才能在互联网上发表你的网页游戏。你需要支付网络托管公司费用，请他们来托管你的游戏。而且你还需要为查找网站地址的 DNS 服务付费（比如根据 www.code3Dgames.com 查找到网络地址 151.101.1.195）。当然，还是有一些免费的选择的，稍后会看到。

一个 Web 请求向一个特定的 Web 服务器请求它想要的一条特定信息。该信息可能是一个网页或一个图像，它可能是一部电影，也可能是一个 JavaScript。但一次只能请求一条信息。

当浏览器的请求到达 Web 服务器时，服务器检查它是否具有所请求的信息。Web 服务器可以在其上存储各种信息，如图 20.3 所示。

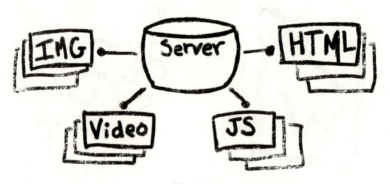

图 20.3

浏览器发送到服务器的第一个请求通常是为了请求网页。网页就是一个用 HTML 编写的文件，如图 20.4 所示。在第 9 章中曾讨论过这个文件。

如果服务器具有用户正在查找的网页，则会将其发送回浏览器。如图 20.5 所示。

这可能有些奇怪。网页通常非常小而且无趣。当我们想到网页时，通常会想起一些很漂亮的页面，它们能做很惊人的事情。但就其本身而言，网页看起来并不漂亮，也没有做任何事情。网页看起来非常像第 9 章中讲到的 HTML 内容。如下所示。

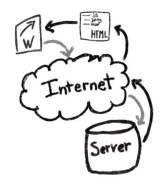

图 20.4　　　　　　　　　　图 20.5

```
<body>
  <h1>Hello!</h1>
  <p>
    You can make <b>bold</b> words,
    <i>italic</i> words,
    even <u>underlined</u> words.
  </p>
  <p>
    You can link to
    <a href="http://code3Dgames.com">other pages</a>.
    You can also add images from web servers:
    <img src="/images/purple_fruit_monster.png">
  </p>
</body>
```

　　一个网页为了做很多有趣的事情，需要告诉浏览器向 Web 服务器请求更多的信息。这是通过 HTML 标签和 JavaScript 完成的。

　　HTML 中的一些标签用于设置段落或格式化单词。而还有些标签，比如 <img>，会加载图像或样式这些东西。这些东西真正会让有趣的事情发生。然后 <script> 标签可以加载 JavaScript 程序库或让我们直接在网页上编写 JavaScript。

　　因此，一旦浏览器获得它所要求的网页，就必须根据网页中的要求，继续向 Web 服务器请求大量的信息。如图 20.6 所示。

图 20.6

由于这些请求都需要时间,因此在运行 JavaScript 时必须要小心。在程序库和图像加载完成之前,不要启动 JavaScript 代码。

等待所有内容加载的最简单方法是将 JavaScript 放在网页中的其他所有内容的最下面。

```
<body></body>
<script>
  // This is where we have been coding - after the <body> tags
</script>
```

<script> 标签位于文档的最底部,这意味着浏览器将在运行代码之前显示网页内容(文本、图像、样式信息)。浏览器运行该代码时,其他所有内容都应该准备就绪。

当你将来在越来越多的 JavaScript 网站上工作时,会遇到不同的技术方法。使用哪种方法并不重要。需要记住的是,除了网页本身之外,浏览器还需要根据网页的要求去请求和加载很多内容,而你的代码需要处理这些情况。否则你的页面和程序中可能会出现各种奇怪的错误。

20.2 免费网站

之前我们注意到只有公开可用的 Web 服务器才能提供网页、图像、JavaScript 等。通常这会花费你一些钱。但有一些方法可以免费公开你的网页和 JavaScript 游戏,其中最简单的是 Blogger(http://blogger.com)。

许多免费网站会删除你的 JavaScript 或难以在你的网站上获取 JavaScript。如果你正在寻找一个免费网站,要确保它支持添加你的 JavaScript。站点应该支持将 JavaScript 放在 <script> 标签内 - 就像我们在整本书中一直在做的那样。站点还应该允许使用带有 src 属性的 <script> 标签加载程序库。令人高兴的是,Blogger 能让我们做所有这些事。

如果你与朋友和家人分享简单的游戏,免费网站是最佳选择。它易于设置和使用。只有当你的游戏变得更加复杂时才需要支付网站费,比如那种需要注册账号、保存分数或其他游戏信息的游戏。

为了了解如何将游戏项目放到网站上,下面看看如何将 3D 动画放在 Blogger 上。

20.3 将代码放在另一个站点上

在处理此部分之前，需要创建一个 Blogger 账户。以下说明适用于大多数网站，但所有 Web 服务都有自己的脾气，你可能需要自己调试。另外需要注意的是，Blogger 的页面可能会随着时间而变化，所以可能与本书中的画面不完全相同。

将我们的代码发布到 Blogger 非常简单。首先，就像平常发布帖子一样，新建一个帖子并开始编辑。务必单击帖子工具栏中的 HTML 按钮，如图 20.7 所示。

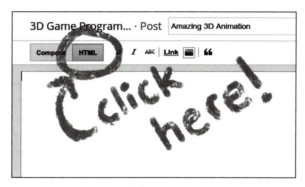

图 20.7

在 HTML 按钮下方的文本区域中，添加一些 HTML。下面的代码创建了两个页面段落，第一个段落里预留了一块地方，一会儿将把游戏画面放在这里。第二个段落显示了一些说明信息。如果你已经在 Blogger 上创建了一个新帖子并开始编辑，将下面的代码输入到帖子里。

```
<p>I made this!</p>
<div id="3d-code-2018-12-31">
</div>
<p>
  It's in the first chapter of
  <a href="http://code3Dgames.com/">3D Game Programming for Kids</a>,
  second edition.
</p>
```

\<p\> 标签内可以放你喜欢的任何内容。这里使用的 \<div\> 标签是一个空的分隔符。可以使用它来放置游戏画面。

重要的事情是：\<div\> 的 id 属性值必须是唯一的。在页面上不可以有其他标签具有相同的 id 属性值。为了确保唯一性，一种方法是将当前 <div> 标签的用途（比如：3d-code）和发布代码的日期（例如 2018-12-31）连接在一起形成一个唯一的值。

接下来，从 3DE 复制代码并将其粘贴到 Blogger 帖子中。对于你发布的第一篇游戏帖子，最好保持简单，因此我们将在第 1 章中编写所有代码粘贴在帖子里。

从 3DE 复制代码时，务必跳过包含 <body> </ body> 的第一行。仅从第一个 <script> 标签复制到结尾。

将其粘贴到之前添加的 HTML 下方的 Blogger 帖子中，如图 20.8 所示。

图 20.8

在单击"发布"按钮之前，需要再进行一些更改。

首先，必须告诉 Blogger 在哪里可以找到我们使用过的程序库。在整本书中，我们在 <script> 标签中都使用了以 "/" 开头的程序库名称。

```
<script src="/three.js"></script>
```

这告诉强大的 Web 浏览器在当前 Web 服务器上找到程序库。我们使用的程序库都放在 Web 服务器 www.code3Dgames.com 上面，因为 3DE 编辑器本身就在 https://www.code3Dgames.com/3de 上。但是现在我们在 Blogger 上创建了一个页面，因此必须告诉 Blogger 页面在 www.code3Dgames.com 而不是 Blogger 上查找程序库。为此，只需在 <script> 标签的 src 属性里，将"/"开头的程序库名称改为以 https://www.code3Dgames.com 开头。如下所示。

```
<script src="https://code3Dgames.com/three.js"></script>
<script src="https://code3Dgames.com/controls/OrbitControls.js"></script>
```

注意，在这里添加了轨道控制 - 主要是因为它们很有趣！

接下来，需要设置场景的宽高比。在第 9 章中，纵横比描述了场景的宽度和高度。在网页上，4/3 是一个很好的宽高比，所以做如下改变。

```
▶ var aspectRatio = 4/3;
  var camera = new THREE.PerspectiveCamera(75, aspectRatio, 1, 10000);
  camera.position.z = 500;
  scene.add(camera);
```

从第 9 章知道，我们通常会将渲染器添加到整个页面。对于我们的帖子，则希望将它附加到之前添加的 <div> 上。这需要对渲染器代码进行两处更改。

```
  // The "renderer" draws what the camera sees onto the screen:
  var renderer = new THREE.WebGLRenderer({antialias: true});
▶ // renderer.setSize(window.innerWidth, window.innerHeight);
▶ // document.body.appendChild(renderer.domElement);
▶ var container = document.getElementById('3d-code-2018-12-31');
▶ container.appendChild(renderer.domElement);
```

首先，我们不再希望将渲染器的大小设置为与整个窗口相同。现在，需要删除 renderer.setSize() 行，或者将其注释掉。

另一个对渲染器的更改是将其添加到 <div> 标签。我们希望 <div> 元素"包含"动画，因此将变量命名为容器。我们使用在 HTML 中设置的 ID"获取" JavaScript 中的 <div>。如果你之前使用 3d-code-2018-12-31 作为 <div> 标签的 ID，则使用 document.getElement-ById('3d-code-2018-12-31') 获取它。然后使用在第 9 章中谈到的相同的 appendChild() 方法将渲染器添加到容器中。

我们希望渲染器画面刚好在容器的内部。这可以使用一个函数来做到。在将渲染器附加到容器的那行代码下方添加此函数。代码如下所示。

```
function resizeRenderer(){
  var width = container.clientWidth * 0.96;
  var height = width/aspectRatio;
```

```
        renderer.setSize(width, height);
    }
    resizeRenderer();
    window.addEventListener('resize', resizeRenderer, false);
```

resizeRenderer() 函数从其 clientWidth 属性获取容器的宽度。将宽度缩小一点点，因为这有助于确保游戏程序在个别浏览器中正常工作。通过将宽度除以纵横比得到正确的高度。最后，为渲染器设置宽度和高度值。

resizeRenderer() 函数在其定义后面直接被调用，以便在页面首次加载时获得正确的大小。然后我们做一些有趣的事情：向窗口添加一个事件监听器。这会监听窗口的"resize"事件，并调用 resizeRenderer() 函数。这样，当玩家调整浏览器大小时，渲染器总会以正确的大小绘制画面。

最后要做的一点设置是添加轨道控制。我们希望玩家能够在场景中移动相机，以更好地了解我们的惊人创作。代码中已经通过一个 <script> 标签引入了轨道控制程序库，因此现在可以在 START CODING 行上方创建控件。代码如下所示。

```
    new THREE.OrbitControls(camera, renderer.domElement);
```

有了这个，你应该能够发布你的帖子并看到你的作品了。如图 20.9 所示。

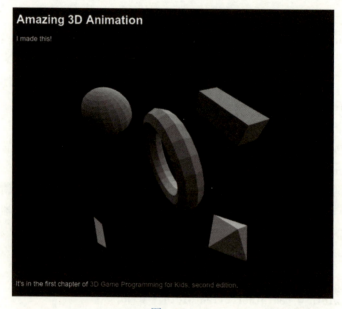

图 20.9

一定要在图书论坛上分享你的作品！（https://talk.code3Dgames.com/）

20.4　完整代码

完整代码可在书后附录 A 中的"代码：将代码放到网上"一节里查看。
另外，我在 blogspot 上也做了一个与本章相同的网页，你要来看看吗：
http://code3Dgames.blogspot.com/2018/02/amazing-3d-animation.html。

20.5　下一步我们做什么

师傅领进门，修行在个人！

我已经尽我所能教你，现在是时候解放自己的创造力了。本书中的所有游戏都不完美，它们可以做得更好，但需要你自己开动脑筋并添加代码。你一直跟着我走到了这本书的最后一章，已经学到了很多东西。以后的路要自己走了，不断学习，不断探索，不断去超越自己吧！

附录A 项目代码

本附录包含本书中创建的所有项目的完整版本。

代码：创建简单形体

```
<body></body>
<script src="/three.js"></script>
<script>
// The "scene" is where stuff in our game will happen:
var scene = new THREE.Scene();
var flat = {flatShading: true};
var light = new THREE.AmbientLight('white', 0.8);
scene.add( light );

// The "camera" is what sees the stuff:
var aspectRatio = window.innerWidth / window.innerHeight;
var camera = new THREE.PerspectiveCamera(75, aspectRatio, 1, 10000);
camera.position.z = 500;
scene.add(camera);

// The "renderer" draws what the camera sees onto the screen:
var renderer = new THREE.WebGLRenderer();
renderer.setSize(window.innerWidth, window.innerHeight);
document.body.appendChild(renderer.domElement);

// ******** START CODING ON THE NEXT LINE ********

var shape = new THREE.SphereGeometry(100, 20, 15);
var cover = new THREE.MeshNormalMaterial(flat);
var ball = new THREE.Mesh(shape, cover);
scene.add(ball);
ball.position.set(-250,250,-250);

var shape = new THREE.CubeGeometry(300, 100, 100);
var cover = new THREE.MeshNormalMaterial(flat);
var box = new THREE.Mesh(shape, cover);
scene.add(box);
box.rotation.set(0.5, 0.5, 0);
box.position.set(250, 250, -250);

var shape = new THREE.CylinderGeometry(1, 100, 100, 4);
var cover = new THREE.MeshNormalMaterial(flat);
var tube = new THREE.Mesh(shape, cover);
scene.add(tube);
tube.rotation.set(0.5, 0, 0);
tube.position.set(250, -250, -250);

var shape = new THREE.PlaneGeometry(100, 100);
var cover = new THREE.MeshNormalMaterial(flat);
var ground = new THREE.Mesh(shape, cover);
```

```
  scene.add(ground);
  ground.rotation.set(0.5, 0, 0);
  ground.position.set(-250, -250, -250);

  var shape = new THREE.TorusGeometry(100, 25, 8, 25);
  var cover = new THREE.MeshNormalMaterial(flat);
  var donut = new THREE.Mesh(shape, cover);
  scene.add(donut);

  var clock = new THREE.Clock();

  function animate() {
    requestAnimationFrame(animate);
    var t = clock.getElapsedTime();

    ball.rotation.set(t, 2*t, 0);
    box.rotation.set(t, 2*t, 0);
    tube.rotation.set(t, 2*t, 0);
    ground.rotation.set(t, 2*t, 0);
    donut.rotation.set(t, 2*t, 0);

    renderer.render(scene, camera);
  }
  animate();

  // Now, show what the camera sees on the screen:
  renderer.render(scene, camera);
</script>
```

代码：玩转控制台和查找出错代码

第 2 章中没有项目代码。在 3DE 中编写了一些出错的代码，并研究了 JavaScript 控制台。

代码：创建游戏角色

```
<body></body>
<script src="/three.js"></script>
<script>
  // The "scene" is where stuff in our game will happen:
  var scene = new THREE.Scene();
  var flat = {flatShading: true};
  var light = new THREE.AmbientLight('white', 0.8);
  scene.add(light);

  // The "camera" is what sees the stuff:
```

```
var aspectRatio = window.innerWidth / window.innerHeight;
var camera = new THREE.PerspectiveCamera(75, aspectRatio, 1, 10000);
camera.position.z = 500;
scene.add(camera);

// The "renderer" draws what the camera sees onto the screen:
var renderer = new THREE.WebGLRenderer({antialias: true});
renderer.setSize(window.innerWidth, window.innerHeight);
document.body.appendChild(renderer.domElement);

// ******** START CODING ON THE NEXT LINE ********
var body = new THREE.SphereGeometry(100);
var cover = new THREE.MeshNormalMaterial();
var avatar = new THREE.Mesh(body, cover);
scene.add(avatar);

var hand = new THREE.SphereGeometry(50);

var rightHand = new THREE.Mesh(hand, cover);
rightHand.position.set(-150, 0, 0);
avatar.add(rightHand);

var leftHand = new THREE.Mesh(hand, cover);
leftHand.position.set(150, 0, 0);
avatar.add(leftHand);

var foot = new THREE.SphereGeometry(50);
var rightFoot = new THREE.Mesh(foot, cover);
rightFoot.position.set(-75, -125, 0);
avatar.add(rightFoot);

var leftFoot = new THREE.Mesh(foot, cover);
leftFoot.position.set(75, -125, 0);
avatar.add(leftFoot);

// Now, animate what the camera sees on the screen:
var isCartwheeling = false;
var isFlipping = false;
function animate() {
  requestAnimationFrame(animate);
  if (isCartwheeling) {
    avatar.rotation.z = avatar.rotation.z + 0.05;
  }
  if (isFlipping) {
    avatar.rotation.x = avatar.rotation.x + 0.05;
  }
  renderer.render(scene, camera);
}
animate();
</script>
```

代码：移动游戏角色

```
<body></body>
<script src="/three.js"></script>
<script>
// The "scene" is where stuff in our game will happen:
var scene = new THREE.Scene();
var flat = {flatShading: true};
var light = new THREE.AmbientLight('white', 0.8);
scene.add(light);

// The "camera" is what sees the stuff:
var aspectRatio = window.innerWidth / window.innerHeight;
var camera = new THREE.PerspectiveCamera(75, aspectRatio, 1, 10000);
camera.position.z = 500;
// scene.add(camera);

// The "renderer" draws what the camera sees onto the screen:
var renderer = new THREE.WebGLRenderer({antialias: true});
renderer.setSize(window.innerWidth, window.innerHeight);
document.body.appendChild(renderer.domElement);

// ******** START CODING ON THE NEXT LINE ********

var marker = new THREE.Object3D();
scene.add(marker);
var body = new THREE.SphereGeometry(100);
var cover = new THREE.MeshNormalMaterial();
var avatar = new THREE.Mesh(body, cover);
marker.add(avatar);

var hand = new THREE.SphereGeometry(50);

var rightHand = new THREE.Mesh(hand, cover);
rightHand.position.set(-150, 0, 0);
avatar.add(rightHand);

var leftHand = new THREE.Mesh(hand, cover);
leftHand.position.set(150, 0, 0);
avatar.add(leftHand);

var foot = new THREE.SphereGeometry(50);

var rightFoot = new THREE.Mesh(foot, cover);
rightFoot.position.set(-75, -125, 0);
avatar.add(rightFoot);

var leftFoot = new THREE.Mesh(foot, cover);
leftFoot.position.set(75, -125, 0);
avatar.add(leftFoot);

marker.add(camera);
```

```javascript
function makeTreeAt(x, z) {
  var trunk = new THREE.Mesh(
    new THREE.CylinderGeometry(50, 50, 200),
    new THREE.MeshBasicMaterial({color: 'sienna'})
  );

  var top = new THREE.Mesh(
    new THREE.SphereGeometry(150),
    new THREE.MeshBasicMaterial({color: 'forestgreen'})
  );
  top.position.y = 175;
  trunk.add(top);

  trunk.position.set(x, -75, z);
  scene.add(trunk);
}
// Trees
makeTreeAt( 500,   0);
makeTreeAt(-500,   0);
makeTreeAt( 750, -1000);
makeTreeAt(-750, -1000);

// Now, animate what the camera sees on the screen:
var isCartwheeling = false;
var isFlipping = false;
function animate() {
  requestAnimationFrame(animate);
  if (isCartwheeling) {
    avatar.rotation.z = avatar.rotation.z + 0.05;
  }
  if (isFlipping) {
    avatar.rotation.x = avatar.rotation.x + 0.05;
  }
  renderer.render(scene, camera);
}
animate();

document.addEventListener('keydown', sendKeyDown);
function sendKeyDown(event) {
  var code = event.code;
  if (code == 'ArrowLeft')  marker.position.x = marker.position.x - 5;
  if (code == 'ArrowRight') marker.position.x = marker.position.x + 5;
  if (code == 'ArrowUp')    marker.position.z = marker.position.z - 5;
  if (code == 'ArrowDown')  marker.position.z = marker.position.z + 5;

  if (code == 'KeyC') isCartwheeling = !isCartwheeling;
  if (code == 'KeyF') isFlipping = !isFlipping;
}
</script>
```

代码：一遍又一遍地执行

在第 5 章中探讨功能时，故意破坏了很多东西。代码的副本如下：

```
<body></body>
<script src="/three.js"></script>
<script src="/controls/FlyControls.js"></script>
<script>
  // The "scene" is where stuff in our game will happen:
  var scene = new THREE.Scene();
  var flat = {flatShading: true};
  var light = new THREE.AmbientLight('white', 0.8);
  scene.add(light);

  // The "camera" is what sees the stuff:
  var aspectRatio = window.innerWidth / window.innerHeight;
  var camera = new THREE.PerspectiveCamera(75, aspectRatio, 1, 10000);
  camera.position.z = 500;
  scene.add(camera);

  // The "renderer" draws what the camera sees onto the screen:
  var renderer = new THREE.WebGLRenderer({antialias: true});
  renderer.setSize(window.innerWidth, window.innerHeight);
  document.body.appendChild(renderer.domElement);

  // ******** START CODING ON THE NEXT LINE ********

  var shape = new THREE.SphereGeometry(50);
  var cover = new THREE.MeshBasicMaterial({color: 'blue'});
  var planet = new THREE.Mesh(shape, cover);
  planet.position.set(-300, 0, 0);
  scene.add(planet);

  var shape = new THREE.SphereGeometry(50);
  var cover = new THREE.MeshBasicMaterial({color: 'yellow'});
  var planet = new THREE.Mesh(shape, cover);
  planet.position.set(200, 0, 250);
  scene.add(planet);

  function makePlanet() {
    var size = r(50);
    var x = r(1000) - 500;
    var y = r(1000) - 500;
    var z = r(1000) - 1000;
    var surface = rColor();

    var shape = new THREE.SphereGeometry(size);
    var cover = new THREE.MeshBasicMaterial({color: surface});
    var planet = new THREE.Mesh(shape, cover);
    planet.position.set(x, y, z);
```

```
    scene.add(planet);
  }
  makePlanet();
  makePlanet();
  for (var i=0; i<100; i++) {
    makePlanet();
  }
  console.log(Math.random());
  function r(max) {
    if (max) return max * Math.random();
    return Math.random();
  }
  var randomNum = r();
  console.log(randomNum);
  randomNum = r(100);
  console.log(randomNum);
  console.log(r(100));
  console.log(r(100));
  function rColor() {
    return new THREE.Color(r(), r(), r());
  }
  var controls = new THREE.FlyControls(camera);
  controls.movementSpeed = 100;
  controls.rollSpeed = 0.5;
  controls.dragToLook = true;
  controls.autoForward = false;
  var clock = new THREE.Clock();
  function animate() {
    var delta = clock.getDelta();
    controls.update(delta);

    renderer.render(scene, camera);
    requestAnimationFrame(animate);
  }
  animate();
</script>
```

代码：摆臂和迈步

```
body></body>
script src="/three.js"></script>
```

```
script>
// The "scene" is where stuff in our game will happen:
var scene = new THREE.Scene();
var flat = {flatShading: true};
var light = new THREE.AmbientLight('white', 0.8);
scene.add(light);

// The "camera" is what sees the stuff:
var aspectRatio = window.innerWidth / window.innerHeight;
var camera = new THREE.PerspectiveCamera(75, aspectRatio, 1, 10000);
camera.position.z = 500;
// scene.add(camera);

// The "renderer" draws what the camera sees onto the screen:
var renderer = new THREE.WebGLRenderer({antialias: true});
renderer.setSize(window.innerWidth, window.innerHeight);
document.body.appendChild(renderer.domElement);

// ******** START CODING ON THE NEXT LINE ********

var marker = new THREE.Object3D();
scene.add(marker);

//var cover = new THREE.MeshNormalMaterial({flatShading: true});
var body = new THREE.SphereGeometry(100);
var cover = new THREE.MeshNormalMaterial();
var avatar = new THREE.Mesh(body, cover);
marker.add(avatar);

var hand = new THREE.SphereGeometry(50);

var rightHand = new THREE.Mesh(hand, cover);
rightHand.position.set(-150, 0, 0);
avatar.add(rightHand);

var leftHand = new THREE.Mesh(hand, cover);
leftHand.position.set(150, 0, 0);
avatar.add(leftHand);
var foot = new THREE.SphereGeometry(50);

var rightFoot = new THREE.Mesh(foot, cover);
rightFoot.position.set(-75, -125, 0);
avatar.add(rightFoot);

var leftFoot = new THREE.Mesh(foot, cover);
leftFoot.position.set(75, -125, 0);
avatar.add(leftFoot);

marker.add(camera);

function makeTreeAt(x, z) {
  var trunk = new THREE.Mesh(
    new THREE.CylinderGeometry(50, 50, 200),
    new THREE.MeshBasicMaterial({color: 'sienna'})
```

```
  );
  var top = new THREE.Mesh(
    new THREE.SphereGeometry(150),
    new THREE.MeshBasicMaterial({color: 'forestgreen'})
  );
  top.position.y = 175;
  trunk.add(top);

  trunk.position.set(x, -75, z);
  scene.add(trunk);
}
makeTreeAt( 500,     0);
makeTreeAt(-500,     0);
makeTreeAt( 750, -1000);
makeTreeAt(-750, -1000);

// Now, animate what the camera sees on the screen:
var clock = new THREE.Clock();
var isCartwheeling = false;
var isFlipping = false;
var isMovingRight = false;
var isMovingLeft = false;
var isMovingForward = false
var isMovingBack = false;

function animate() {
  requestAnimationFrame(animate);
  walk();
  acrobatics();
  renderer.render(scene, camera);
}
animate();

function walk() {
  if (!isWalking()) return;

  var speed = 10;
  var size = 100;
  var time = clock.getElapsedTime();
  var position = Math.sin(speed * time) * size;
  rightHand.position.z =  position;
  leftHand.position.z  = -position;
  rightFoot.position.z = -position;
  leftFoot.position.z  =  position;
}

function isWalking() {
  if (isMovingRight) return true;
  if (isMovingLeft) return true;
  if (isMovingForward) return true;
```

```
    if (isMovingBack) return true;
    return false;
}
function acrobatics() {
  if (isCartwheeling) {
    avatar.rotation.z = avatar.rotation.z + 0.05;
  }
  if (isFlipping) {
    avatar.rotation.x = avatar.rotation.x + 0.05;
  }
}
document.addEventListener('keydown', sendKeyDown);
function sendKeyDown(event) {
  var code = event.code;
  if (code == 'ArrowLeft') {
    marker.position.x = marker.position.x - 5;
    isMovingLeft = true;
  }
  if (code == 'ArrowRight') {
    marker.position.x = marker.position.x + 5;
    isMovingRight = true;
  }
  if (code == 'ArrowUp') {
    marker.position.z = marker.position.z - 5;
    isMovingForward = true;
  }
  if (code == 'ArrowDown') {
    marker.position.z = marker.position.z + 5;
    isMovingBack = true;
  }
  if (code == 'KeyC') isCartwheeling = !isCartwheeling;
  if (code == 'KeyF') isFlipping = !isFlipping;
}
document.addEventListener('keyup', sendKeyUp);
function sendKeyUp(event) {
  var code = event.code;
   if (code == 'ArrowLeft') isMovingLeft = false;
   if (code == 'ArrowRight') isMovingRight = false;
   if (code == 'ArrowUp') isMovingForward = false;
   if (code == 'ArrowDown') isMovingBack = false;
 }
</script>
```

代码：深入理解 JavaScript 基础知识

第 7 章中没有项目代码，这是对 JavaScript 基础的更深入了解。

代码：让游戏角色转身

```
<body></body>
<script src="/three.js"></script>
<script src="/tween.js"></script>
<script>
// The "scene" is where stuff in our game will happen:
var scene = new THREE.Scene();
var flat = {flatShading: true};
var light = new THREE.AmbientLight('white', 0.8);
scene.add(light);

// The "camera" is what sees the stuff:
var aspectRatio = window.innerWidth / window.innerHeight;
var camera = new THREE.PerspectiveCamera(75, aspectRatio, 1, 10000);
camera.position.z = 500;
// scene.add(camera);

// The "renderer" draws what the camera sees onto the screen:
var renderer = new THREE.WebGLRenderer({antialias: true});
renderer.setSize(window.innerWidth, window.innerHeight);
document.body.appendChild(renderer.domElement);

// ******** START CODING ON THE NEXT LINE ********

var marker = new THREE.Object3D();
scene.add(marker);

//var cover = new THREE.MeshNormalMaterial(flat);
var body = new THREE.SphereGeometry(100);
var cover = new THREE.MeshNormalMaterial();
var avatar = new THREE.Mesh(body, cover);
marker.add(avatar);

var hand = new THREE.SphereGeometry(50);

var rightHand = new THREE.Mesh(hand, cover);
rightHand.position.set(-150, 0, 0);
avatar.add(rightHand);

var leftHand = new THREE.Mesh(hand, cover);
leftHand.position.set(150, 0, 0);
avatar.add(leftHand);

var foot = new THREE.SphereGeometry(50);
```

```javascript
var rightFoot = new THREE.Mesh(foot, cover);
rightFoot.position.set(-75, -125, 0);
avatar.add(rightFoot);

var leftFoot = new THREE.Mesh(foot, cover);
leftFoot.position.set(75, -125, 0);
avatar.add(leftFoot);

marker.add(camera);

function makeTreeAt(x, z) {
  var trunk = new THREE.Mesh(
    new THREE.CylinderGeometry(50, 50, 200),
    new THREE.MeshBasicMaterial({color: 'sienna'})
  );

  var top = new THREE.Mesh(
    new THREE.SphereGeometry(150),
    new THREE.MeshBasicMaterial({color: 'forestgreen'})
  );
  top.position.y = 175;
  trunk.add(top);

  trunk.position.set(x, -75, z);
  scene.add(trunk);
}
makeTreeAt( 500,     0);
makeTreeAt(-500,     0);
makeTreeAt( 750, -1000);
makeTreeAt(-750, -1000);

// Now, animate what the camera sees on the screen:

var clock = new THREE.Clock();
var isCartwheeling = false;
var isFlipping = false;
var isMovingRight = false;
var isMovingLeft = false;
var isMovingForward = false;
var isMovingBack = false;
var direction;
var lastDirection;
function animate() {
  requestAnimationFrame(animate);
  TWEEN.update();
  turn();
  walk();
  acrobatics();
  renderer.render(scene, camera);
}
animate();
```

```
function turn() {
  if (isMovingRight) direction = Math.PI/2;
  if (isMovingLeft) direction = -Math.PI/2;
  if (isMovingForward) direction = Math.PI;
  if (isMovingBack) direction = 0;
  if (!isWalking()) direction = 0;

  if (direction == lastDirection) return;
  lastDirection = direction;

  var tween = new TWEEN.Tween(avatar.rotation);
  tween.to({y: direction}, 500);
  tween.start();
}
function walk() {
  if (!isWalking()) return;

  var speed = 10;
  var size = 100;
  var time = clock.getElapsedTime();
  var position = Math.sin(speed * time) * size;
  rightHand.position.z =  position;
  leftHand.position.z  = -position;
  rightFoot.position.z = -position;
  leftFoot.position.z  =  position;
}
function isWalking() {
  if (isMovingRight) return true;
  if (isMovingLeft) return true;
  if (isMovingForward) return true;
  if (isMovingBack) return true;
  return false;
}
function acrobatics() {
  if (isCartwheeling) {
    avatar.rotation.z = avatar.rotation.z + 0.05;
  }
  if (isFlipping) {
    avatar.rotation.x = avatar.rotation.x + 0.05;
  }
}
 document.addEventListener('keydown', sendKeyDown);
 function sendKeyDown(event) {
   var code = event.code;
   if (code == 'ArrowLeft') {
     marker.position.x = marker.position.x - 5;
     isMovingLeft = true;
   }
```

```
    if (code == 'ArrowRight') {
      marker.position.x = marker.position.x + 5;
      isMovingRight = true;
    }
    if (code == 'ArrowUp') {
      marker.position.z = marker.position.z - 5;
      isMovingForward = true;
    }
    if (code == 'ArrowDown') {
      marker.position.z = marker.position.z + 5;
      isMovingBack = true;
    }
    if (code == 'KeyC') isCartwheeling = !isCartwheeling;
    if (code == 'KeyF') isFlipping = !isFlipping;
  }
  document.addEventListener('keyup', sendKeyUp);
  function sendKeyUp(event) {
    var code = event.code;
    if (code == 'ArrowLeft') isMovingLeft = false;
    if (code == 'ArrowRight') isMovingRight = false;
    if (code == 'ArrowUp') isMovingForward = false;
    if (code == 'ArrowDown') isMovingBack = false;
  }
</script>
```

代码：那些自动生成的代码

第 9 章没有新代码。我们只研究了启动新项目时自动创建的代码。

代码：碰撞

```
<body></body>
<script src="/three.js"></script>
<script src="/tween.js"></script>
<script>
// The "scene" is where stuff in our game will happen:
var scene = new THREE.Scene();
var flat = {flatShading: true};
var light = new THREE.AmbientLight('white', 0.8);
scene.add(light);

// The "camera" is what sees the stuff:
```

```
var aspectRatio = window.innerWidth / window.innerHeight;
var camera = new THREE.PerspectiveCamera(75, aspectRatio, 1, 10000);
camera.position.z = 500;
// scene.add(camera);

// The "renderer" draws what the camera sees onto the screen:
var renderer = new THREE.WebGLRenderer({antialias: true});
renderer.setSize(window.innerWidth, window.innerHeight);
document.body.appendChild(renderer.domElement);

// ******** START CODING ON THE NEXT LINE ********

var marker = new THREE.Object3D();
scene.add(marker);

//var cover = new THREE.MeshNormalMaterial(flat);
var body = new THREE.SphereGeometry(100);
var cover = new THREE.MeshNormalMaterial();
var avatar = new THREE.Mesh(body, cover);
marker.add(avatar);

var hand = new THREE.SphereGeometry(50);

var rightHand = new THREE.Mesh(hand, cover);
rightHand.position.set(-150, 0, 0);
avatar.add(rightHand);

var leftHand = new THREE.Mesh(hand, cover);
leftHand.position.set(150, 0, 0);
avatar.add(leftHand);

var foot = new THREE.SphereGeometry(50);

var rightFoot = new THREE.Mesh(foot, cover);
rightFoot.position.set(-75, -125, 0);
avatar.add(rightFoot);

var leftFoot = new THREE.Mesh(foot, cover);
leftFoot.position.set(75, -125, 0);
avatar.add(leftFoot);

marker.add(camera);

var notAllowed = [];
function makeTreeAt(x, z) {
  var trunk = new THREE.Mesh(
    new THREE.CylinderGeometry(50, 50, 200),
    new THREE.MeshBasicMaterial({color: 'sienna'})
  );

  var top = new THREE.Mesh(
    new THREE.SphereGeometry(150),
    new THREE.MeshBasicMaterial({color: 'forestgreen'})
  );
```

```
    top.position.y = 175;
    trunk.add(top);

    var boundary = new THREE.Mesh(
      new THREE.CircleGeometry(300),
      new THREE.MeshNormalMaterial()
    );
    boundary.position.y = -100;
    boundary.rotation.x = -Math.PI/2;
    trunk.add(boundary);

    notAllowed.push(boundary);

    trunk.position.set(x, -75, z);
    scene.add(trunk);
  }
  makeTreeAt( 500,     0);
  makeTreeAt(-500,     0);
  makeTreeAt( 750, -1000);
  makeTreeAt(-750, -1000);

  // Now, animate what the camera sees on the screen:
  var clock = new THREE.Clock();
  var isCartwheeling = false;
  var isFlipping = false;
  var isMovingRight = false;
  var isMovingLeft = false;
  var isMovingForward = false;
  var isMovingBack = false;
  var direction;
  var lastDirection;

  function animate() {
    requestAnimationFrame(animate);
    TWEEN.update();
    turn();
    walk();
    acrobatics();
    renderer.render(scene, camera);
  }
  animate();
function turn() {
  if (isMovingRight) direction = Math.PI/2;
  if (isMovingLeft) direction = -Math.PI/2;
  if (isMovingForward) direction = Math.PI;
  if (isMovingBack) direction = 0;
  if (!isWalking()) direction = 0;

  if (direction == lastDirection) return;
  lastDirection = direction;
```

```
    var tween = new TWEEN.Tween(avatar.rotation);
    tween.to({y: direction}, 500);
    tween.start();
  }
  function walk() {
    if (!isWalking()) return;

    var speed = 10;
    var size = 100;
    var time = clock.getElapsedTime();
    var position = Math.sin(speed * time) * size;
    rightHand.position.z =  position;
    leftHand.position.z  = -position;
    rightFoot.position.z = -position;
    leftFoot.position.z  =  position;
  }
  function isWalking() {
    if (isMovingRight) return true;
    if (isMovingLeft) return true;
    if (isMovingForward) return true;
    if (isMovingBack) return true;
    return false;
  }
  function acrobatics() {
    if (isCartwheeling) {
      avatar.rotation.z = avatar.rotation.z + 0.05;
    }
    if (isFlipping) {
      avatar.rotation.x = avatar.rotation.x + 0.05;
    }
  }
  function isColliding() {
    var vector = new THREE.Vector3(0, -1, 0);
    var raycaster = new THREE.Raycaster(marker.position, vector);

    var intersects = raycaster.intersectObjects(notAllowed);
    if (intersects.length > 0) return true;

    return false;
  }
   document.addEventListener('keydown', sendKeyDown);
   function sendKeyDown(event) {
     var code = event.code;
     if (code == 'ArrowLeft') {
       marker.position.x = marker.position.x - 5;
       isMovingLeft = true;
     }
     if (code == 'ArrowRight') {
```

```
      marker.position.x = marker.position.x + 5;
      isMovingRight = true;
    }
    if (code == 'ArrowUp') {
      marker.position.z = marker.position.z - 5;
      isMovingForward = true;
    }
    if (code == 'ArrowDown') {
      marker.position.z = marker.position.z + 5;
      isMovingBack = true;
    }

    if (code == 'KeyC') isCartwheeling = !isCartwheeling;
    if (code == 'KeyF') isFlipping = !isFlipping;

    if (isColliding()) {
      if (isMovingLeft)     marker.position.x = marker.position.x + 5;
      if (isMovingRight)    marker.position.x = marker.position.x - 5;
      if (isMovingForward)  marker.position.z = marker.position.z + 5;
      if (isMovingBack)     marker.position.z = marker.position.z - 5;
    }
  }
  document.addEventListener('keyup', sendKeyUp);
  function sendKeyUp(event) {
    var code = event.code;
    if (code == 'ArrowLeft') isMovingLeft = false;
    if (code == 'ArrowRight') isMovingRight = false;
    if (code == 'ArrowUp') isMovingForward = false;
    if (code == 'ArrowDown') isMovingBack = false;
  }
</script>
```

代码：水果狩猎

这是在第 11 章中将其添加到水果狩猎游戏后的 avatar 代码。这段代码使用 WebGLRenderer 使树看起来更漂亮一些，但是 CanvasRenderer 应该也可以工作得很好。

```
<body></body>
<script src="/three.js"></script>
<script src="/tween.js"></script>
<script src="/scoreboard.js"></script>
<script src="/sounds.js"></script>
<script>
 // The "scene" is where stuff in our game will happen:
```

```javascript
var scene = new THREE.Scene();
var flat = {flatShading: true};
var light = new THREE.AmbientLight('white', 0.8);
scene.add(light);

// The "camera" is what sees the stuff:
var aspectRatio = window.innerWidth / window.innerHeight;
var camera = new THREE.PerspectiveCamera(75, aspectRatio, 1, 10000);
camera.position.z = 500;
// scene.add(camera);

// The "renderer" draws what the camera sees onto the screen:
var renderer = new THREE.WebGLRenderer({antialias: true});
renderer.setSize(window.innerWidth, window.innerHeight);
document.body.appendChild(renderer.domElement);

// ******** START CODING ON THE NEXT LINE ********

var marker = new THREE.Object3D();
scene.add(marker);

//var cover = new THREE.MeshNormalMaterial(flat);
var body = new THREE.SphereGeometry(100);
var cover = new THREE.MeshNormalMaterial();
var avatar = new THREE.Mesh(body, cover);
marker.add(avatar);

var hand = new THREE.SphereGeometry(50);

var rightHand = new THREE.Mesh(hand, cover);
rightHand.position.set(-150, 0, 0);
avatar.add(rightHand);

var leftHand = new THREE.Mesh(hand, cover);
leftHand.position.set(150, 0, 0);
avatar.add(leftHand);

var foot = new THREE.SphereGeometry(50);

var rightFoot = new THREE.Mesh(foot, cover);
rightFoot.position.set(-75, -125, 0);
avatar.add(rightFoot);

var leftFoot = new THREE.Mesh(foot, cover);
leftFoot.position.set(75, -125, 0);
avatar.add(leftFoot);

marker.add(camera);

var scoreboard = new Scoreboard();
scoreboard.countdown(45);
scoreboard.score();
scoreboard.help(
  'Arrow keys to move. ' +
  'Space bar to jump for fruit. ' +
```

```js
    'Watch for shaking trees with fruit. ' +
    'Get near the tree and jump before the fruit is gone!'
);
scoreboard.onTimeExpired(timeExpired);
function timeExpired() {
  scoreboard.message("Game Over!");
}

var notAllowed = [];
var treeTops = [];

function makeTreeAt(x, z) {
  var trunk = new THREE.Mesh(
    new THREE.CylinderGeometry(50, 50, 200),
    new THREE.MeshBasicMaterial({color: 'sienna'})
  );

  var top = new THREE.Mesh(
    new THREE.SphereGeometry(150),
    new THREE.MeshBasicMaterial({color: 'forestgreen'})
  );
  top.position.y = 175;
  trunk.add(top);

  var boundary = new THREE.Mesh(
    new THREE.CircleGeometry(300),
    new THREE.MeshNormalMaterial()
  );
  boundary.position.y = -100;
  boundary.rotation.x = -Math.PI/2;
  trunk.add(boundary);

  notAllowed.push(boundary);
  treeTops.push(top);

  trunk.position.set(x, -75, z);
  scene.add(trunk);
}
makeTreeAt( 500,     0);
makeTreeAt(-500,     0);
makeTreeAt( 750, -1000);
makeTreeAt(-750, -1000);

var treasureTreeNumber;
function updateTreasureTreeNumber() {
  var rand = Math.random() * treeTops.length;
  treasureTreeNumber = Math.floor(rand);
}

function shakeTreasureTree() {
  updateTreasureTreeNumber();
```

```javascript
  var tween = new TWEEN.Tween({shake: 0});
  tween.to({shake: 20 * 2 * Math.PI}, 8*1000);
  tween.onUpdate(shakeTreeUpdate);
  tween.onComplete(shakeTreeComplete);
  tween.start();
}

function shakeTreeUpdate(update) {
  var top = treeTops[treasureTreeNumber];
  top.position.x = 50 * Math.sin(update.shake);
}

function shakeTreeComplete() {
  var top = treeTops[treasureTreeNumber];
  top.position.x = 0;
  setTimeout(shakeTreasureTree, 2*1000);
}

shakeTreasureTree();

// Now, animate what the camera sees on the screen:

var clock = new THREE.Clock();
var isCartwheeling = false;
var isFlipping = false;
var isMovingRight = false;
var isMovingLeft = false;
var isMovingForward = false;
var isMovingBack = false;
var direction;
var lastDirection;

function animate() {
  requestAnimationFrame(animate);
  TWEEN.update();
  turn();
  walk();
  acrobatics();
  renderer.render(scene, camera);
}
animate();

function turn() {
  if (isMovingRight) direction = Math.PI/2;
  if (isMovingLeft) direction = -Math.PI/2;
  if (isMovingForward) direction = Math.PI;
  if (isMovingBack) direction = 0;
  if (!isWalking()) direction = 0;

  if (direction == lastDirection) return;
  lastDirection = direction;
```

```javascript
  var tween = new TWEEN.Tween(avatar.rotation);
  tween.to({y: direction}, 500);
  tween.start();
}
function walk() {
  if (!isWalking()) return;

  var speed = 10;
  var size = 100;
  var time = clock.getElapsedTime();
  var position = Math.sin(speed * time) * size;
  rightHand.position.z =  position;
  leftHand.position.z  = -position;
  rightFoot.position.z = -position;
  leftFoot.position.z  =  position;
}
function isWalking() {
  if (isMovingRight) return true;
  if (isMovingLeft) return true;
  if (isMovingForward) return true;
  if (isMovingBack) return true;
  return false;
}
function acrobatics() {
  if (isCartwheeling) {
    avatar.rotation.z = avatar.rotation.z + 0.05;
  }
  if (isFlipping) {
    avatar.rotation.x = avatar.rotation.x + 0.05;
  }
}
function jump() {
  if (avatar.position.y > 0) return;
  checkForTreasure();
  animateJump();
}
function checkForTreasure() {
  var top = treeTops[treasureTreeNumber];
  var tree = top.parent;
  var p1 = tree.position;
  var p2 = marker.position;
  var xDiff = p1.x - p2.x;
  var zDiff = p1.z - p2.z;

  var distance = Math.sqrt(xDiff*xDiff + zDiff*zDiff);
  if (distance < 500) scorePoints();
}
```

```javascript
function scorePoints() {
  if (scoreboard.getTimeRemaining() == 0) return;
  scoreboard.addPoints(10);
  Sounds.bubble.play();
  animateFruit();
}
function animateJump() {
  var tween = new TWEEN.Tween({jump: 0});
  tween.to({jump: Math.PI}, 400);
  tween.onUpdate(animateJumpUpdate);
  tween.onComplete(animateJumpComplete);
  tween.start();
}

function animateJumpUpdate(update) {
  avatar.position.y = 100 * Math.sin(update.jump);
}

function animateJumpComplete() {
  avatar.position.y = 0;
}

var fruit;
function animateFruit() {
  if (fruit) return;

  fruit = new THREE.Mesh(
    new THREE.CylinderGeometry(25, 25, 5, 25),
    new THREE.MeshBasicMaterial({color: 'gold'})
  );
  marker.add(fruit);

  var tween = new TWEEN.Tween({height: 200, spin: 0});
  tween.to({height: 350, spin: 2 * Math.PI}, 500);
  tween.onUpdate(animateFruitUpdate);
  tween.onComplete(animateFruitComplete);
  tween.start();
}
function animateFruitUpdate(update) {
  fruit.position.y = update.height;
  fruit.rotation.x = update.spin;
}

function animateFruitComplete() {
  marker.remove(fruit);
  fruit = undefined;
}

function isColliding() {
  var vector = new THREE.Vector3(0, -1, 0);
  var raycaster = new THREE.Raycaster(marker.position, vector);
```

```
      var intersects = raycaster.intersectObjects(notAllowed);
      if (intersects.length > 0) return true;

      return false;
    }
    document.addEventListener('keydown', sendKeyDown);
    function sendKeyDown(event) {
      var code = event.code;

      if (code == 'ArrowLeft') {
        marker.position.x = marker.position.x - 5;
        isMovingLeft = true;
      }
      if (code == 'ArrowRight') {
        marker.position.x = marker.position.x + 5;
        isMovingRight = true;
      }
      if (code == 'ArrowUp') {
        marker.position.z = marker.position.z - 5;
        isMovingForward = true;
      }
      if (code == 'ArrowDown') {
        marker.position.z = marker.position.z + 5;
        isMovingBack = true;
      }

      if (code == 'KeyC') isCartwheeling = !isCartwheeling;
      if (code == 'KeyF') isFlipping = !isFlipping;

      if (code == 'Space') jump();

      if (isColliding()) {
        if (isMovingLeft)    marker.position.x = marker.position.x + 5;
        if (isMovingRight)   marker.position.x = marker.position.x - 5;
        if (isMovingForward) marker.position.z = marker.position.z + 5;
        if (isMovingBack)    marker.position.z = marker.position.z - 5;
      }
    }
    document.addEventListener('keyup', sendKeyUp);
    function sendKeyUp(event) {
      var code = event.code;
      if (code == 'ArrowLeft') isMovingLeft = false;
      if (code == 'ArrowRight') isMovingRight = false;
      if (code == 'ArrowUp') isMovingForward = false;
      if (code == 'ArrowDown') isMovingBack = false;
    }
  </script>
```

代码：使用灯光和材质

```
<body></body>
<script src="/three.js"></script>
<script src="/controls/OrbitControls.js"></script>
<script>
  // The "scene" is where stuff in our game will happen:
  var scene = new THREE.Scene();
  var flat = {flatShading: true};
  var light = new THREE.AmbientLight('white', 0.1);
  scene.add(light);

  // The "camera" is what sees the stuff:
  var aspectRatio = window.innerWidth / window.innerHeight;
  var camera = new THREE.PerspectiveCamera(75, aspectRatio, 1, 10000);
  camera.position.z = 500;
  camera.position.y = 500;
  camera.lookAt(new THREE.Vector3(0,0,0));
  scene.add(camera);

  // The "renderer" draws what the camera sees onto the screen:
  var renderer = new THREE.WebGLRenderer({antialias: true});
  renderer.shadowMap.enabled = true;
  renderer.setSize(window.innerWidth, window.innerHeight);
  document.body.appendChild(renderer.domElement);

  // ******** START CODING ON THE NEXT LINE ********

  var shape = new THREE.TorusGeometry(50, 20, 8, 20);
  var cover = new THREE.MeshPhongMaterial({color: 'red'});
  cover.specular.setRGB(0.9, 0.9, 0.9);
  var donut = new THREE.Mesh(shape, cover);
  donut.position.set(0, 150, 0);
  donut.castShadow = true;
  scene.add(donut);

  var texture = new THREE.TextureLoader().load("/textures/hardwood.png");
  var shape = new THREE.PlaneGeometry(1000, 1000, 10, 10);
  var cover = new THREE.MeshPhongMaterial();
  cover.map = texture;
  var ground = new THREE.Mesh(shape, cover);
  ground.rotation.x = -Math.PI/2;
  ground.receiveShadow = true;
  scene.add(ground);

  var point = new THREE.PointLight('white', 0.4);
  point.position.set(0, 300, -100);
  point.castShadow = true;
  // scene.add(point);
```

```
var shape = new THREE.SphereGeometry(10);
var cover = new THREE.MeshPhongMaterial({emissive: 'white'});
var phonyLight = new THREE.Mesh(shape, cover);
point.add(phonyLight);

var spot = new THREE.SpotLight('white', 0.7);
spot.position.set(200, 300, 0);
spot.castShadow = true;
spot.shadow.camera.far = 750;
spot.angle = Math.PI/4;
spot.penumbra = 0.1;
scene.add(spot);

var shape = new THREE.CylinderGeometry(4, 10, 20);
var cover = new THREE.MeshPhongMaterial({emissive: 'white'});
var phonyLight = new THREE.Mesh(shape, cover);
phonyLight.position.y = 10;
phonyLight.rotation.z = -Math.PI/8;
spot.add(phonyLight);

var sunlight = new THREE.DirectionalLight('white', 0.4);
sunlight.position.set(200, 300, 0);
sunlight.castShadow = true;
// scene.add(sunlight);
var d = 500;
sunlight.shadow.camera.left = -d;
sunlight.shadow.camera.right = d;
sunlight.shadow.camera.top = d;
sunlight.shadow.camera.bottom = -d;

controls = new THREE.OrbitControls( camera, renderer.domElement );

// Start Animation
var clock = new THREE.Clock();
function animate() {
  requestAnimationFrame(animate);
  var t = clock.getElapsedTime();

  // Animation code goes here...
  donut.rotation.set(t, 2*t, 0);
  donut.position.z = 200 * Math.sin(t);

  renderer.render(scene, camera);
}
animate();
</script>
```

代码：月相

```
<body></body>
<script src="/three.js"></script>
<script src="/controls/FlyControls.js"></script>
<script>
  // The "scene" is where stuff in our game will happen:
  var scene = new THREE.Scene();
  var flat = {flatShading: true};
  var light = new THREE.AmbientLight('white', 0.1);
  scene.add(light);

  // The "camera" is what sees the stuff:
  var aspectRatio = window.innerWidth / window.innerHeight;
  var w = window.innerWidth / 2;
  var h = window.innerHeight / 2;
  var camera = new THREE.OrthographicCamera(-w, w, h, -h, 1, 10000);
  camera.position.y = 500;
  camera.rotation.x = -Math.PI/2;
  scene.add(camera);
  var aboveCam = camera;

  // The "renderer" draws what the camera sees onto the screen:
  var renderer = new THREE.WebGLRenderer({antialias: true});
  renderer.setSize(window.innerWidth, window.innerHeight);
  document.body.appendChild(renderer.domElement);

  // ******** START CODING ON THE NEXT LINE ********

  var cover = new THREE.MeshPhongMaterial({emissive: 'yellow'});
  var shape = new THREE.SphereGeometry(50, 32, 16);
  var sun = new THREE.Mesh(shape, cover);
  scene.add(sun);

  var sunlight = new THREE.PointLight('white', 1.7);
  sun.add(sunlight);

  var earthLocal = new THREE.Object3D();
  earthLocal.position.x = 300;
  scene.add(earthLocal);

  var texture = new THREE.TextureLoader().load("/textures/earth.png");
  var cover = new THREE.MeshPhongMaterial({map: texture});
  var shape = new THREE.SphereGeometry(20, 32, 16);
  var earth = new THREE.Mesh(shape, cover);
  earthLocal.add(earth);

  var moonOrbit = new THREE.Object3D();
  earthLocal.add(moonOrbit);

  var texture = new THREE.TextureLoader().load("/textures/moon.png");
```

```
var cover = new THREE.MeshPhongMaterial({map: texture, specular: 'black'});
var shape = new THREE.SphereGeometry(15, 32, 16);
var moon = new THREE.Mesh(shape, cover);
moon.position.set(0, 0, 100);
moon.rotation.set(0, Math.PI/2, 0);
moonOrbit.add(moon);

var moonCam = new THREE.PerspectiveCamera(70, aspectRatio, 1, 10000);
moonCam.position.z = 25;
moonCam.rotation.y = Math.PI;
moonOrbit.add(moonCam);

camera = moonCam;
var shipCam = new THREE.PerspectiveCamera(75, aspectRatio, 1, 10000);
shipCam.position.set(0, 0, 500);
scene.add(shipCam);

var controls = new THREE.FlyControls(shipCam, renderer.domElement);
controls.movementSpeed = 42;
controls.rollSpeed = 0.15;
controls.dragToLook = true;
controls.autoForward = false;

var cover = new THREE.PointsMaterial({color: 'white', size: 15});
var shape = new THREE.Geometry();

var distance = 4000;
for (var i = 0; i < 500; i++) {
  var ra = 2 * Math.PI * Math.random();
  var dec = 2 * Math.PI * Math.random();

  var point = new THREE.Vector3();
  point.x = distance * Math.cos(dec) * Math.cos(ra);
  point.y = distance * Math.sin(dec);
  point.z = distance * Math.cos(dec) * Math.sin(ra);

  shape.vertices.push(point);
}

var stars = new THREE.Points(shape, cover);
scene.add(stars);

// Start Animation

var clock = new THREE.Clock();
function animate() {
  requestAnimationFrame(animate);

  // Animation code goes here...
  var delta = clock.getDelta();
  controls.update(delta);

  renderer.render(scene, camera);
```

```
}
animate();

var speed = 10;
var pause = false;
var days = 0;
var clock2 = new THREE.Clock();
 function gameStep() {
   setTimeout(gameStep, 1000/30);

   if (pause) return;

   days = days + speed * clock2.getDelta();

   earth.rotation.y = days;

   var years = days / 365.25;
   earthLocal.position.x = 300 * Math.cos(years);
   earthLocal.position.z = -300 * Math.sin(years);
   moonOrbit.rotation.y = days / 29.5;
 }
 gameStep();

 document.addEventListener("keydown", sendKeyDown);
 function sendKeyDown(event) {
   var code = event.code;

   if (code == 'Digit1') speed = 1;
   if (code == 'Digit2') speed = 10;
   if (code == 'Digit3') speed = 100;
   if (code == 'Digit4') speed = 1000;
   if (code == 'KeyP') pauseUnpause();
   if (code == 'KeyC') switchCamera();
   if (code == 'KeyF') fly();
 }

 function pauseUnpause() {
   pause = !pause;
   clock2.running = false;
 }

 function switchCamera() {
   if (camera == moonCam) camera = aboveCam;
   else camera = moonCam;
 }

 function fly() {
   camera = shipCam;
 }
</script>
```

代码：紫色水果怪物游戏

```html
<body></body>
<script src="/three.js"></script>
<script src="/physi.js"></script>
<script src="/scoreboard.js"></script>
<script>
  // Physics settings
  Physijs.scripts.ammo = '/ammo.js';
  Physijs.scripts.worker = '/physijs_worker.js';

  // The "scene" is where stuff in our game will happen:
  var scene = new Physijs.Scene();
  scene.setGravity(new THREE.Vector3( 0, -250, 0 ));
  var flat = {flatShading: true};
  var light = new THREE.AmbientLight('white', 0.8);
  scene.add(light);

  // The "camera" is what sees the stuff:
  var w = window.innerWidth / 2;
  var h = window.innerHeight / 2;
  var camera = new THREE.OrthographicCamera(-w, w, h, -h, 1, 10000);
  camera.position.z = 500;
  scene.add(camera);

  // The "renderer" draws what the camera sees onto the screen:
  var renderer = new THREE.WebGLRenderer({antialias: true});
  renderer.setSize(window.innerWidth, window.innerHeight);
  renderer.setClearColor('skyblue');
  document.body.appendChild(renderer.domElement);

  // ******** START CODING ON THE NEXT LINE ********

  var gameOver = false;

  var ground = addGround();
  var avatar = addAvatar();
  var scoreboard = addScoreboard();

  reset();

  function addGround() {
    var shape = new THREE.BoxGeometry(2*w, h, 10);
    var cover = new THREE.MeshBasicMaterial({color: 'lawngreen'});
    var ground = new Physijs.BoxMesh(shape, cover, 0);
    ground.position.y = -h/2;
    scene.add(ground);
    return ground;
  }

  function addAvatar() {
```

```
  var shape = new THREE.CubeGeometry(100, 100, 1);
  var cover = new THREE.MeshBasicMaterial({visible: false});
  var avatar = new Physijs.BoxMesh(shape, cover, 1);
  scene.add(avatar);

  var image = new THREE.TextureLoader().load("/images/monster.png");
  var material = new THREE.SpriteMaterial({map: image});
  var sprite = new THREE.Sprite(material);
  sprite.scale.set(100, 100, 1);
  avatar.add(sprite);

  avatar.setLinearFactor(new THREE.Vector3(1, 1, 0));
  avatar.setAngularFactor(new THREE.Vector3(0, 0, 0));

  return avatar;
}
function addScoreboard() {
  var scoreboard = new Scoreboard();
  scoreboard.score();
  scoreboard.help(
    "Use arrow keys to move and the space bar to jump. " +
    "Don't let the fruit get past you!!!"
  );
  return scoreboard;
}
function reset() {
  avatar.__dirtyPosition = true;
  avatar.position.set(-0.6*w, 200, 0);
  avatar.setLinearVelocity(new THREE.Vector3(0, 250, 0));

  scoreboard.score(0);
  scoreboard.message('');

  var last = scene.children.length - 1;
  for (var i=last; i>=0; i--) {
    var obj = scene.children[i];
    if (obj.isFruit) scene.remove(obj);
  }

  if (gameOver) {
    gameOver = false;
    animate();
  }
}
function launchFruit() {
  if (gameOver) return;

  var speed = 500 + (10 * Math.random() * scoreboard.getScore());
  var fruit = makeFruit();
  fruit.setLinearVelocity(new THREE.Vector3(-speed, 0, 0));
```

```
    fruit.setAngularVelocity(new THREE.Vector3(0, 0, 10));
  }
  launchFruit();
  setInterval(launchFruit, 3*1000);
  function makeFruit() {
    var shape = new THREE.SphereGeometry(40, 16, 24);
    var cover = new THREE.MeshBasicMaterial({visible: false});
    var fruit = new Physijs.SphereMesh(shape, cover);
    fruit.position.set(w, 40, 0);
    scene.add(fruit);

    var image = new THREE.TextureLoader().load("/images/fruit.png");
    cover = new THREE.MeshBasicMaterial({map: image, transparent: true});
    shape = new THREE.PlaneGeometry(80, 80);
    var picturePlane = new THREE.Mesh(shape, cover);
    fruit.add(picturePlane);

    fruit.setAngularFactor(new THREE.Vector3(0, 0, 1));
    fruit.setLinearFactor(new THREE.Vector3(1, 1, 0));
    fruit.isFruit = true;

    return fruit;
  }
  function checkMissedFruit() {
    var count=0;
    for (var i=0; i<scene.children.length; i++) {
      var obj = scene.children[i];
      if (obj.isFruit && obj.position.x < -w) count++;
    }
    if (count > 10) {
      gameOver = true;
      scoreboard.message(
        'Purple Fruit Monster missed too much fruit! ' +
        'Press R to try again.'
      );
    }
  }
  function gameStep() {
    scene.simulate();
    setTimeout(gameStep, 1000/30);
  }
  gameStep();

  var clock = new THREE.Clock();
  function animate() {
    if (gameOver) return;

    requestAnimationFrame(animate);
    var t = clock.getElapsedTime();
```

```
    // Animation code goes here...
    renderer.render(scene, camera);
  }
  animate();

  document.addEventListener("keydown", sendKeyDown);
  function sendKeyDown(event) {
    var code = event.code;
    if (code == 'ArrowLeft') left();
    if (code == 'ArrowRight') right();
    if (code == 'ArrowUp') up();
    if (code == 'ArrowDown') down();
    if (code == 'Space') up();
    if (code == 'KeyR') reset();
  }

  function left()  { move(-100, 0); }
  function right() { move(100,  0); }
  function up()    { move(0, 250); }
  function down()  { move(0, -50); }

  function move(x, y) {
    if (x > 0) avatar.scale.x = 1;
    if (x < 0) avatar.scale.x = -1;

    var dir = new THREE.Vector3(x, y, 0);
    avatar.applyCentralImpulse(dir);
  }

  avatar.addEventListener('collision', sendCollision);
  function sendCollision(object) {
    if (gameOver) return;

    if (object.isFruit) {
      scoreboard.addPoints(10);
      avatar.setLinearVelocity(new THREE.Vector3(0, 250, 0));
      scene.remove(object);
    }
    if (object == ground) {
      gameOver = true;
      scoreboard.message(
        "Purple Fruit Monster crashed! " +
        "Press R to try again."
      );
    }
  }
</script>
```

代码：倾斜板子游戏

```
<body></body>
<script src="/three.js"></script>
<script src="/physi.js"></script>
<script src="/spe.js"></script>
<script>
  // Physics settings
  Physijs.scripts.ammo = '/ammo.js';
  Physijs.scripts.worker = '/physijs_worker.js';

// The "scene" is where stuff in our game will happen:
var scene = new Physijs.Scene();
scene.setGravity(new THREE.Vector3( 0, -100, 0 ));
var flat = {flatShading: true};
var light = new THREE.AmbientLight('white', 0.2);
scene.add(light);

// The "camera" is what sees the stuff:
var aspectRatio = window.innerWidth / window.innerHeight;
var camera = new THREE.PerspectiveCamera(75, aspectRatio, 1, 10000);
camera.position.z = 500;
scene.add(camera);

// The "renderer" draws what the camera sees onto the screen:
var renderer = new THREE.WebGLRenderer({antialias: true});
renderer.setSize(window.innerWidth, window.innerHeight);
document.body.appendChild(renderer.domElement);

camera.position.set(0, 100, 200);
camera.lookAt(new THREE.Vector3(0, 0, 0));
renderer.shadowMap.enabled = true;

// ******** START CODING ON THE NEXT LINE ********

var lights = addLights();
var ball = addBall();
var board = addBoard();
var goal = addGoal();

reset();
addGoalLight();

function addLights() {
  var lights = new THREE.Object3D();

  var light1 = new THREE.PointLight('white', 0.4);
  light1.position.set(50, 50, -100);
  light1.castShadow = true;
  lights.add(light1);

  var light2 = new THREE.PointLight('white', 0.5);
```

```javascript
    light2.position.set(-50, 50, 175);
    light2.castShadow = true;
    lights.add(light2);

    scene.add(lights);
    return lights;
}
function addBall() {
    var shape = new THREE.SphereGeometry(10, 25, 21);
    var cover = new THREE.MeshPhongMaterial({color: 'red'});
    cover.specular.setRGB(0.6, 0.6, 0.6);

    var ball = new Physijs.SphereMesh(shape, cover);
    ball.castShadow = true;
    scene.add(ball);
    return ball;
}
function addBoard() {
    var cover = new THREE.MeshPhongMaterial({color: 'gold'});
    cover.specular.setRGB(0.9, 0.9, 0.9);

    var shape = new THREE.CubeGeometry(50, 2, 200);
    var beam1 = new Physijs.BoxMesh(shape, cover, 0);
    beam1.position.set(-37, 0, 0);
    beam1.receiveShadow = true;

    var beam2 = new Physijs.BoxMesh(shape, cover, 0);
    beam2.position.set(75, 0, 0);
    beam2.receiveShadow = true;
    beam1.add(beam2);

    shape = new THREE.CubeGeometry(200, 2, 50);
    var beam3 = new Physijs.BoxMesh(shape, cover, 0);
    beam3.position.set(40, 0, -40);
    beam3.receiveShadow = true;
    beam1.add(beam3);

    var beam4 = new Physijs.BoxMesh(shape, cover, 0);
    beam4.position.set(40, 0, 40);
    beam4.receiveShadow = true;
    beam1.add(beam4);

    beam1.rotation.set(0.1, 0, 0);
    scene.add(beam1);
    return beam1;
}
function addGoal() {
    shape = new THREE.CubeGeometry(100, 2, 100);
    cover = new THREE.MeshNormalMaterial({wireframe: true});
    var goal = new Physijs.BoxMesh(shape, cover, 0);
```

```javascript
    goal.position.y = -50;
    scene.add(goal);

    return goal;
}
function reset() {
  ball.__dirtyPosition = true;
  ball.__dirtyRotation = true;
  ball.position.set(-33, 200, -65);
  ball.setLinearVelocity(new THREE.Vector3(0, 0, 0));
  ball.setAngularVelocity(new THREE.Vector3(0, 0, 0));

  board.__dirtyRotation = true;
  board.rotation.set(0.1, 0, 0);
}
var fire, goalFire;
function addGoalLight(){
  var material = new THREE.TextureLoader().load('/textures/spe/star.png');
  fire = new SPE.Group({texture: {value: material}});
  goalFire = new SPE.Emitter({particleCount: 1000, maxAge: {value: 4}});
  fire.addEmitter(goalFire);

  scene.add(fire.mesh);

  goalFire.velocity.value = new THREE.Vector3(0, 75, 0);
  goalFire.velocity.spread = new THREE.Vector3(10, 7.5, 5);
  goalFire.acceleration.value = new THREE.Vector3(0, -15, 0);
  goalFire.position.spread = new THREE.Vector3(25, 0, 0);
  goalFire.size.value = 25;
  goalFire.size.spread = 10;
  goalFire.color.value = [new THREE.Color('white'), new THREE.Color('red')];
  goalFire.disable();
}

function win(flashCount) {
  if (!flashCount) flashCount = 0;

  goalFire.enable();

  flashCount++;
  if (flashCount > 10) {
    reset();
    goalFire.disable();
    return;
  }

  setTimeout(win, 500, flashCount);
}
goal.addEventListener('collision', win);

function addBackground() {
  var cover = new THREE.PointsMaterial({color: 'white', size: 2});
```

```javascript
var shape = new THREE.Geometry();
var distance = 500;
for (var i = 0; i < 2000; i++) {
  var ra = 2 * Math.PI * Math.random();
  var dec = 2 * Math.PI * Math.random();

  var point = new THREE.Vector3();
  point.x = distance * Math.cos(dec) * Math.cos(ra);
  point.y = distance * Math.sin(dec);
  point.z = distance * Math.cos(dec) * Math.sin(ra);

  shape.vertices.push(point);
}
  var stars = new THREE.Points(shape, cover);
  scene.add(stars);
}

// Animate motion in the game
var clock = new THREE.Clock();
function animate() {
  requestAnimationFrame(animate);
  renderer.render(scene, camera);

  var dt = clock.getDelta();

  fire.tick(dt);
  lights.rotation.y = lights.rotation.y + dt/2;
}
animate();

// Run physics
function gameStep() {
  if (ball.position.y < -500) reset(ball);
  scene.simulate();

  // Update physics 60 times a second so that motion is smooth
  setTimeout(gameStep, 1000/60);
}
gameStep();

document.addEventListener("keydown", sendKeyDown);

function sendKeyDown(event){
  var code = event.code;
  if (code == 'ArrowLeft') left();
  if (code == 'ArrowRight') right();
  if (code == 'ArrowUp') up();
  if (code == 'ArrowDown') down();
}

function left()  { tilt('z',  0.02); }
function right() { tilt('z', -0.02); }
```

```
function up()   { tilt('x', -0.02); }
function down() { tilt('x',  0.02); }
function tilt(dir, amount) {
  board.__dirtyRotation = true;
  board.rotation[dir] = board.rotation[dir] + amount;
}
</script>
```

代码：了解 JavaScript 对象

第 16 章学习 JavaScript 对象，代码如下。

```
<body></body>
<script src="/three.js"></script>
<script>
  // Your code goes here...

  var bestMovie = {
    title: 'Star Wars',
    year: 1977,
  };

  var bestMovie = {
    title: 'Star Wars',
    year: 1977,
    stars: ['Mark Hamill', 'Harrison Ford', 'Carrie Fisher'],
  };

  var bestMovie = {
    title: 'Star Wars',
    year: 1977,
    stars: ['Mark Hamill', 'Harrison Ford', 'Carrie Fisher'],
    logMe: function() {
      console.log(this.title + ', starring: ' + this.stars);
    },
  };

  bestMovie.logMe();

  var bestMovie = {
    title: 'Star Wars',
    year: 1977,
    stars: ['Mark Hamill', 'Harrison Ford', 'Carrie Fisher'],
    logMe: function() {
      var me = this.about();
      console.log(me);
    },
```

```javascript
    about: function() {
      return this.title + ', starring: ' + this.stars;
    },
  };
  bestMovie.logMe();

  var greatMovie = Object.create(bestMovie);
  greatMovie.logMe();
  // => Star Wars, starring: Mark Hamill,Harrison Ford,Carrie Fisher

  greatMovie.title = 'Toy Story';
  greatMovie.year = 1995;
  greatMovie.stars = ['Tom Hanks', 'Tim Allen'];

  greatMovie.logMe();
  // => Toy Story, starring: Tom Hanks,Tim Allen

  bestMovie.logMe();
  // => Star Wars, starring: Mark Hamill,Harrison Ford,Carrie Fisher
function Movie(title, stars) {
  this.title = title;
  this.stars = stars;
  this.year = (new Date()).getFullYear();
}
var kungFuMovie = new Movie('Kung Fu Panda', ['Jack Black', 'Angelina Jolie']);
console.log(kungFuMovie.title);
// => Kung Fu Panda
console.log(kungFuMovie.stars);
// => ['Jack Black', 'Angelina Jolie']
console.log(kungFuMovie.year);
// => 2018

Movie.prototype.logMe = function() {
  console.log(this.title + ', starring: ' + this.stars);
};
kungFuMovie.logMe();
// => Kung Fu Panda, starring: Jack Black,Angelina Jolie

setTimeout(kungFuMovie.logMe.bind(kungFuMovie), 500);
setTimeout(bestMovie.logMe.bind(bestMovie), 500);

// The Challenges :)

var bestMovie = {
  title: 'Star Wars',
  year: 1977,
  stars: ['Mark Hamill', 'Harrison Ford', 'Carrie Fisher'],
  logMe: function() {
    var me = this.about();
    console.log(me);
  },
  about: function() {
```

```
    return this.title + ', starring: ' + this.stars;
  },
  logFullTitle: function() {
    var title = this.fullTitle();
    console.log(title);
  },
  fullTitle: function() {
    return this.title + ' (' + this.year + ')';
  }
};
bestMovie.logMe();
bestMovie.logFullTitle();

function Movie(title, stars, date) {
  this.title = title;
  this.stars = stars;
  if (date) this.year = date;
  else this.year = (new Date()).getFullYear();
}
  Movie.prototype.about = function() {
    return this.title + ', starring: ' + this.stars;
  };
  Movie.prototype.logMe = function() {
    var me = this.about();
    console.log(me);
  };
  var kungFuMovie = new Movie('Kung Fu Panda', ['Jack Black', 'Angelina Jolie'], 2008);
  console.log(kungFuMovie.year);
  kungFuMovie.logMe();
</script>
```

代码：预备，稳定，发射

```
    <body></body>
    <script src="/three.js"></script>
    <script src="/physi.js"></script>
    <script src="/scoreboard.js"></script>

    <script>
      // Physics settings
      Physijs.scripts.ammo = '/ammo.js';
      Physijs.scripts.worker = '/physijs_worker.js';

      // The "scene" is where stuff in our game will happen:
      var scene = new Physijs.Scene({ fixedTimeStep: 2 / 60 });
      scene.setGravity(new THREE.Vector3( 0, -100, 0 ));
      var flat = {flatShading: true};
```

```javascript
var light = new THREE.HemisphereLight('white', 'grey', 0.7);
scene.add(light);

// The "camera" is what sees the stuff:
var width = window.innerWidth,
    height = window.innerHeight,
    aspectRatio = width / height;
var camera = new THREE.PerspectiveCamera(75, aspectRatio, 1, 10000);
// var camera = new THREE.OrthographicCamera(
//    -width/2, width/2, height/2, -height/2, 1, 10000
// );
camera.position.z = 500;
camera.position.y = 200;
camera.lookAt(new THREE.Vector3(0,0,0));
scene.add(camera);

// The "renderer" draws what the camera sees onto the screen:
var renderer = new THREE.WebGLRenderer({antialias: true});
renderer.setSize(window.innerWidth, window.innerHeight);
document.body.appendChild(renderer.domElement);
document.body.style.backgroundColor = '#ffffff';
// ******** START CODING ON THE NEXT LINE ********

function Launcher() {
  this.angle = 0;
  this.power = 0;
  this.draw();
}
Launcher.prototype.draw = function() {
  var direction = new THREE.Vector3(0, 1, 0);
  var position = new THREE.Vector3(0, -100, 250);
  var length = 100;
  this.arrow = new THREE.ArrowHelper(
    direction,
    position,
    length,
    'yellow'
  );
  scene.add(this.arrow);
};
Launcher.prototype.vector = function() {
  return new THREE.Vector3(
    Math.sin(this.angle),
    Math.cos(this.angle),
    0
  );
};
Launcher.prototype.moveLeft = function(){
  this.angle = this.angle - Math.PI / 100;
```

```javascript
    this.arrow.setDirection(this.vector());
};
Launcher.prototype.moveRight = function(){
  this.angle = this.angle + Math.PI / 100;
  this.arrow.setDirection(this.vector());
};
Launcher.prototype.powerUp = function(){
  if (this.power >= 100) return;
  this.power = this.power + 5;
  this.arrow.setLength(this.power);
};
Launcher.prototype.launch = function(){
  var shape = new THREE.SphereGeometry(10);
  var material = new THREE.MeshPhongMaterial({color: 'yellow'});
  var ball = new Physijs.SphereMesh(shape, material, 1);
  ball.name = 'Game Ball';
  ball.position.set(0,0,300);
  scene.add(ball);

  var speedVector = new THREE.Vector3(
    2.5 * this.power * this.vector().x,
    2.5 * this.power * this.vector().y,
    -80
  );
  ball.setLinearVelocity(speedVector);

  this.power = 0;
  this.arrow.setLength(100);
};

function Basket(size, points) {
  this.size = size;
  this.points = points;
  this.height = 100/Math.log10(size);

  var r = Math.random;
  this.color = new THREE.Color(r(), r(), r());

  this.draw();
}
Basket.prototype.draw = function() {
  var cover = new THREE.MeshPhongMaterial({
    color: this.color,
    shininess: 50,
    specular: 'white'
  });

  var shape = new THREE.CubeGeometry(this.size, 1, this.size);
  var goal = new Physijs.BoxMesh(shape, cover, 0);
  goal.position.y = this.height / 100;
  scene.add(goal);
```

```
    var halfSize = this.size/2;
    var halfHeight = this.height/2;

    shape = new THREE.CubeGeometry(this.size, this.height, 1);
    var side1 = new Physijs.BoxMesh(shape, cover, 0);
    side1.position.set(0, halfHeight, halfSize);
    scene.add(side1);

    var side2 = new Physijs.BoxMesh(shape, cover, 0);
    side2.position.set(0, halfHeight, -halfSize);
    scene.add(side2);

    shape = new THREE.CubeGeometry(1, this.height, this.size);
    var side3 = new Physijs.BoxMesh(shape, cover, 0);
    side3.position.set(halfSize, halfHeight, 0);
    scene.add(side3);

    var side4 = new Physijs.BoxMesh(shape, cover, 0);
    side4.position.set(-halfSize, halfHeight, 0);
    scene.add(side4);

    this.waitForScore(goal);
};
Basket.prototype.waitForScore = function(goal){
    goal.addEventListener('collision', this.score.bind(this));
};
Basket.prototype.score = function(ball){
    if (scoreboard.getTimeRemaining() == 0) return;
    scoreboard.addPoints(this.points);
    scene.remove(ball);
};

function Wind() {
    this.draw();
    this.change();
}
Wind.prototype.draw = function(){
    var dir = new THREE.Vector3(1, 0, 0);
    var start = new THREE.Vector3(0, 200, 250);
    this.arrow = new THREE.ArrowHelper(dir, start, 1, 'lightblue');
    scene.add(this.arrow);
};
Wind.prototype.change = function(){
    if (Math.random() < 0.5) this.direction = -1;
    else this.direction = 1;
    this.strength = 20*Math.random();

    this.arrow.setLength(5 * this.strength);
    this.arrow.setDirection(this.vector());

    setTimeout(this.change.bind(this), 10000);
};
```

```
Wind.prototype.vector = function(){
  var x = this.direction * this.strength;
  return new THREE.Vector3(x, 0, 0);
};

var launcher = new Launcher();

var scoreboard = new Scoreboard();
scoreboard.countdown(60);
scoreboard.score(0);
scoreboard.help(
  'Use right and left arrow keys to point the launcher. ' +
  'Press and hold the down arrow key to power up the launcher. ' +
  'Let go of the down arrow key to launch. ' +
  'Watch out for the wind!!!'
);
scoreboard.onTimeExpired(timeExpired);
function timeExpired() {
  scoreboard.message("Game Over!");
}

var goal1 = new Basket(200, 10);
var goal2 = new Basket(40, 100);

var wind = new Wind();

var light = new THREE.PointLight( 0xffffff, 1, 0 );
light.position.set(120, 150, -150);
scene.add(light);
function allBalls() {
  var balls = [];
  for (var i=0; i<scene.children.length; i++) {
    if (scene.children[i].name.startsWith('Game Ball')) {
      balls.push(scene.children[i]);
    }
  }
  return balls;
}

// Animate motion in the game
function animate() {
  if (scoreboard.getTimeRemaining() == 0) return;
  requestAnimationFrame(animate);
  renderer.render(scene, camera);
}
animate();

// Run physics
function gameStep() {
  if (scoreboard.getTimeRemaining() == 0) return;

  scene.simulate();
```

```
    var balls = allBalls();
    for (var i=0; i<balls.length; i++) {
      balls[i].applyCentralForce(wind.vector());
      if (balls[i].position.y < -100) scene.remove(balls[i]);
    }

    // Update physics 60 times a second so that motion is smooth
    setTimeout(gameStep, 1000/60);
}
gameStep();

function reset() {
    if (scoreboard.getTimeRemaining() > 0) return;
    scoreboard.score(0);
    scoreboard.countdown(60);

    var balls = allBalls();
    for (var i=0; i<balls.length; i++) {
      scene.remove(balls[i]);
    }

    animate();
    gameStep();
}

document.addEventListener('keydown', sendKeyDown);
function sendKeyDown(event) {
    var code = event.code;
    if (code == 'ArrowLeft') launcher.moveLeft();
    if (code == 'ArrowRight') launcher.moveRight();
    if (code == 'ArrowDown') launcher.powerUp();
    if (code == 'KeyR') reset();
 }

 document.addEventListener('keyup', sendKeyUp);
 function sendKeyUp(event){
    var code = event.code;
    if (code == 'ArrowDown') launcher.launch();
 }
</script>
```

代码：双人游戏

```
<script src="/three.js"></script>
<script src="/physi.js"></script>
<script src="/scoreboard.js"></script>

<script>
```

```javascript
// Physics settings
Physijs.scripts.ammo = '/ammo.js';
Physijs.scripts.worker = '/physijs_worker.js';

// The "scene" is where stuff in our game will happen:
var scene = new Physijs.Scene({ fixedTimeStep: 2 / 60 });
scene.setGravity(new THREE.Vector3( 0, -100, 0 ));
var flat = {flatShading: true};
var light = new THREE.HemisphereLight('white', 'grey', 0.7);
scene.add(light);

// The "camera" is what sees the stuff:
var width = window.innerWidth,
    height = window.innerHeight,
    aspectRatio = width / height;
var camera = new THREE.PerspectiveCamera(75, aspectRatio, 1, 10000);
// var camera = new THREE.OrthographicCamera(
//   -width/2, width/2, height/2, -height/2, 1, 10000
// );
camera.position.z = 500;
camera.position.y = 200;
camera.lookAt(new THREE.Vector3(0,0,0));
scene.add(camera);

// The "renderer" draws what the camera sees onto the screen:
var renderer = new THREE.WebGLRenderer({antialias: true});
renderer.setSize(window.innerWidth, window.innerHeight);
document.body.appendChild(renderer.domElement);
document.body.style.backgroundColor = '#ffffff';
// ******** START CODING ON THE NEXT LINE ********

function Launcher(location) {
  this.location = location;
  this.color = 'yellow';
  if (location == 'right') this.color = 'lightblue';
  this.angle = 0;
  this.power = 0;
  this.draw();
  this.keepScore();
}
Launcher.prototype.draw = function() {
  var direction = new THREE.Vector3(0, 1, 0);
  var x = 0;
  if (this.location == 'left') x = -100;
  if (this.location == 'right') x = 100;
  var position = new THREE.Vector3( x, -100, 250 );
  var length = 100;
  this.arrow = new THREE.ArrowHelper(
    direction,
    position,
```

```
      length,
      this.color
    );
    scene.add(this.arrow);
};
Launcher.prototype.vector = function() {
    return new THREE.Vector3(
      Math.sin(this.angle),
      Math.cos(this.angle),
      0
    );
};
Launcher.prototype.moveLeft = function(){
    this.angle = this.angle - Math.PI / 100;
    this.arrow.setDirection(this.vector());
};
Launcher.prototype.moveRight = function(){
    this.angle = this.angle + Math.PI / 100;
    this.arrow.setDirection(this.vector());
};
Launcher.prototype.powerUp = function(){
    if (this.power >= 100) return;
    this.power = this.power + 5;
    this.arrow.setLength(this.power);
};
Launcher.prototype.launch = function(){
    var shape = new THREE.SphereGeometry(10);
    var material = new THREE.MeshPhongMaterial({color: this.color});
    var ball = new Physijs.SphereMesh(shape, material, 1);
    ball.name = 'Game Ball';
    ball.scoreboard = this.scoreboard;
    var p = this.arrow.position;
    ball.position.set(p.x, p.y, p.z);
    scene.add(ball);

    var speedVector = new THREE.Vector3(
      2.5 * this.power * this.vector().x,
      2.5 * this.power * this.vector().y,
      -80
    );
    ball.setLinearVelocity(speedVector);

    this.power = 0;
    this.arrow.setLength(100);
};
Launcher.prototype.keepScore = function(){
    var scoreboard = new Scoreboard('top' + this.location);
    scoreboard.countdown(60);
    scoreboard.score(0);
```

```
      var moveKeys;
      if (this.location == 'left') moveKeys = 'A and D';
      if (this.location == 'right') moveKeys = 'J and L';

      var launchKeys;
      if (this.location == 'left') launchKey = 'S';
      if (this.location == 'right') launchKey = 'K';

      scoreboard.help(
        'Use the ' + moveKeys + ' keys to point the launcher. ' +
        'Press and hold the ' + launchKey + ' key to power up the launcher. ' +
        'Let go of the ' + launchKey + ' key to launch. ' +
        'Watch out for the wind!!!'
      );
      scoreboard.onTimeExpired(timeExpired);
      function timeExpired() {
        scoreboard.message("Game Over!");
      }
      this.scoreboard = scoreboard;
    };
    Launcher.prototype.reset = function(){
      var scoreboard = this.scoreboard;
      if (scoreboard.getTimeRemaining() > 0) return;
      scoreboard.score(0);
      scoreboard.countdown(60);
    };

    function Basket(size, points) {
      this.size = size;
      this.points = points;
      this.height = 100/Math.log10(size);

      var r = Math.random;
      this.color = new THREE.Color(r(), r(), r());
      this.draw();
    }
    Basket.prototype.draw = function() {
      var cover = new THREE.MeshPhongMaterial({
        color: this.color,
        shininess: 50,
        specular: 'white'
      });

      var shape = new THREE.CubeGeometry(this.size, 1, this.size);
      var goal = new Physijs.BoxMesh(shape, cover, 0);
      goal.position.y = this.height / 100;
      scene.add(goal);

      var halfSize = this.size/2;
      var halfHeight = this.height/2;

      shape = new THREE.CubeGeometry(this.size, this.height, 1);
```

```
    var side1 = new Physijs.BoxMesh(shape, cover, 0);
    side1.position.set(0, halfHeight, halfSize);
    scene.add(side1);

    var side2 = new Physijs.BoxMesh(shape, cover, 0);
    side2.position.set(0, halfHeight, -halfSize);
    scene.add(side2);

    shape = new THREE.CubeGeometry(1, this.height, this.size);
    var side3 = new Physijs.BoxMesh(shape, cover, 0);
    side3.position.set(halfSize, halfHeight, 0);
    scene.add(side3);

    var side4 = new Physijs.BoxMesh(shape, cover, 0);
    side4.position.set(-halfSize, halfHeight, 0);
    scene.add(side4);

    this.waitForScore(goal);
};
Basket.prototype.waitForScore = function(goal){
    goal.addEventListener('collision', this.score.bind(this));
};
Basket.prototype.score = function(ball){
    var scoreboard = ball.scoreboard;
    if (scoreboard.getTimeRemaining() == 0) return;
    scoreboard.addPoints(this.points);
    scene.remove(ball);
};

function Wind() {
    this.draw();
    this.change();
}
Wind.prototype.draw = function(){
    var dir = new THREE.Vector3(1, 0, 0);
    var start = new THREE.Vector3(0, 200, 250);
    this.arrow = new THREE.ArrowHelper(dir, start, 1, 'lightblue');
    scene.add(this.arrow);
};
Wind.prototype.change = function(){
    if (Math.random() < 0.5) this.direction = -1;
    else this.direction = 1;
    this.strength = 20*Math.random();

    this.arrow.setLength(5 * this.strength);
    this.arrow.setDirection(this.vector());

    setTimeout(this.change.bind(this), 10000);
};
Wind.prototype.vector = function(){
    var x = this.direction * this.strength;
    return new THREE.Vector3(x, 0, 0);
```

```javascript
};

var launcher1 = new Launcher('left');
var launcher2 = new Launcher('right');
var scoreboard = launcher1.scoreboard;

var goal1 = new Basket(200, 10);
var goal2 = new Basket(40, 100);

var wind = new Wind();

var light = new THREE.PointLight( 0xffffff, 1, 0 );
light.position.set(120, 150, -150);
scene.add(light);

function allBalls() {
  var balls = [];
  for (var i=0; i<scene.children.length; i++) {
    if (scene.children[i].name.startsWith('Game Ball')) {
      balls.push(scene.children[i]);
    }
  }
  return balls;
}

// Animate motion in the game
function animate() {
  if (scoreboard.getTimeRemaining() == 0) return;
  requestAnimationFrame(animate);
  renderer.render(scene, camera);
}
animate();

// Run physics
function gameStep() {
  if (scoreboard.getTimeRemaining() == 0) return;

  scene.simulate();

  var balls = allBalls();
  for (var i=0; i<balls.length; i++) {
    balls[i].applyCentralForce(wind.vector());
    if (balls[i].position.y < -100) scene.remove(balls[i]);
  }

  // Update physics 60 times a second so that motion is smooth
  setTimeout(gameStep, 1000/60);
}
gameStep();

function reset() {
  if (scoreboard.getTimeRemaining() > 0) return;

  launcher1.reset();
```

```
    launcher2.reset();
    var balls = allBalls();
    for (var i=0; i<balls.length; i++) {
      scene.remove(balls[i]);
    }
    animate();
    gameStep();
  }
  var powerUp1;
  var powerUp2;
  function powerUpLauncher1(){ launcher1.powerUp(); }
  function powerUpLauncher2(){ launcher2.powerUp(); }
  document.addEventListener('keydown', sendKeyDown);
  function sendKeyDown(event) {
    if (event.repeat) return;

    var code = event.code;
    if (code == 'KeyA') launcher1.moveLeft();
    if (code == 'KeyD') launcher1.moveRight();
    if (code == 'KeyS') {
      clearInterval(powerUp1);
      powerUp1 = setInterval(powerUpLauncher1, 20);
    }

    if (code == 'KeyJ') launcher2.moveLeft();
    if (code == 'KeyL') launcher2.moveRight();
    if (code == 'KeyK') {
      clearInterval(powerUp2);
      powerUp2 = setInterval(powerUpLauncher2, 20);
    }

    if (code == 'KeyR') reset();
  }
  document.addEventListener('keyup', sendKeyUp);
  function sendKeyUp(event){
    var code = event.code;
    if (code == 'KeyS') {
       launcher1.launch();
       clearInterval(powerUp1);
    }
    if (code == 'KeyK') {
       launcher2.launch();
       clearInterval(powerUp2);
    }
  }
</script>
```

代码：河道漂流

这是游戏代码的最终版本，来自第 19 章的项目：河道漂流。它很长，还包括一些额外的玩乐。

```
<body></body>
<script src="/three.js"></script>
<script src="/physi.js"></script>
<script src="/controls/OrbitControls.js"></script>
<script src="/scoreboard.js"></script>
<script src="/noise.js"></script>
<script>
// Physics settings
Physijs.scripts.ammo = '/ammo.js';
Physijs.scripts.worker = '/physijs_worker.js';

// The "scene" is where stuff in our game will happen:
var scene = new Physijs.Scene();
scene.setGravity(new THREE.Vector3( 0, -10, 0 ));
var flat = {flatShading: true};
var light = new THREE.AmbientLight('white', 0.2);
scene.add(light);

var sunlight = new THREE.DirectionalLight('white', 0.8);
sunlight.position.set(4, 6, 0);
sunlight.castShadow = true;
scene.add(sunlight);
var d = 10;
sunlight.shadow.camera.left = -d;
sunlight.shadow.camera.right = d;
sunlight.shadow.camera.top = d;
sunlight.shadow.camera.bottom = -d;

// The "camera" is what sees the stuff:
var aspectRatio = window.innerWidth / window.innerHeight;
var camera = new THREE.PerspectiveCamera(75, aspectRatio, 0.1, 100);
camera.position.set(-8, 8, 8);
scene.add(camera);

// The "renderer" draws what the camera sees onto the screen:
var renderer = new THREE.WebGLRenderer({antialias: true});
renderer.setClearColor('skyblue');
renderer.shadowMap.enabled = true;
renderer.setSize(window.innerWidth, window.innerHeight);
document.body.appendChild(renderer.domElement);

// new THREE.OrbitControls(camera, renderer.domElement);

// ******** START CODING ON THE NEXT LINE ********

var gameOver;
```

```javascript
var ground = addGround();
var water = addWater();
var scoreboard = addScoreboard();
var raft = addRaft();
reset();

function addGround() {
  var faces = 99;
  var shape = new THREE.PlaneGeometry(10, 20, faces, faces);

  var riverPoints = [];
  var numVertices = shape.vertices.length;
  var noiseMaker = new SimplexNoise();
  for (var i=0; i<numVertices; i++) {
    var vertex = shape.vertices[i];
    var noise = 0.25 * noiseMaker.noise(vertex.x, vertex.y);
    vertex.z = noise;
  }

  for (var j=50; j<numVertices; j+=100) {
    var curve = 20 * Math.sin(7*Math.PI * j/numVertices);
    var riverCenter = j + Math.floor(curve);
    riverPoints.push(shape.vertices[riverCenter]);

    for (var k=-20; k<20; k++) {
      shape.vertices[riverCenter + k].z = -1;
    }
  }
  shape.computeFaceNormals();
  shape.computeVertexNormals();

  var _cover = new THREE.MeshPhongMaterial({color: 'green', shininess: 0});
  var cover = Physijs.createMaterial(_cover, 0.8, 0.1);

  var mesh = new Physijs.HeightfieldMesh(shape, cover, 0);
  mesh.rotation.set(-0.475 * Math.PI, 0, 0);
  mesh.receiveShadow = true;
  mesh.castShadow = true;
  mesh.riverPoints = riverPoints;

  scene.add(mesh);
  return mesh;
}
function addWater() {
  var shape = new THREE.CubeGeometry(10, 20, 1);
  var _cover = new THREE.MeshPhongMaterial({color: 'blue'});
  var cover = Physijs.createMaterial(_cover, 0, 0.6);

  var mesh = new Physijs.ConvexMesh(shape, cover, 0);
  mesh.rotation.set(-0.475 * Math.PI, 0, 0);
  mesh.position.y = -0.8;
```

```javascript
    mesh.receiveShadow = true;
    scene.add(mesh);

    return mesh;
  }
  function addScoreboard() {
    var scoreboard = new Scoreboard();
    scoreboard.score(0);
    scoreboard.timer();
    scoreboard.help(
      'left / right arrow keys to turn. ' +
      'space bar to move forward. ' +
      'R to restart.'
    );
    return scoreboard;
  }
  function addRaft() {
    var shape = new THREE.TorusGeometry(0.1, 0.05, 8, 20);
    var _cover = new THREE.MeshPhongMaterial({visible: false});
    var cover = Physijs.createMaterial(_cover, 0.4, 0.6);
    var mesh = new Physijs.ConvexMesh(shape, cover, 0.25);
    mesh.rotation.x = -Math.PI/2;

    cover = new THREE.MeshPhongMaterial({color: 'orange'});
    var tube = new THREE.Mesh(shape, cover);
    tube.position.z = -0.08;
    tube.castShadow = true;
    mesh.add(tube);
    mesh.tube = tube;

    shape = new THREE.SphereGeometry(0.02);
    cover = new THREE.MeshBasicMaterial({color: 'white'});
    var rudder = new THREE.Mesh(shape, cover);
    rudder.position.set(0.15, 0, 0);
    tube.add(rudder);

    scene.add(mesh);
    mesh.setAngularFactor(new THREE.Vector3(0, 0, 0));
    return mesh;
  }
  function reset() {
    resetPowerUps();

    camera.position.set(0,-1,2);
    camera.lookAt(new THREE.Vector3(0, 0, 0));
    raft.add(camera);

    scoreboard.message('');
    scoreboard.resetTimer();
    scoreboard.score(0);
```

```javascript
    raft.__dirtyPosition = true;
    raft.position.set(0.75, 2, -9.6);
    raft.setLinearVelocity(new THREE.Vector3(0, 0, 0));

    gameOver = false;
    animate();
    scene.onSimulationResume();
    gameStep();
}
function resetPowerUps() {
    removeOldPowerUps();

    var random20 = 20 + Math.floor(10*Math.random());
    var p20 = ground.riverPoints[random20];
    addPowerUp(p20);

    var random70 = 70 + Math.floor(10*Math.random());
    var p70 = ground.riverPoints[random70];
    addPowerUp(p70);
}
function addPowerUp(riverPoint) {
    ground.updateMatrixWorld();
    var x = riverPoint.x + 4 * (Math.random() - 0.5);
    var y = riverPoint.y;
    var z = -0.5;
    var p = new THREE.Vector3(x, y, z);
    ground.localToWorld(p);

    var shape = new THREE.SphereGeometry(0.25, 25, 18);
    var cover = new THREE.MeshNormalMaterial();
    var mesh = new Physijs.SphereMesh(shape, cover, 0);
    mesh.position.copy(p);
    mesh.powerUp = true;
    scene.add(mesh);
    mesh.addEventListener('collision', function() {
        for (var i=0; i<scene.children.length; i++) {
            var obj = scene.children[i];
            if (obj == mesh) scene.remove(obj);
        }
        scoreboard.addPoints(200);
        scoreboard.message('Yum!');
        setTimeout(function() {scoreboard.clearMessage();}, 5*1000);
    });

    return mesh;
}
function removeOldPowerUps() {
    var last = scene.children.length - 1;
    for (var i=last; i>=0; i--) {
```

```
      var obj = scene.children[i];
      if (obj.powerUp) scene.remove(obj);
  }
}

// Animate motion in the game
function animate() {
  if (gameOver) return;
  requestAnimationFrame(animate);
  renderer.render(scene, camera);
}
// animate();

// Run physics
function gameStep() {
  if (gameOver) return;
  checkForGameOver();
  scene.simulate();
  // Update physics 60 times a second so that motion is smooth
  setTimeout(gameStep, 1000/60);
}
// gameStep();

function checkForGameOver() {
  if (raft.position.z > 9.8) {
    gameOver = true;
    scoreboard.stopTimer();
    scoreboard.message("You made it!");
  }

  if (scoreboard.getTime() > 60) {
    gameOver = true;
    scoreboard.stopTimer();
    scoreboard.message("Time's up. Too slow :(");
  }
  if (gameOver) {
    var score = Math.floor(61-scoreboard.getTime());
    scoreboard.addPoints(score);

    if (scoreboard.getTime() < 40) scoreboard.addPoints(100);
    if (scoreboard.getTime() < 30) scoreboard.addPoints(200);
    if (scoreboard.getTime() < 20) scoreboard.addPoints(500);
  }
}

document.addEventListener('keydown', sendKeyDown);
function sendKeyDown(event) {
  var code = event.code;
  if (code == 'ArrowLeft') rotateRaft(1);
  if (code == 'ArrowRight') rotateRaft(-1);
  if (code == 'ArrowDown') pushRaft();
```

```
  if (code == 'Space') pushRaft();
  if (code == 'KeyR') reset();
}
function rotateRaft(direction) {
  raft.tube.rotation.z = raft.tube.rotation.z + direction * Math.PI/10;
}
function pushRaft() {
  var angle = raft.tube.rotation.z;
  var force = new THREE.Vector3(Math.cos(angle), 0, -Math.sin(angle));
  raft.applyCentralForce(force);
}
/script>
```

代码：将代码放到网上

这是第 20 章中将代码放到网上时创建博客帖子时使用的代码。你可以在以下网址找到完整的博客文章：http://code3dgames.blogspot.com/2018/02/gazing-3d-animation.html。

```
<p>I made this!</p>
<div id="3d-code-2018-12-31">
</div>
<p>It's in the first chapter of
  <a href="http://code3Dgames.com/">
    3D Game Programming for Kids, second edition</a>.
</p>
<script src="https://code3Dgames.com/three.js"></script>
<script src="https://code3Dgames.com/controls/OrbitControls.js"></script>
<script>
 // The "scene" is where stuff in our game will happen:
 var scene = new THREE.Scene();
 var flat = {flatShading: true};
 var light = new THREE.AmbientLight('white', 0.8);
 scene.add( light );
// The "camera" is what sees the stuff:
var aspectRatio = 4/3;
var camera = new THREE.PerspectiveCamera(75, aspectRatio, 1, 10000);
camera.position.z = 500;
scene.add(camera);

// The "renderer" draws what the camera sees onto the screen:
var renderer = new THREE.WebGLRenderer({antialias: true});
var container = document.getElementById('3d-code-2018-12-31');
```

```
    container.appendChild(renderer.domElement);
function resizeRenderer(){
  var width = container.clientWidth * 0.96;
  var height = width/aspectRatio;
  renderer.setSize(width, height);
}
resizeRenderer();
window.addEventListener('resize', resizeRenderer, false);

new THREE.OrbitControls(camera, renderer.domElement);

// ******** START CODING ON THE NEXT LINE ********

var shape = new THREE.SphereGeometry(100, 20, 15);
var cover = new THREE.MeshNormalMaterial(flat);
var ball = new THREE.Mesh(shape, cover);
scene.add(ball);
ball.position.set(-250,250,-250);

var shape = new THREE.CubeGeometry(300, 100, 100);
var cover = new THREE.MeshNormalMaterial(flat);
var box = new THREE.Mesh(shape, cover);
scene.add(box);
box.rotation.set(0.5, 0.5, 0);
box.position.set(250, 250, -250);

var shape = new THREE.CylinderGeometry(1, 100, 100, 4);
var cover = new THREE.MeshNormalMaterial(flat);
var tube = new THREE.Mesh(shape, cover);
scene.add(tube);
tube.rotation.set(0.5, 0, 0);
tube.position.set(250, -250, -250);

var shape = new THREE.PlaneGeometry(100, 100);
var cover = new THREE.MeshNormalMaterial(flat);
var ground = new THREE.Mesh(shape, cover);
scene.add(ground);
ground.rotation.set(0.5, 0, 0);
ground.position.set(-250, -250, -250);

var shape = new THREE.TorusGeometry(100, 25, 8, 25);
var cover = new THREE.MeshNormalMaterial(flat);
var donut = new THREE.Mesh(shape, cover);
scene.add(donut);

 var clock = new THREE.Clock();
 function animate() {
   requestAnimationFrame(animate);
   var t = clock.getElapsedTime();

   ball.rotation.set(t, 2*t, 0);
```

```
       box.rotation.set(t, 2*t, 0);
       tube.rotation.set(t, 2*t, 0);
       ground.rotation.set(t, 2*t, 0);
       donut.rotation.set(t, 2*t, 0);

       renderer.render(scene, camera);
   }
   animate();

   // Now, show what the camera sees on the screen:
   renderer.render(scene, camera);
</script>
```

附录 B JavaScript 程序库

本附录包含本书中使用的 JavaScript 程序库列表，以及关于如何找到每个程序库更多资料的详细信息。本书中使用的所有代码库都是免费和开源的，这意味着你可以随意使用它。唯一的规则是，如果你在被允许的前提下在自己的作品中使用了别人的工作成果，必须在自己的作品中说明你使用了谁的哪个程序库，并且表示感谢。

Three.js

Three.js[⊖]是本书中使用的主要程序库。该项目的主页包含许多很酷的动画和示例，其中许多可以在 3DE 代码编辑器中尝试。

我们正在使用 Three.js 的 87 版。有关本书未讨论的属性和方法的详细文档，参见在线文档[⊜]。

Physijs

本书中使用的物理引擎是 Physijs[⊜]。Physijs 网页包括一些简短的例子和介绍性文章。

Physijs 项目的文档没有Three.js 项目那么多，但是在它的资料网站[⑭]上还是有一些有用信息的。我们使用的是与 Three.js r87 兼容的 Physijs 版本。随着 Physijs 持续开发，资料网站上可能会引用一些比我们使用的版本更新的功能。

Controls

我们在本书中使用的两个控制是飞行控制和轨道控制。

飞行控制

我们在第 5 章和第 13 章使用了 FlyControls.js。可以像下面这样定义摄像机。

```
var controls = new THREE.FlyControls(camera);
```

⊖ http//threejs.org/。
⊜ http//code3Dgames.com/docs/threejs/。
⊜ http//chandlerprall.github.io/Physijs/。
⑭ http//github.com/chandlerprall/Physijs/wiki。

然后使用以下按键飞越场景：

运动	方向	按键
移动	向前 / 向后	W / S
移动	左 / 右	A / D
移动	上 / 下	R / F
转动	顺时针 / 逆时针	Q / E
转动	左 / 右	左方向键 / 右方向键
转动	上 / 下	上方向键 / 下方向键

以下参数可用于飞行控制。

```
controls.movementSpeed = 100;
controls.rollSpeed = 0.5;
controls.dragToLook = true;
controls.autoForward = false;
```

移动速度由 movementSpeed 控制，旋转速度由 rollSpeed 控制。如果 dragToLook 设置为 true，则在场景中按下鼠标左键并拖动就可以移动摄像机。如果 autoForward 为 true，则摄像机会自动向前飞，而无须按任何键。

轨道控制

另一种控制是 OrbitControls.js，它让我们围绕场景的中心旋转摄像机。书中使用这些控制在第 12 章和第 19 章中更好地观察场景。

在定义了摄像机和渲染器之后，可以使用以下命令创建轨道控制。

```
var controls = new THREE.OrbitControls( camera, renderer.domElement );
```

这些控制让我们单击并拖动场景。使用鼠标或触摸板滚轮进行放大和缩小。方向键向上下左右移动。

Noise

我们在第 19 章中使用 noise.js 创建了不平坦的地形。噪声程序库包含在 Three.js 中。你可以在任何喜欢的形状上使用它。我们所要做的就是计算形状中顶点的数量，创建一个噪声制造器，然后在顶点上循环，为每个顶点添加噪声。河道漂流的例子是一个很好的起点。代码如下所示。

```
var numVertices = shape.vertices.length;
var noiseMaker = new SimplexNoise();
for (var i=0; i<numVertices; i++) {
```

```
    var vertex = shape.vertices[i];
    var noise = 0.25 * noiseMaker.noise(0.1 * vertex.x, 0.1 * vertex.y);
    vertex.z = noise;
}
```

你可以尝试修改设置噪声的那行代码上的数字。试着增加和减小 0.25 或 0.1。

Scoreboard.js

Scoreboard.js 程序库是简单的 JavaScript 代码，提供了游戏中的得分显示[1]。它支持的配置不多，目的是为了使程序员易于使用。

Scoreboard.js 程序库支持消息、帮助文本、评分，以及计时器和倒计时器。可以显示、隐藏、重置和更新其中的每一个功能。

Shader Particle Engine

spe.js 程序库是一个粒子引擎，它可以创建漂亮的效果，如星域、火焰、云等[2]。我们使用 spe.js 来创建第 15 章中的星空。

spe.js 有很多选项。如果你对使用 spe.js 感兴趣，可以查看主页中的一些示例，并使用 Ctrl + U 或 Command + U 查看 HTML 源代码。你应该能够将该代码复制到 3DE 中进行播放。

Sounds.js

Sounds.js JavaScript 程序库包含游戏中使用的声音[3]，但是数量不多。

要使用 Sounds.js 程序库，必须在 <script> 标记中获取。代码如下所示。

`<script src="http://code3Dgames.com/sounds.js"></script>`

在撰写本文时，有 11 种声音可供选择：气泡声、嗡嗡声、咔嗒声、嘟嘟声、滴水声、吉他声、敲击声、划痕声、枪声、弹簧声和嗖嗖声。每种声音都可以使用下面的代码来播放。

---

[1] https://github.com/eee-c/scoreboard.js。

[2] https://eee-c.github.io/ShaderParticleEngine/。

[3] https://github.com/eee-c/Sounds.js。

```
Sounds.bubble.play();
```

要重复声音，可以使用 repeat() 替换 play() 方法。

```
Sounds.bubble.repeat();
```

要在以后停止声音，可以调用 stop() 方法。

```
Sounds.bubble.stop();
```

如果希望声音重复一段固定的时间，则可以使用重复声音，并增加一个计时器用来停止声音。

```
Sounds.bubble.repeat();
setTimeout(function(){Sounds.bubble.stop();}, 5*1000);
```

前面的代码会重复出现气泡声。五秒钟后停止。

Tween.js

在本书中，当我们想要在一段时间内更改值（位置、旋转、速度）时，使用了 Tween 程序库。[⊖]

创建 Tween 涉及几个部分。Tween 需要一个或多个起始值、结束值、从起始值移动到结束值所花费的时间，以及在 Tween 运行时调用的函数。Tween 还需要启动并更新才能工作。

第 11 章中对 Tween 的使用包含一个非常好的例子。

```
new TWEEN.
  Tween({
    height: 150,
    spin: 0
  }).
  to({
    height: 250,
    spin: 4
  }, 500).
  onUpdate(function () {
    fruit.position.y = this.height;
    fruit.rotation.z = this.spin;
  }).
  start();
```

上面的代码通过 Tween 同时更改两个值：高度和旋转。在 0.5 秒（500 毫秒）

⊖ https://github.com/tweenjs/tween.js。

的过程中，高度从 150 移动到 250，旋转从 0 移动到 4。每次更新 Tween 时，都会更改水果的位置和旋转。当前正在调整的值可以作为这个特殊对象的一个属性使用。

前面的例子中做的最后一件事是启动 Tween。

Tweens 还需要有程序去促使它更新。在 3D 编程中，我们通常在 animate() 函数中使用 TWEEN.update() 调用来完成此操作。

```
function animate() {
  requestAnimationFrame(animate);
  TWEEN.update();
  renderer.render(scene, camera);
}
```

除了 onUpdate() 之外还有 onStart() 和 onComplete() 方法，它们在 Tween 启动和结束时调用一个函数。

参考文献

[Ada95]　　Douglas Adams. *The Hitchhiker's Guide to the Galaxy*. Ballantine Books, New York, NY, 1995.

推荐阅读

21世纪机器人

书号：978-7-111-56949-7　作者：[美]布莱恩·戴维·约翰逊　定价：59.00元

当机器人像智能手机、平板电脑和电视机一样普遍的时候，我们的生活会变成什么样呢？你的21世纪机器人可以干什么呢？

机器人是推动新工业革命的关键，人类即将进入万物皆智能的新智能时代，机器智能将越来越多地融入未来生活，引发智能革命或是智能爆炸，而把握未来的好方式就是更加了解机器，以及创造更具智能的计算机和机器人。

本书呈现了大量科幻原型故事，集中探讨了个人机器人，洞察机器人发展的技术和未来趋势。

推荐阅读

普林斯顿计算机公开课

书号：978-7-111-59310-2　作者：Brian W. Kernighan　定价：69.00元

智能新时代不可不知的计算常识
人人都能读懂的数字生活必修课

本书沿用简洁易懂的风格来讲解硬件、软件和通信知识，并添加了大量时事案例来讨论近年来日渐凸显的隐私和安全问题。这使得本书不仅成为每个人谙悉数字之道的科普读物，更折射出这位科学家的人文关怀和思想锋芒。